친절한
반도체

편안한 마음으로 따라가는 반도체 가이드

친절한
반도체

추천사

30여 년간 반도체 산업에 몸담았지만 반도체에 대한 세상의 관심이 지금보다 컸던 적은 없었다는 생각이 듭니다. 매일 수많은 반도체 관련 뉴스가 쏟아지니 우리는 자연스레 반도체가 단순한 주력 수출 품목을 넘어서 국가 안보에까지 영향을 미치는 중요한 역할을 하게 됐다는 점을 인지하기 시작했습니다. 그리고 반도체의 중요도가 높아짐에 따라 정부를 비롯해 여러 기업들은 반도체 산업의 경쟁력을 높이기 위한 방안을 강구하고 있습니다.

반도체 산업의 경쟁력을 높이는 첫 발걸음은 당연히 반도체에 대한 지식을 공유하는 것입니다. 그러나 반도체 산업은 수많은 재료와 부품을 기반으로 여러 공정과 장비가 복잡하게 얽혀 있어 관련 지식도 매우 넓고 방대합니다. 시중에 반도체 관련 자료와 서적이 넘쳐나지만 반도체에 대해 관심이 있거나 이제 막 입문한 분들이 이를 쉽게 받아들이지 못하는 것은 이런 이유에서일 것입니다. 대부분 큰 그림 없이 특정한 영역에 집중하다 보니 반도체를 통합적으로 이해하지 못하고 기술적이고 전문적인 내용에 빠져 어렵게만 받아들이는 경우를 보기도 합니다.

선호정 교수의 《친절한 반도체》는 이러한 아쉬움을 달래고 보다 많은 사람이 반도체 산업에 다가갈 수 있도록 디딤돌이 되어주는 책입니다. 저자는 다양한 교육 경험을 통해 직접 보고 느낀 반도체 산업과 일반 대중 간의 간극을 토대로 반도체의 기본 원리부터 집적화 개념, 제조 공정까지 전체적으로 조망하면서 그 내용을 최대한 쉽고 친절하게 풀어내고 있습니다. 이를 읽는 독자 여러분은 개별 개념에 얽매이기보다 전체 내용의 흐름에 집중하시면 좋겠습니다. 책의 전개에 따라 차분히 좇아가는 것만으로도 전반적인 반도체의 모습을 이해하기에는 충분할 것입니다.

반도체 산업에서 오랫동안 일하다 보니 가지고 있는 지식을 더 많은 사람에게 전달하고 싶어도 대중적인 언어로 설명하기 어려워 아쉬울 때가 있습니다. 그런 면에서 기업과 대학을 두루 거친 저자가 일상 언어로 시작해 전문 용어까지 점진적으로 확대시키며 폭넓은 내용을 매끄럽게 다루는 방식이 흥미진진합니다. 자칫 어려울 수 있는 개념들은 적절한 비유를 들어 설명했기 때문에 독자 여러분의 이해를 높이는 데에도 도움이 될 것입니다.

인공 지능, 빅 데이터, 자율 주행차, 가상 현실 등 새로운 첨단 기술 속에서 세상은 이 모든 것의 핵심 바탕인 반도체에 주목하고 있습니다. 앞으로는 반도체 산업의 발전 방향이 한 국가와 기업의 경쟁력을 결정한다고 해도 과언이 아닐 것입니다. 그렇기에 더 많은 사람들이 반도체에 대해 관심을 가지고 함께 고민하는 것은 중요한 의미가 있습니다. 이 책이 그 출발점으로 여러분이 반도체에 대한 이해도를 높이는 안내서의 역할을 할 수 있기를 바랍니다.

SK하이닉스 대표이사 사장 곽노정

프롤로그

    반도체는 우리나라 산업에서 가장 큰 부분을 차지하는 것으로 알려져 있습니다. 많은 사람들이 반도체와 다양한 방식으로 연결되어 살아가고 있으며 전문적인 지식이 필요해서든 지적 호기심을 만족시키기 위해서든 반도체를 알고 싶어하는 분들이 많습니다.

    그런데 반도체를 큰 틀에서 조망하여 이해하는 것이 생각보다 쉽지 않습니다. 여러 이유가 있겠지만 다음 두 가지 요인이 난관으로 작용합니다. 우선 반도체가 다양한 과학과 기술 분야의 융합체라는 점입니다. 이 책을 끝까지 읽고 나면 이를 공감할 텐데, 반도체는 물리학, 화학, 수학, 전자공학, 재료공학, 기계공학, 소프트웨어 등 여러 학문이 촘촘하게 엮여 있는 분야입니다. 따라서 다양한 과학과 기술을 두루두루 접해보지 않으면 반도체의 통합적인 이해에 다가가기 어려울 수 있습니다.

    다른 하나는 '반도체'라는 용어로 인해 실체가 호도되는 측면이 있다는 것입니다. 우리가 통상적으로 사용하는 '반도체'보다 '집적 회로'가 더 적절한 명칭입니다. 원래 '반도체'는 전기가 잘 통하는 물질인 '도체'와 그렇지 않은 '부도체' 사이 중간 정도의 통전성을 지닌 물질을 지칭하는 단어입니다. 집적 회로에서 반도체는 부분적으로만 쓰입니다. 다만 '반도체'가 직접 회로 성립의 근간이 되고 발음하기도 편해서 일반 용어로 고착화된 것으로 생각됩니다.

우리가 반도체라고 부르는 집적 회로는 얇은 막 형태로 물질들을 적층하고 층마다 일부분을 깎아내어 미세 패턴을 만드는 작업을 반복적으로 수행하여 만듭니다. 패턴들을 층층이 쌓아가다 보면 3차원 구조물이 세워지는데, 어디에는 트랜지스터가 다른 어디에는 커패시터가 생성되며, 그 사이사이에는 금속 배선들이 깔리는 식입니다. 이렇게 반도체 제조의 본질은 아주 작은 부피 안에 3차원의 전자 회로 구조물을 꾸미는 것이기에 전기 전도 개념의 반도체만 염두에 두고 접근하면 진짜 반도체의 모습에 다가가기 어려울 수 있습니다.

이러한 장벽은 일반인들뿐만 아니라 반도체 산업에 종사하는 분들에게 나타나기도 합니다. 삼성전자와 SK하이닉스 같은 종합 반도체 회사에 근무하는 분들이야 경력이 쌓이면 장벽을 자연스럽게 극복하지만, 협력사에 계신 분들, 특히 처음부터 협력사로 입사하신 분들에게는 이게 생각처럼 쉽지 않습니다. 이는 2차, 3차 협력 업체로 갈수록 심화되는 경향이 있습니다. 이 때문에 자신이 개발하거나 생산하는 소재, 부품, 장비가 반도체 제조 공성 안에서 어떻게 쓰이는지 알지 못하는 경우가 많고, 이러한 지식의 누락은 고객과의 소통에 장애를 일으키기도 합니다.

필자는 반도체 회사에서 대학으로 자리를 옮긴 후, 실무 공정 개발 경험 덕분에 여러 업체와 제품 개발을 위한 협업 기회를 가질 수 있었습니다. 그런데 그때마다 제품 개발도 중요하지만 직원 교육의 필요성을 절실히 느꼈습니다. 그 필요를 충족시키고자 오랫동안 대학에서 강의하며 다듬어온 반도체 제조 공정 교과목의 내용을 회사 성격에 맞게 취사 선택하여 교육했고, 그 과정에서 보람을 얻기도 했습니다.

그렇게 지내다 보니 어느 순간에 종합 반도체 회사, 협력 업체, 대학, 즉 반도체 산업을 구성하는 3축을 모두 조망할 수 있는 중간 위치에 서게 되었고, 여기서 각 부분 간의 간극을 볼 수 있게 되었습니다. 필자는 자연스럽게 그 틈에 다리를 놓아 소통을 위한 작은 역할을 해야겠다는 소명 의식을 갖게 되었습니다.

또한 필자는 현대전자와 하이닉스 반도체(현 SK하이닉스)를 거치면서 1990년대 중반 반도체 고성장 시절의 환희를 맛보았고, 1997년 말 시작되어 여러 해 동안 생존을 위해 몸부림쳐야 했던 IMF 시기를 겪었습니다. 이 과정에서 선후배 동료들과 전우애 같은 우정을 쌓았습니다. 이분들이 SK하이닉스와 여러 협력 기업 경영층에서 훌륭히 활약하는 것을 지켜보면서 필자도 미력하게나마 반도체 산업에 일조할 수 있는 방법을 찾아야겠다는 생각을 가지게 되었습니다.

한편, 주식 시장은 자본주의의 꽃이라고 말합니다. 주식 투자에 대한 여러 가지 관점이 있지만 필자에게는 "지속적으로 미래 가치를 창출하여 확장해가는 좋은 기업을 찾아 그 회사의 지분을 가지고 함께하는 것"이란 개념이 가장 마음에 와 닿습니다. 그리고 "기업은 자신과 주주의 가치를 높이기 위해 건전하고 미래 지향적인 경영에 힘씀으로써 주식 시장이 우리 사회에 좋은 영향을 끼치게 된다."는 견해에 동의합니다. 이러한 주식 투자의 순기능은 투자 대상 기업의 성격, 즉 제조업의 경우 그 회사 제품과 기술을 이해하는 것에서부터 시작됩니다. 반도체 기업에 투자하려면 반도체 제품과 기술을 이해하는 것이 중요하다는 뜻입니다. 이를 위해 독자의 대상을 넓혀 투자에 관심있는 일반인들도 편안하게 다가갈 수 있는 반도체 교양서로 집필할 마음을 가지게 되었습니다. 이 또한 필자가 반도체 산업에 기여하는 일이라 생각합니다.

그런데 대중에게 전문적인 반도체 과학과 기술 지식을 전달하는 데에는 두 가지 어려움이 있었습니다. 하나는 많고 다양한 내용을 어떻게 한정된 지면에 담아낼 것인가의 문제였고, 다른 하나는 어떻게 하면 전문적인 내용을 쉽게 설명할 것인가의 문제였습니다. 결론은 반도체를 이해하는 데 꼭 필요한 주제들을 잘 선정하고 각 내용을 최대한 쉽고 친절하게 풀어가는 방법밖에는 없다는 것이었습니다. 그러나 이는 만만한 작업이 아니었습니다. 어찌 보면 사방으로 튀어 나가는 몇 마리 토끼를 동시에 잡으려는 무모한 시도일지도 모르겠습니다.

한편 미리 고백하건대, 이러한 작업은 선의적이라 할지라도 자칫 과학적 사실 표현의 엄밀성을 해칠 우려가 있습니다. 그리고 기술적 내용의 단순화가 지나쳐 전문가 관점에서는 기술의 연결 부위 여기저기에 구멍이 보일 수 있습니다. 이를 최소화하고자 노력했지만 한계가 있을 수밖에 없습니다. 이에 대한 너른 양해를 구합니다.

이 책은 교양서 같기도 하고 전문서 같기도 하지만, 누구나 상식적인 과학 시식민 기지고 있다면 읽을 수 있는 교양 서적을 지향합니다. 이를 실현하기 위해 몇 가지 측면에서 주의를 기울였습니다.

우선 일상의 언어를 사용했습니다. 그렇더라도 전문적인 단어 사용을 배제하지 않았으며 전문 용어를 사용했을 때는 자세한 설명으로 이해를 도왔습니다. 또한 단원이 거듭되어 전개되는 내용의 흐름에 따라 점진적으로 용어를 등장시켜 자연스럽게 개념을 익힐 수 있도록 했습니다. 아무래도 집적 회로 제조 과정을 이해하려면 여러 과학적 배경지식이 필요합니다. 그때마다 관련 내용을 쉽게 풀어서 곁들였으니 이를 잘 좇아가면 본문을 읽어 나가는 데 큰 무리는 없을 것입니다.

이 책과 동일한 목적으로 출판된 좋은 도서가 있습니다. SK하이닉스 연구원들의 공동 작업으로 탄생한《반도체 제조기술의 이해》(한올)입니다. 반도체 실무에 관한 귀한 지식을 담은 책입니다. 다만 일반인들이나 반도체 산업에 입문한 지 얼마 안 된 분들이 접근하기에는 쉽지 않은 내용이어서 어렵게 느껴질 수 있습니다. 이 책은 교양서이지만 본질적으로《반도체 제조기술의 이해》와 동일한 내용을 다루고 있습니다. 따라서 그 사이 징검다리 역할을 할 수 있을 것으로 생각합니다.

책을 쓰기 시작하여 출판에 이르는 과정에서 많은 분들이 도움을 주셨습니다. 먼저 SK하이닉스의 대표 이사로서 바쁘신 가운데에도 집필에 도움을 주시고 추천사까지 써주신 곽노정 사장님께 감사드립니다. 곽 사장님의 추천은 필자에게 대단히 큰 영광입니다. 또한 책을 마무리할 수 있도록 따뜻하게 격려해주신 김춘환, 진성곤 부사장님께도 고맙다는 말을 전하고 싶습니다.

현대전자 시절 만나서 쌓은 우정을 현재까지 이어오고 있는 어플라이드 머티어리얼즈 코리아 박광선 대표 이사님 그리고 장성남 전무님께 감사드립니다. 여러 기술적 부분에 귀한 조언을 주셨습니다. 또한 ASML 코리아 홍미란 부사장님과 이동한 상무님께도 감사드립니다. 포토리소그래피 내용을 정성스럽게 살펴봐 주셨습니다.

SKC솔믹스(현 SK엔펄스) 대표 이사이셨고 현재는 SK 그룹 앱솔릭스의 대표 이사이신 오준록 사장님 그리고 황성식 담당님께 감사드립니다.

SKC솔믹스와 함께 수행했던 제품 개발 경험은 이 책을 집필하는 데 큰 동기가 되었습니다.

테스 이승무 전무님, 유진테크 심상현 전무님, 디엔에프 이상익 전무님께 감사드립니다. 책 집필의 처음부터 마지막까지 다양한 문의에 친절하게 응대해주시며 든든한 지원군이 돼 주셨습니다. 또한 IBM 연구소에서 로직 반도체 기술을 선도하고 계신 최기식 박사님께 특별한 감사를 드립니다. 이 책의 소자 관련 부분에 조언을 아끼지 않으셨습니다.

제가 몸담고 있는 군산대학교 교수님들께 고마움을 전합니다. 이 책은 기술 교양서이지만 특이하게도 두 분의 국문학자께서 힘을 보태 주셨습니다. 바로 국어국문학과 류보선 교수님과 이다운 교수님이십니다. 특히 이 교수님의 세심한 검토가 건조한 본문 내용에 풍미를 더해 주었습니다. 또한 화학공학과 심중표 교수님과 화학과 박경세 교수님께 감사드립니다. 기쁠 때나 슬플 때나 늘 곁에서 함께해주는 교수님들의 응원이 없었다면 이 책이 세상에 나올 수 없었을 것입니다.

마지막으로 감사의 말을 전하고 싶은 분들이 있습니다. 군산대학교 신소재공학과 졸업생과 재학생들입니다. 필자가 강의를 통해 학생들을 가르쳤다고 생각했는데, 책 집필 과정에서 오히려 그분들에게 책을 쓸 수 있도록 훈련 받았다는 것을 깨달았습니다.

이 외에도 여러 분들이 책의 완성에 기여해주셨습니다. 모든 분들께 감사드립니다.

2024년 1월
저자 선호정

차 례

Part 2. 반도체와 건축

Part 3. 반도체 제조법

Part 1

반도체란

반도체의 본명은
집적 회로

'반도체'는 원래 전기가 통하는 정도(전기 전도도)로 물질을 분류하는 용어입니다. 상식적으로 누구나 알고 있다시피 어떤 재료는 전기가 잘 통하고 어떤 것은 그렇지 않습니다. 우리가 일상에서 접하는 금속 대부분은 전기가 잘 통합니다. 전기가 아주 잘 통하는 금속에는 은, 구리, 알루미늄 등이 있는데, 이 중에서도 구리는 여러 가지 장점이 있어서 전기선으로 널리 사용되어 왔습니다. 이러한 물질들을 '도체(conductor)'라고 합니다.

통전성이 없는 물질로는 도자기류의 세라믹과 플라스틱을 예로 들 수 있습니다. 이들 중 전기가 제법 잘 통하는 특수한 것들도 있기는 합니다만, 대부분은 전기가 잘 통하지 않습니다. 이런 재료들을 '부도체(insulator)'라고 부릅니다.

그렇다면 반도체는 어떨까요? 영어로 표기하면 semiconductor인데, 'semi'라는 접두사에서 힌트를 얻을 수 있듯이, 이는 도체와 부도체 중간 정도의 통전성을 지니는 물질을 의미합니다. 사실 반도체가 가지는 전기 전도도 범위를 똑 부러지게 정하는 것은 애매합니다. 반도체를 정의하는 전문적인 이론이 별도로 있기는 합니다만 여기에서는 그냥 도체와 부도체 양극단 사이에서 적당한 전기 전도도를 지니는 물체 정도로 생각하면 되겠습니다.

이렇게 반도체는 전기 전도도 측면에서의 물질 표현인데, 전자 기기 내에서 핵심적인 역할을 수행하는 메모리 반도체, 시스템 반도체 등 전자 소자들을 통칭하는 용어로 사용되고 있습니다. 하지만 이들을 지칭하는 보다 적합한 용어는 '집적 회로(integrated circuit)'입니다. 예전에는 이 명칭을 많이 사용했는데, 언제부터인가 그냥 반도체라고 부르는 경향이 강해졌습니다. 앞으로 알게 되겠지만, 집적 회로에는 반도체만 쓰이는 것이 아니라 도체와 부도체도 사용되기 때문에 엄밀히 따지자면 집적 회로를 반도체로 칭하는 것은 적절치 않습니다. 그럼에도 불구하고 집적 회로는 반도체에서 비롯됐고 호칭의 어감도 편해서 집적 회로보다는 반도체를 선호하게 된 것으로 보입니다. 이 책에서는 반도체와 집적 회로를 혼용해서 사용하겠습니다. 다만, 집적 회로 용어가 문맥과 더 어울리는 경우가 많기 때문에 집적 회로 용어를 자주 사용할 것입니다.

반도체가 중요한 이유는, 소량의 다른 원소를 주입하는 등 적당한 조작을 통해서 이들의 전기 전도 특성을 변화시키고 제어할 수 있기 때문입니다. 전기가 잘 통하는 도체는 제아무리 변성을 가하더라도 다른 물질로 화학적 변화를 일으키지 않는 한 부도체로 만들기 힘들고, 부도체 역시 전도체로 변환시키기 어렵습니다. 하지만 반도체는 우리가 인위적으로 조작하기 수월합니다. 이 점이 매우 특별하며 집적 회로를 논하는 출발점이 됩니다.

집적 회로란?

자, 그럼 집적 회로 이야기를 해볼까요? 통상적으로 반도체라고 부르는 집적 회로가 무엇인지 알아야만 그것이 왜 중요하고 우리 삶에 어떤 영향을 주는지 알 수 있습니다. 이야기를 풀어가기 위해서 옛날 전자 제품을 소환하겠습니다. 'Goldstar'라는 회사를 아시나요? 우리말로 '금성사'인데, 'LG 전자'의 옛 사명입니다. 제가 알기로는 금성사가 우리나라 최초로 라디오를 제조하여 판매했습니다. 라디오뿐만 아니라 텔레비전으로도 유명한 회사였습니다. 요즘은 이러한 가전 제품을 박물관에나 가야 볼 수 있습니다. 제가 어릴 적, 저희 집에 금성사 라디오가 하나 있었습니다. 박스처럼 생긴 라디오를 열어서 이리저리 뜯어보고 관찰하며 신기해하던 기억이 떠오릅니다. 물론 라디오는 금방 고장 났고 그때부터 그냥 장난감 신세가 되어버렸습니다.

라디오 박스를 열어보면 커다란 기판이 하나 있고, 그 위에 요상하게 생긴 각종 발 달린 물체들이 여기저기 꽂혀 있었습니다. 라디오뿐만 아니라 그 시절의 텔레비전, 전축(지금의 오디오) 등 가전 제품은 다 그런 식으로 만들어졌습니다. 그 기판은 인쇄 회로 기판(PCB, Printed Circuit Board)이고, 여기저기 꽂혀 있는 물체들은 진공관, 트랜지스터, 콘덴서(또는 커패시터), 저항, 코일 등 개별 소자들입니다. 이들 소자에는 몇 개의 금속 발이 달려 있는데, 이 발들이 기판에 꽂힌 상태에서 납땜으로 고정되어 있습니다. 인쇄 회로 기판에 새겨져 있는 구리선을 따라 각종 소자들이 전기적으로 연결되어 전자 회로가 꾸며집니다. 회로 구성에 따라 라디오가 되기도 하고 텔레비전 또는 전축이 되기도 합니다.

금성사 초창기
라디오와(상) 텔레비전(하)

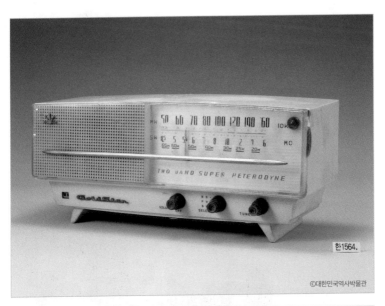

한1564.

ⓒ대한민국역사박물관

한1563.

ⓒ대한민국역사박물관

개별 전자 소자(좌)와 진공관(우)

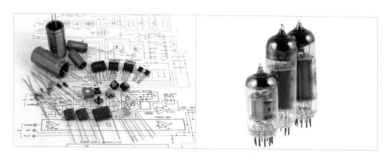

PCB에 개별 소자들이 장착된 구형 전자 회로

  사람들은 전자 회로라고 하면 대개 위의 사진과 같은 모습을 떠올립
니다. 현대의 전자 회로도 이렇게 생겼다고 여길 수 있습니다만, 이는
착각입니다. 데스크톱 컴퓨터를 열어보면 PCB에 여러 소자들이 달려
있는 모양새가 이와 비슷하다고 느낄 수는 있지만, 그렇지 않습니다. 결
정적으로 다른 점은 현대의 전자 회로는 크고 작은 칩들이 인쇄 회로

기판에 장착되어 있다는 것입니다. 특히 트랜지스터는 모두 이 칩들 안에 들어가 있습니다. 이 작은 칩 하나에 옛날 전자 회로와 비교할 수 없을 정도로 어마어마하게 많은 회로 구성 요소들이 한 몸체를 이루고 있습니다.

대표적인 것들이 우리가 많이 들어본 인텔의 마이크로프로세서, 엔비디아의 그래픽 칩, 삼성전자 또는 SK하이닉스의 메모리 칩 등입니다. 이 칩들로 대부분의 회로가 구성되고 기타 부품들은 보조적인 역할만 합니다. 궁극적으로 데스크톱 컴퓨터 본체의 전체 회로를 하나의 칩으로 구현하려는 의도도 있지만, 기술적인 제약이 있기도 하고, 굳이 그 정도까지 나아갈 필요가 없기에 그렇게 하지는 않습니다. 이렇게 마이크로프로세서, 그래픽 칩, 메모리 칩처럼 대부분의 회로 구성 요소들을 한 몸체 안에 모은 것을 집적 회로라고 합니다. 집적 회로는 말 그대로 전자 회로가 좁은 면적에 밀집되어 있다는 의미입니다.

집적 회로 칩들로 구성된 현대적 전자 회로

집적 회로의 탄생사

어떻게 이러한 기술 혁명이 가능하게 되었는지 집적 회로의 역사를 되돌아 보겠습니다. 집적 회로는 1947년 미국 벨 연구소(Bell Lab.)의 초소형 트랜지스터 발명으로부터 시작되었습니다. 트랜지스터는 전자 회로에서 핵심 역할을 수행하는데, 한마디로 표현하면 전기의 흐름을 능동적으로 제어하는 소자라고 말할 수 있습니다. 옛날 라디오든 텔레비전이든 또는 현대의 컴퓨터든 그것을 구동하는 전자 회로가 전기의 흐름을 제어하는 방식에 따라 전자 기기의 종류가 결정되기 때문에 트랜지스터의 역할은 매우 중요합니다.

1947년 미국 벨 연구소의 존 바딘(John Bardeen), 윌리엄 쇼클리(William Shockley), 월터 브래튼(Walter Brattain) 세 명의 과학자는 다음의 사진과 같은 최초의 '점 접촉 트랜지스터(point-contact transistor)'를 개발합니다.

사진으로 봐서는 점 접촉 트랜지스터가 요상하게 생겼다는 생각만 들면서 도대체 저게 무엇인지 묻고 싶을 겁니다. 그래서 설명을 좀 하겠습니다. 사진에서 역삼각형 모양을 하고 있는 물체가 아래쪽 평평한 고체와 꼭지점에서 접촉하고 있습니다. 사진에서 보이는 덩어리들은 별로 중요하지 않고, 보이지는 않지만 접촉 점 부위가 중요합니다.

아래쪽에 놓인 두툼하고 평평한 물체는 반도체인 게르마늄(Germanium)입니다. 원소 기호로는 Ge라고 씁니다. 반도체 하면 실리콘(Si, silicon)이 떠오를 텐데 Ge도 반도체입니다. 그리고 역삼각형 물체는 플라스틱 덩어리입니다. 사진에서는 잘 보이지 않지만 역삼각형 플라스틱 좌우 빗면에 금박(gold foil)이 붙어 있고, 꼭지점 부위에서 살짝 갈라져 좌우

친절한 반도체

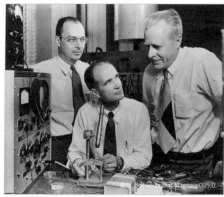
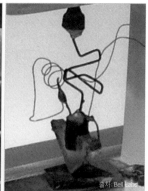

출처: Bell Laboratories Magazine(1953)
출처: Bell Labs

금박으로 분리되어 있습니다. 이 플라스틱은 단순히 금박을 지지하고 고정해서 꼭지점 부위의 금박이 게르마늄판과 접촉하게 해주는 역할을 합니다. 여기서 중요한 것은 금과 게르마늄의 접촉 부위입니다. 좀 더 넓게 표현하면 금속(금)과 반도체(게르마늄)의 접촉 부위입니다. 꼭지점에서 금박이 갈라져 있기 때문에 아주 가까이 위치한 두 개의 접촉 부위가 생기며, 이곳을 통해 트랜지스터의 기능이 발현됩니다.

그러면 이렇게 만들어진 트랜지스터가 의미하는 바는 무엇일까요? 동일한 기능을 하는 주먹만 한 크기의 기존 진공관에 비하여 금속-반도체 접촉점 정도로 전자 소자의 크기가 획기적으로 줄어들었다는 것이 중요합니다. 게다가 모양도 덩어리 형태에서 거의 흔적도 없이 납작해졌습니다. 마치 알라딘의 요술 램프 지니가 임무를 마치고 램프 안으로 빨려 들어간 것과 비슷한 상황입니다. 엄청나게 작은 트랜지스터를 구현할 수 있는 길이 열린 것입니다. 위의 세 분은 이 공로로 1956년에 노벨 물리학상을 공동 수상합니다.

점 접촉 트랜지스터 이후 페어차일드반도체(Fairchild Semiconductor)와 인텔(Intel Corp.)을 공동 설립한 로버트 노이스(Robert Noyce)에 의해 진보된 형태의 집적 회로가 1961년에 등장합니다. 점 접촉 트랜지스터는 단지 하나의 소자만 시현했을 뿐인데, 노이스 집적 회로는 단순하기는 하지만 소자뿐만 아니라 배선 등 필요한 부품을 기판 위에 같이 올려놓음으로써 오늘날의 집적 회로와 유사한 모습을 보입니다.

로버트 노이스

출처: Intel Free Press

바딘, 쇼클리, 브래튼에 의해 고안된 트랜지스터는 제조가 까다롭고 전력 소모가 크며, 집적 회로를 충분히 소형화하기 어려운 문제가 있었습니다. 그래서 현대의 집적 회로는 다른 방식의 트랜지스터를 채용하고 있습니다. 이것이 바로 'MOS 트랜지스터'입니다. 원래 정식 영어 명칭은 'MOSFET(Metal-Oxide-Semiconductor Field Effect Transistor)'인데, 의미를 짐작하기 어려운 영문 축약 이름이기 때문에 트랜지스터임을 드러내기 위해서 MOS 트랜지스터로 칭하겠습니다. 그런데 이 MOS 트랜지스터를 발명한 과학자가 한국인 강대원 박사입니다.

강대원 박사는 1931년 서울 태생으로 1955년 서울대학교 물리학과를 졸업하고 미국으로 건너가 오하이오 주립 대학교에서 이학 석박사 학위를 받았습니다. 학위를 마치고 1959년 당대 세계 최고의 연구소인 벨 연구소에 입사하여 근무 초기에 MOS 트랜지스터를 발명했습니다. MOS 트랜지스터는 금속-산화물-반도체로 이루어진 트랜지스터인데, 현대적 초고집적 회로의 구현과 대량 생산을 가능케 한 결정적인 발명품입니다.

강대원 박사는 또 다른 기념비적인 집적 회로 기술인 플로팅 게이트(floating gate) 개발에도 큰 공헌을 했습니다. 플로팅 게이트는 NAND 플래시 메모리의 핵심이 되는 기술입니다. 현대의 메모리 반도체 양대 산맥인 DRAM과 NAND 플래시 메모리 구현을 가능케 한 결정적인 두 가지 기술 개발에 큰 기여를 한 것입니다. 강대원 박사는 주로 미국에서 활동했기 때문에 국내에는 잘 알려지지 않았습니다만, 늦게나마 업적을 기리기 위해 '강대원상'이 제정되어 2017년 한국반도체학술대회부터 매년 수여되고 있습니다.

세계 최초 MOSFET

출처: Bell Labs(Photo by Windell Oskay)

초고집적 회로

지금까지 집적 회로의 개념과 탄생의 역사를 살펴보면서 집적 회로를 조금 이해하게 되었습니다. 한 걸음 더 들어가기 전에, 앞의 내용을 간략히 정리하겠습니다.

전자 회로는 트랜지스터, 커패시터, 저항 등의 전자 소자들이 전기선으로 연결되어 있는 유기적 결합체이며, 이 조합의 구성과 연결 방식에 따라 다양한 전자 기기가 만들어집니다. 개별 소자 중에서 전기의 흐름을 제어하는 트랜지스터가 가장 중요한 역할을 합니다. 과거에는 구형 라디오와 같은 가전 제품에서 볼 수 있듯이 전자 회로는 인쇄 회로 기판 위에 덩어리 형태의 개별 소자를 꽂아서 납땜으로 만들어 회로의 크기가 아주 컸습니다. 그런데 벨 연구소의 존 바딘 등에 의해 최초로 발명된 점 접합 트랜지스터와 후속 기술 발전 덕분에 덩어리 모양의 트랜지스터가 사람 눈으로는 식별할 수 없을 정도로 납작해지고 작아졌습니다. 두 고체 간 계면에 생기는 정도이니 어마어마하게 작아진 것입니다. 지속적인 미세 공정 기술의 발달로 트랜지스터뿐만 아니라 커패시터, 금속 선 등 모든 회로의 구성 요소들도 동일하게 납작해지고 작아질 수 있었습니다.

이렇게 구현된 초기 집적 회로는 단일층의 모습을 보입니다. 그러면 다음 단계로 수직 방향으로 층을 쌓아 올린 다층의 집적 회로를 생각해볼 수 있습니다. 여러 층을 쌓아가며 각 층 간 배선을 연결함으로써 구성 소자들이 3차원 구조물 안에 체계적으로 배치되고 연계되는 고집적 회로가 시도됩니다. 결국 그 방향으로 집적 회로가 눈부시게 발전

했으며 마이크로프로세서와 메모리 반도체 같은 현대적인 집적 회로들이 탄생했습니다.

다음의 사진은 실제 DRAM을 수직으로 자른 후, 단면을 전자 현미경으로 촬영한 사진입니다. 여러 층들이 보이고 특이한 패턴들이 관찰됩니다. 아직 각 패턴이 어떤 소자와 관련있는지 알기 어렵겠지만, 트랜지스터, 커패시터, 금속 배선들이 각기 나름의 위치에 만들어져 있고, 이 소자들 사이의 공간은 절연체로 채워져 있습니다. 사진에서 예로 든 DRAM은 최신 것에 비하면 패턴이 상당히 큰 편인데, 최근 양산되고 있는 DRAM에서 가장 작은 패턴의 크기는 10nm(나노미터)대로 매우 작으며, 어떤 층에 속하는 특정 물질의 높이는 수나노미터 정도에 불과합니다.

DRAM 단면의 전자 현미경 사진

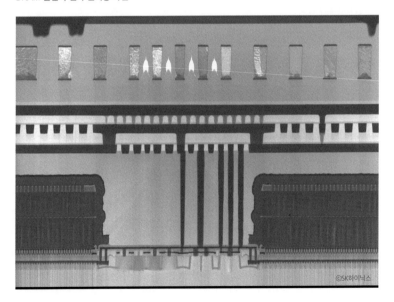

©SK하이닉스

이렇게 생긴 것이 집적 회로입니다. 모든 전자 소자를 엄청나게 작게 구현하여 회로를 만듭니다. 집적 회로는 영어로 IC(Integrated Circuit)라 했는데, 집적도가 점점 높아지면서 LSI(Large-Scale Integration), VLSI(Very Large-Scale Integration), ULSI(Ultra Large-Scale Integration)의 용어를 사용하기도 합니다.

여기서 잠깐, 나노미터 길이를 가늠할 수 있어야 초고집적 회로의 참맛을 느낄 수 있기 때문에 길이 단위를 소개하면서 나노미터 크기에 대한 감을 잡아보도록 하겠습니다. 이미 중고등학교 때 배운 상식적인 내용입니다. 길이는 3승마다 단위가 달라집니다. 우리 일상생활에서 가장 친숙한 단위는 m(미터)입니다. 사람 키가 이 정도 수준이기 때문에 그렇습니다. 미터를 중심으로 아래로 3승씩 내려가 보겠습니다.(위로 올라갈 필요는 없습니다. 우리는 매우 작은 크기를 논하고 있는 중이니까요.) 1mm(밀리미터)는 1×10^{-3}m이고, 1μm(마이크로미터)는 1×10^{-6}m이며, 1nm(나노미터)는 1×10^{-9}m입니다.

이렇게 설명해도 크기 가늠이 어려울 수 있으니까 나노미터를 다른 방향으로 설명해 보겠습니다. Å(옹스트롱)이라는 단위가 있습니다. 1Å은 1×10^{-10}m여서 1nm = 10Å이 됩니다. 즉, 1Å이 10개 모이면 1nm입니다. Å은 원자 크기 수준의 단위여서 원자를 논하는 과학 분야에서 주로 사용됩니다. 실리콘(Si) 결정에서 가장 가까이 이웃하는 두 원자 간 간격은 약 2.35Å입니다. 따라서 실리콘 원자들이 죽 일렬로 늘어서 있다고 가정하면 1nm에는 약 4개의 실리콘이 들어갑니다. 최신 DARM에서 제일 작은 패턴의 크기는 십수 나노미터 정도인데, 이는 실리콘 약 50개를 연결해 놓은 크기밖에 되지 않습니다. 현재 우리가 가지고 있는 공정 기술의 정밀도가 어느 정도인지 상상할 수 있을 것이라 생각합니다.

이 정도로 전자 회로가 작아졌으니 우리가 지금 경험하고 있는 모바일 스마트 기기를 포함한 각종 전자 기기가 그렇게 작아질 수 있었던 것입니다. 크기뿐만이 아닙니다. 회로 설계 기술의 발전과 함께 소자의 동작 속도, 즉 성능이 어마어마하게 좋아졌으며, 전력 소모도 크게 낮아졌습니다.

현대의 전자, 정보 통신 혁명은 집적 회로의 발명에서 비롯되었다고 볼 수 있습니다. 그렇다고 집적 회로가 전자 관련 산업에만 사용되는 것은 아닙니다. 전기차, 자율주행차, 인공 지능, 가상 현실 등 미래 유망 분야를 포함한 거의 모든 산업 전반에 반도체, 즉 접적 회로의 쓰임새는 점점 더 커지고 있습니다. 따라서 반도체가 산업의 쌀이라고 불리는 것은 결코 과장된 표현이 아닙니다.

우리 주변의
반도체

•
•
•
•

메모리 반도체

반도체 또는 집적 회로를 크게 분류하면 메모리 반도체와 시스템 반도체로 나눌 수 있습니다. 메모리 반도체는 글자 그대로 정보를 저장하는 일을 합니다. 누구나 컴퓨터를 사용해 봐서 알겠지만 컴퓨터로 문서를 작성하면 컴퓨터 안 어디인가에 그 내용이 저장되는데, 이곳에서 활약하는 것이 메모리 반도체입니다.

메모리 반도체에는 여러 종류가 있지만 두 가지가 대표적입니다. DRAM(Dynamic Random Access Memory)과 NAND 플래시 메모리(Flash Memory)입니다. 두 반도체 특성의 가장 큰 차이는 전원 공급이 끊기면 DRAM은 기억을 잃어버리지만, NAND 플래시 메모리는 기억을 그대로 가지고 있는 것입니다. 전자와 같은 메모리를 '휘발성 메모리'라 하고, 후자를 '비휘발성 메모리'라고 합니다.

DRAM과 NAND 플래시 메모리의 구조는 사뭇 다르지만 DRAM 제조를 잘하는 기업은 NAND 플래시 메모리에도 접근하기 쉽습니다. DRAM은 소품종 대량 생산을 통해 규모의 경제를 이루어야 제품의 가격 경쟁력을 갖출 수 있는데, NAND 플래시 메모리 사업도 이와 동일한 게임의 규칙을 가지고 있습니다. NAND 플래시 메모리만 전문적으로 생산하는 회사도 있지만, 주요 메모리 제조 기업은 두 반도체를 모두 제품군으로 두는 경향이 있습니다. 대표적인 기업이 한국의 삼성전자와 SK하이닉스, 그리고 미국의 마이크론 테크놀로지입니다.

DRAM

DRAM은 다양한 전자 기기에 사용됩니다. 데스크톱과 노트북 컴퓨터에 예전부터 사용되어 왔고, 스마트폰과 태블릿 같은 모바일 기기, 게임기 등 많은 전자 제품에 사용됩니다. SNS(Social Networking Service), 전자 상거래, 클라우드 서비스와 같은 온라인 활동이 폭발적으로 증가한 현재는 어마어마한 양의 데이터를 보관하는 중앙 저장소인 데이터 센터에 고성능 DRAM이 대규모로 들어갑니다. 아마존, 구글, 마이크로소프트 같은 기업들은 엄청난 크기의 데이터 센터를 보유하고 있습니다.

DRAM 칩

©SK하이닉스

DRAM은 정보를 기록하고 읽어내

는 동작 속도가 빠른 장점을 가지고 있어서 이 점을 활용하는 용도로 전자 기기에 사용됩니다. 누구나 접하는 데스크톱이나 노트북 컴퓨터를 예로 DRAM의 역할을 설명해 보겠습니다.

컴퓨터에서 각종 연산을 수행하고 주변 기기에 명령을 내려 컴퓨터를 작동하게 하는, 우리 몸으로 따지면 두뇌 역할을 하는 것이 CPU(Central Processing Unit)입니다. 그런데 우리 두뇌와는 달리 CPU에는 기억, 즉 데이터를 저장하는 기능이 별로 없습니다. 반쪽짜리 두뇌인 셈입니다. 그래서 이 두뇌는 대용량 저장 장치를 별도로 필요로 하고, 이 장치와 끊임없이 데이터를 주고받으며 소통해야 합니다. 저장 장치로 예전에는 하드 디스크 드라이브(HDD, Hard Disk Drive)가 주로 사용되었지만 요즘은 솔리드스테이트 드라이브(SSD, Solid-State Drive)로 대체되었습니다.

그런데 CPU의 성능을 제아무리 높여도 기억 장치의 속도가 따라가 주지 못하면 전체적인 컴퓨터 속도는 별로 향상되지 않는 문제가 있습니다. HDD는 자석의 원리를 응용하여 데이터를 저장하는데, 정보를 읽고 쓰는 방식이 기계적이어서 동작 속도가 상당히 느립니다. 반면, SSD는 집적 회로로 만들어져서 HDD보다는 훨씬 빠르지만 CPU 성능을 충분히 뒷받침하기에는 여전히 만족스럽지 못합니다. 그래서 CPU와 SSD 또는 HDD 사이에 속도가 빠른 DRAM을 배치하여 컴퓨터의 정보 처리 효율을 높입니다. 실시간으로 사용하는 운용 및 응용 프로그램들과 데이터를 SSD나 HDD로부터 DRAM에 올려 놓고 CPU와 DRAM이 소통하게 함으로써 컴퓨터의 성능을 향상시킵니다. 이런 식으로 DRAM이 주기억 장치가 되고 SSD나 HDD는 보조 기억 장치로 기능합니다.

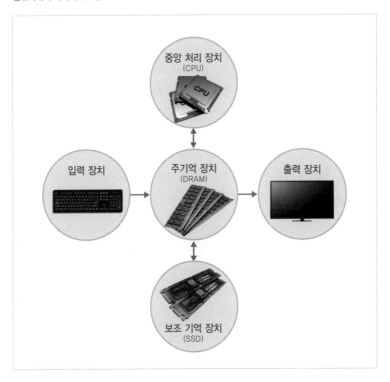

주기억 장치와 보조 기억 장치의 관계를 우리의 컴퓨터 사용 경험으로 풀어서 이야기해보겠습니다. 컴퓨터 전원을 켜면 맨 처음 부팅(boot-ing)이 진행됩니다. 부팅은 SSD 또는 HDD 안에 저장되어 있는 윈도우(Windows)와 같은 운영 체계를 DRAM으로 불러오는 과정입니다. 또한 부팅과 함께 컴퓨터 운영에 관여하는 일부 프로그램(또는 애플리케이션)들도 따라옵니다. 예를 들면, 백신 프로그램 같은 것들입니다.

이어서 문서를 작성하고자 한다면 한글이나 마이크로소프트 워드(MS Word) 같은 프로그램을 구동시키면서 해당 문서 파일을 불러옵니다. 이렇게 되면 윈도우, MS Word, 문서 파일 등 컴퓨터 작업에 필요한 모든 요소들이 DRAM에 올라가 있는 상태가 되고, 이제부터는 CPU 와 DRAM 간에 데이터를 주고받으며 빠른 속도로 작업을 수행할 수 있습니다. 한편, 문서 작성 중 가끔 저장 단추를 누르는데 이때 비로소 DRAM에 있는 데이터가 HDD나 SSD로 옮겨가서 보관됩니다.

문서 작업 중에 컴퓨터 전원이 갑자기 꺼져서 작성 중인 데이터가 모두 사라지는 경험을 해봤을 것입니다. 이는 DRAM이 휘발성 메모리이기 때문에 나타나는 현상입니다. 따라서 혹시 모를 돌발 상황을 대비해서 저장 단추를 자주 누르는 습관을 들이거나 응용 프로그램 설정에서 정기적 자동 저장이 실행되도록 세팅하는 것이 좋습니다. DRAM에 전원이 끊기면 왜 데이터가 없어지는지는 나중에 소개될 DRAM의 구조와 동작 원리를 알고 나면 이해할 수 있습니다.

NAND 플래시 메모리

DRAM과 달리 NAND 플래시 메모리는 비휘발성 메모리로서 전원이 끊어져도 기억이 없어지지 않습니다. 그래서 데이터를 장기 보관하는 용도로 사용됩니다. 가장 쉽게 접할 수 있는 것은 USB(Universal Serial Bus) 메모리입니다. 책상 서랍 여기저기에 굴러다닐 정도로 흔하게 볼 수 있습니다.

NAND 플래시 메모리는 정보를 대량으로 저장해야 하는 다양한 전자 기기에 사용됩니다. 우선 앞의 DRAM 설명 부분에서 언급한 SSD에 들어가는 것이 바로 NAND 플래시 메모리입니다. 장기 기억이 가능하기 때문에 당연히 HDD의 대체품으로 사용될 수 있습니다. 그런데

NAND 플래시 메모리를 적용한 SSD 제품

©SK하이닉스

NAND 플래시 메모리가 처음 상용화된 이후 SSD로 적용되기까지는 상당한 시간이 소요되었습니다. 저장된 데이터를 읽는 속도는 빠르나 쓰는 속도가 상당히 느린 단점 때문이었습니다. 그렇지만 플래시 메모리의 속도와 집적도가 획기적으로 향상되었고, SSD를 구성하는 회로 기술도 발전하여 동작 속도와 용량이 대폭 증대되었습니다. 그 덕에 이 메모리를 컴퓨터의 보조 기억 장치로 사용할 수 있게 되었습니다.

SSD는 집적 회로의 일종인 NAND 플래시 메모리로 만들기 때문에 HDD에 비교할 수 없을 정도로 크기가 작고 성능이 좋을 뿐만 아니라, 소음과 진동이 전혀 없습니다. 이러한 장점으로 인해 노트북 컴퓨터부터 채용되기 시작해서 데스크톱의 HDD를 빠른 속도로 대체했습니다. 또한 스마트폰 등 모바일 기기에는 초기 제품부터 적용되어 왔습니다. 그 외에도 디지털카메라, 캠코더 등 대용량의 영상과 음성 데이터를 장기 저장해야 하는 기기에도 사용됩니다. 예전의 마그네틱 테이프를 완전히 대체한 지 오래되었습니다.

시스템 반도체

시스템 반도체(system IC)에는 무수히 많은 종류가 있습니다. 대표적인 것이 컴퓨터에 들어가는 CPU(Central Process Unit)와 GPU(Graphic Process Unit), 모바일 스마트 기기에 사용되는 AP(Application Processor)입니다. 카메라 모듈에 쓰이는 반도체식 촬상 소자인 CIS(CMOS Image Sensor)도 여기에 속합니다. LCD나 OLED 디스플레이에 화면을 만들어주는 구동 IC(driver IC), 자동차의 각종 부품에 채용되는 반도체 등 전자식 제어가 필요한 거의 모든 곳에 크고 작은 시스템 반도체가 사용되고 있습니다. 메모리 반도체 이외의 집적 회로는 거의 모두 시스템 반도체라고 볼 수 있어서 '비메모리 반도체'라는 명칭을 사용하기도 합니다만, 메모리 반도체를 중심에 두고 붙인 용어이기 때문에 좋은 이름은 아닙니다.

시스템 반도체는 수많은 트랜지스터의 조합으로 구성되며, 연산 또는 제어 작업이 주 임무이기 때문에 기본적으로 트랜지스터의 성능이 중요합니다. 이들의 조합에 따라 다양한 집적 회로가 만들어지는데, 대표적인 예가 CPU입니다. 앞에서 언급했듯이 CPU는 컴퓨터에서 인간의 두뇌와 같은 역할을 합니다. 우리가 잘 아는 제품으로 인텔의 마이크로프로세서를 꼽을 수 있습니다. AMD 또한 좋은 제품을 시장에 공급하고 있습니다.

AP(Application Processor)는 모바일 기기에서 CPU, 그래픽 카드 등 여러 기능을 통합적으로 수행하는 반도체입니다. 모바일 기기는 자체 배터리로 작동하기 때문에 장시간 사용을 위해 전력 소모를 최소화할 필요가 있습니다. 이를 위해 AP는 저전력 소모에 적합한 설계로 만들어집니다. AP로 유명한 기업은 퀄컴(Qualcomm)으로 주로 안드로이드폰에 들어가는 AP 칩을 전 세계에 공급하고 있습니다. 갤럭시 폰과 태블릿을 생산하는 삼성전자도 자체 AP를 보유하고 있지만, 퀄컴 등 타사의 AP를 병행해서 사용합니다. 한편, 애플은 자체적으로 설계한 AP를 자사의 아이폰과 아이패드에 채용함으로써 독자 생태계를 구축하는 전략을 구사하고 있습니다.

GPU는 컴퓨터 등에서 영상 처리를 담당하는 고성능 칩입니다. 컴퓨터 게임에서 보이는 화려한 3차원 그래픽을 원활히 구현하기 위해서는 엄청난 양의 데이터를 빠르게 병렬로 처리해야 하는데, 이에 특화된 기능을 수행합니다. 더 나아가 GPU에 적용되는 고속 병렬 처리 기술은 인공 지능(AI, Artificial Intelligence) 분야에 필요한 기술로서 그 중요성이 날로 커지고 있습니다. 그래픽 칩 제조 기업으로는 엔비디아(NVIDIA)와 마이크로프로세서 공급업체 중 하나인 AMD가 대표적입니다.

스마트폰 카메라 모듈의 핵심 부품은 촬상 소자인 이미지 센서(image sensor)입니다. 정확한 명칭은 CMOS 이미지 센서인데, 아직 CMOS를 다루지 않았기 때문에 단순히 이미지 센서로 칭하겠습니다. 이미지 센서는 빛을 받아서 이를 전기 신호로 바꾸어주는 기능을 합니다. 센서이지만 집적 회로 방식으로 만들어지기 때문에 시스템 반도체의 한 종류로 분류됩니다.

구식 피처폰(feature phone)에도 이미지 센서가 채용된 카메라가 있었지만 그 당시 성능은 보잘것없었습니다. 하지만 이미지 센서 기술의 지속적인 발전으로 최신 스마트폰에 들어가는 센서의 성능은 비약적으로 향상되었습니다. 사진의 해상도가 엄청나게 높아졌을 뿐만 아니라

CMOS 이미지 센서 칩(좌)과 카메라 모듈(우)

Hi-4821Q FF_SD

©SK하이닉스

색감도 훌륭하고 빛에 대한 감도도 좋아서 밤에도 플래시 없이 좋은 사진을 찍을 수 있습니다. 예전에는 여행 다닐 때 사진 전용 카메라를 별도로 들고 다니곤 했으나 이제는 거의 그럴 필요 없이 스마트폰 하나로 모든 것을 해결할 수 있는 정도가 되었습니다. 이 분야의 선두 업체는 소니와 삼성전자입니다. 이미지 센서는 시스템 반도체임에도 불구하고 소품종 대량 생산에 적합한 제품이기에 메모리 반도체 전문 기업인 SK하이닉스, 마이크론 테크놀로지도 이 시장에 참여하고 있습니다.

LCD와 OLED TV에서 디스플레이에 화면을 뿌려주는 구동 IC(driver IC)도 많이 사용되는 시스템 반도체 중 하나입니다. 빛을 내는 원리는 두 디스플레이 간 차이가 크지만, 수많은 단위 화소들로 구성되며 이들의 켜짐과 꺼짐으로 화면이 만들어지는 방식은 유사합니다. 각 화소마다 개별 트랜지스터가 하나씩 달려 있는데, 영상 신호를 트랜지스터 동작으로 변환시켜 화면을 생성하는 구동 IC가 필수적으로 사용됩니다. 디스플레이 제조사와 이를 납품받아 TV를 생산하는 기업이 이원화되어 있는 경우가 많은데 같은 모델의 디스플레이 패널을 사용하더라도 TV 제조사가 채택하는 구동 IC의 성격에 따라 TV 영상의 색감 등 화면의 느낌이 달라지기도 합니다.

자동차에도 여러 종의 시스템 반도체가 전장 부품에 사용되어 왔습니다. 안전하고 쾌적한 주행을 위한 전자 장치가 확대되면서 반도체의 쓰임새는 지속적으로 증가하고 있으며, 특히 전기차와 자율 주행의 등장은 시스템 반도체 사용 요구를 크게 높여 놓았습니다. 자율 주행 기능을 장착한 전기차는 바퀴 달린 스마트폰이라고 해도 과언이 아닙니다. 한편 자동차 분야에 쓰이는 반도체는 다른 분야에 적용되는 것들과 차별점이 있습니다. 사람들의 안전을 보장하기 위해 상당한 저온과 고온 등 자동차가 놓일 가혹한 환경에서 반도체가 문제 없이 작동해야 하기 때문에 반도체의 성능 못지않게 신뢰성이 중요시됩니다.

반도체 기업의 분류

앞에서 여러 종류의 집적 회로를 살펴보면서 각 반도체 분야마다 관련 기업들을 간단히 소개했지만, 반도체 설계와 제조 방식에 따라서도 기업을 분류할 필요가 있어 이를 잠시 살펴보겠습니다.

반도체 기업은 크게 종합 반도체 회사(IDM, Integrated Device Manufacturer), 팹리스(fabless) 반도체 회사, 파운드리(foundry) 기업 세 가지로 나눌 수 있습니다. 다만, 여러 제품군을 보유한 초대형 기업의 경우에는 제품의 특성에 따라 속하는 분류가 다르기도 합니다.

종합 반도체 회사는 말 그대로 반도체 제품에 관한 모든 일을 자체적으로 수행하는 기업을 일컫습니다. 직접 회로가 제품으로 만들어질 때까지 실시되는 작업은 크게 회로 설계와 칩 제조로 나눌 수 있는데, 이들 기업은 스스로 모든 것을 다 수행하여 제품을 소비자들에게 공급합니다. 주로 소품종 대량 생산에 적합한 메모리 반도체 회사들이 이러한 형태를 띱니다. 대표적인 기업으로는 한국의 삼성전자와 SK하이닉스, 미국의 마이크론 테크놀로지를 들 수 있습니다.

시스템 반도체 분야에서는 상황이 달라서 회로 설계를 전문적으로 하는 회사와 설계를 받아서 칩을 대신 제조해주는 기업으로 나뉘는 경향이 강합니다. 다른 산업과 달리 반도체 공장을 팹(Fab)이라고 부르는데, 팹리스(Fabless) 회사라 함은 '반도체 공장이 없는 회사'라는 의미로 설계 전문 기업을 지칭합니다. 한편 반도체 칩을 위탁 생산해주는 기업을 파운드리(foundry) 업체라고 부릅니다.

팹리스 회사에는 우선 CPU, GPU, AP와 같은 IT 기기의 핵심 칩을 대량으로 공급하는 기업들이 속합니다. 이런 제품들은 설계의 난이도가 높기 때문에 보통 수준의 설계업체는 접근하기 어렵습니다. 따라서 몇 회사들이 과점 체제를 유지하고 있는데, 대표적인 기업이 AP 칩으로 유명한 퀄컴이며, 애플도 자사 기기에 들어가는 AP 칩을 자체 설계하기 때문에 이 부류에 속한다고 할 수 있습니다. 또한 GPU를 공급하는 엔비디아도 마찬가지입니다.

시스템 반도체 기업 중 특이한 곳은 인텔입니다. 인텔은 CPU의 최강자로서 설계뿐만 아니라 전통적으로 직접 칩을 제조하기 때문에 종합 반도체 회사에 속한다고 볼 수 있습니다. 반면에 인텔과 CPU 분야에서, 엔비디아와 GPU 분야에서 경쟁하고 있는 AMD는 팹리스 회사로 분류됩니다.

파운드리 회사로는 대만의 TSMC가 독보적인 지위를 차지하고 있으며, 삼성전자도 시스템 반도체 분야에서 TSMC와 경쟁하고 있는 형국입니다. 위탁 생산을 하기에 설계 회사에 종속되는 느낌을 받을 수 있습니다. 파운드리 산업 초기에는 그런 측면이 있었으나 요즘에는 그렇지 않습니다. 파운드리 회사가 보유하고 있는 초미세 공정 기술이 워낙 어렵고 중요해져서 오히려 팹리스 회사가 파운드리 업체를 의지하는 상황이 되었습니다.

CPU, GPU, AP 이외에도 다양한 산업에서 상당한 종류의 시스템 반도체들이 소요되고 있습니다. 이에 대응하기 위해 대기업부터 중소기업까지 많은 팹리스 회사들이 각 분야에서 활약하고 있으며, 중소 업체의 설계를 칩으로 구현해주는 중급 파운드리 회사들도 존재합니다. 특히 설계 전문 기업의 수는 매우 많아서 그들의 명칭을 일일이 열거하기 어렵습니다.

메모리 반도체의
기억법

반도체, 즉 집적 회로가 무엇이며 어떤 종류가 있는지 알아보았습니다. 앞으로 여러 장에 걸쳐서 집적 회로가 구체적으로 어떻게 생겼고 어떻게 기능하는지 살펴보려고 합니다. 그런데 지면의 제약으로 모든 반도체를 세세히 다룰 수는 없습니다. 우선 한 가지 반도체를 택해서 구체적인 설명을 하고 나머지 반도체는 주요 특징만 따로 언급하는 방향으로 이야기를 전개하겠습니다.

앞 장에서 소개했듯이 반도체에는 여러 종류가 있지만, 메모리 반도체인 DRAM을 예로 들겠습니다. DRAM에는 트랜지스터, 커패시터, 전기 도선 등 집적 회로가 지녀야 할 필수 구성 요소가 골고루 들어 있습니다. 그리고 집적 회로의 종류에 상관없이 제조 공정 개념은 동일하기 때문에 DRAM을 예시로 삼을 만합니다. 물론 각 반도체마다 추구하는 기능이 다르고 이에 따라 특별히 적용되는 공정들이 있지만, 이 책에서 다루고자 하는 수준에서는 서로 유사합니다.

친절한 반도체

디지털 정보 저장 방법

우선 일반적인 디지털 방식의 메모리가 어떤 식으로 정보를 기억하는 지 알아보겠습니다. 어디선가 들어 보았을 텐데, 디지털 메모리는 '0'과 '1' 두 가지를 구분하여 정보를 저장합니다. '0'과 '1'이라고 하면 수학이 떠오르면서 이해하기 어려운 내용일 것이라는 선입견을 가질 수 있습니다. 하지만 여기서 이야기하고자 하는 내용은 아주 기본적인 것이기 때문에 부정적인 생각을 가질 필요는 없습니다.

그래도 수학에 거부감을 가지고 계신 분들을 위해 '0'과 '1'을 다른 방식으로 표기해 보겠습니다. 사실 '0'과 '1'은 상대적으로 뚜렷이 구분되는 두 가지를 대비해서 표현할 수 있습니다. 예를 들면, 참과 거짓, 양과 음, 남과 북, 위와 아래, 좌와 우 등 많은 다른 표현들이 가능합니다. 그리고 물통에 물이 없거나 차 있거나, 막대기의 길이가 기준보다 짧거나 길거나, 물체의 무게가 기준보다 작거나 크거나, 사람이 앉아 있거나 서 있거나 등과 같이 기술할 수도 있습니다.

이 개념을 잘 응용하여 어떤 방식이든 물질의 상태가 두 가지로 뚜렷이 구분될 수 있으면 메모리 소자를 만들 수 있습니다. 예를 들어 보겠습니다. 자성체의 자화 방향이 S-N 방향이거나 N-S 방향이거나, 물질 표면에 빛을 쪼여 반사되는 빛이 기준값보다 작거나 크거나, 커패시터에 전자가 빠져 있거나 차 있거나, 전기 저항체가 기준값 대비 전기가 덜 통하거나 잘 통하거나 등을 생각할 수 있습니다. 실제로 자석의 자화 방향 두 가지를 응용하여 만든 메모리가 하드 디스크 드라이브(HDD, Hard Disk Drive)이고, 원판 표면에 빛을 쪼여 반사되는 빛의

하드 디스크 드라이브(좌)와 컴팩트 디스크(우)

양을 판별하여 메모리로 이용한 것이 컴팩트 디스크(CD, Compact Disk)
입니다.

DRAM의 정보 저장 원리

앞에서 설명한 정보 저장 개념이 DRAM에는 어떻게 적용되는지 알
아보겠습니다. DRAM은 커패시터(capacitor)를 사용합니다. 커패시터는
우리말로 축전기라고 합니다. 전기를 쌓아서 저장한다는 의미입니다.
커패시터에 전자가 빠져 있거나 차 있거나를 각각 '0'과 '1'에 대응시켜
메모리 소자로 기능합니다.

한편 DRAM 커패시터를 충·방전시키려면 이곳으로 전자가 들어갔
다 나왔다 하도록 전기의 흐름을 제어하는 무엇인가 있어야 하는데, 그
것이 트랜지스터입니다. 이렇게 DRAM에서 정보를 저장하는 한 단위

친절한 반도체

'1 트랜지스터 + 1 커패시터' 회로도

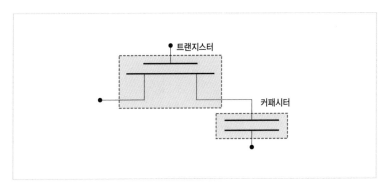

는 트랜지스터 하나와 커패시터 하나가 연결된, 즉 '1 트랜지스터 + 1 커패시터'로 이루어져 있습니다. 이를 간단한 회로도로 표기하면 위 그림과 같습니다.

이 그림을 잘 살펴봅시다. 그림에는 트랜지스터를 나타내는 심벌(symbol) 하나와 커패시터 심벌 하나가 연결되어 있습니다. 트랜지스터는 위쪽에 하나, 아래쪽 좌우에 각각 하나씩, 합해서 3개의 발을 가지고 있고, 커패시터는 위아래 각각 하나씩 두 개의 발을 지니고 있습니다. 트랜지스터 아래쪽의 우측 발이 커패시터로 연결되어 있는 것을 볼 수 있는데, 지금은 이런 식으로 '1 트랜지스터 + 1 커패시터'가 연결되어 있다는 것만 알기 바랍니다.

아직 트랜지스터와 커패시터의 작동 원리를 소개하지 않았기 때문에 이 회로도를 가지고는 DRAM의 정보 저장 방식을 논할 수는 없습니다. 이에 관해서는 차차 살펴볼 예정이고 여기서는 다음 쪽 그림의 물통과 물을 공급 또는 배출하는 밸브를 가지고 설명하겠습니다. 물통은 커패시터에, 밸브는 트랜지스터에 상응합니다.

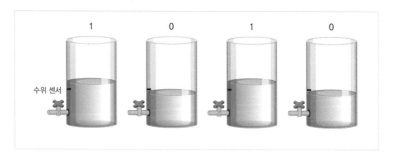

원래 하나의 의미 있는 정보를 표현하려면 물통 8개가 한 세트로 필요하지만 논의를 간단하게 하기 위해서 물통 4개만 사용하겠습니다. 각물통에는 물을 넣거나 뺄 수 있는 양방향 밸브가 하나씩 달려 있습니다. 비록 밸브가 물통 아래 부분에 위치하지만 물 공급 쪽의 압력을 높여 물통 안으로도 물을 밀어 넣을 수 있게 제작되었다고 합시다. 그리고 물통 중간에 장착되어 있는 수위 센서는 물이 이보다 더 높게 또는 더 낮게 차 있는지 알아냅니다. 물이 수위 센서 아래로 빠져 있으면 '0'이고 위로 올라가 있으면 '1'에 해당됩니다. 실제 DRAM에서는 커패시터 자체에 센서가 달려 있지는 않고 다른 방법으로 충전 여부를 감지합니다만, 여기서는 이해를 돕기 위해 수위 센서를 도입했습니다. 이렇게 해도 DRAM의 기본적인 정보 저장 원리를 설명하는 데는 별 문제가 없습니다.

물통이 준비되었으면 열심히 몸을 움직여서 물통에 물이 차 있는 상태를 조절하여 정보를 기록해봅시다. 각 물통 사이를 열심히 왔다 갔다 하면서 밸브를 열었다 닫았다 한다고 생각합시다. 4개의 물통을 가지고 몇 가지의 상태를 만들 수 있을까요? 우선 가능한 조합은 각 물통의 상태가 모두 0인 (0, 0, 0, 0) 하나가 있고, 그 다음은 1이 하나 있는 조합입니다. (1, 0, 0, 0), (0, 1, 0, 0), (0, 0, 1, 0), (0, 0, 0, 1)로 네 개입니다. 그 다음은 1이 두 개인 조합입니다. (1, 1, 0, 0), (1, 0, 1, 0), (1, 0, 0, 1), (0, 1, 1, 0), (0, 1, 0, 1), (0, 0, 1, 1) 이렇게 여섯 개입니다. 그 다음은 1이 세 개인 조합인데, (1, 1, 1, 0), (1, 1, 0, 1), (1, 0, 1, 1), (0, 1, 1, 1)로 네 개가 있습니다. 마지막으로 모두 1로 이루어진 (1, 1, 1, 1) 하나가 있습니다. 모두 다 더하면 16개가 됩니다. 이를 수학적으로 유식하게 표현하면 2^4개로 16개입니다. 각 물통은 2개의 상태를 가지고 있고 동일한 물통 4개가 독립적으로 작동하기 때문에 이렇게 수학적으로 풀이됩니다. 그런데 원래는 물통 8개가 한 세트로 작용한다고 했습니다. 이 경우에는 2의 거듭제곱이 8이 되어서 2^8개, 즉 256개의 서로 다른 조합이 나옵니다.

이렇게 물통의 상태를 조절해서 '0' 또는 '1'의 조합을 만드는 것처럼 DRAM에서 커패시터를 충·방전시킴으로써 정보를 기록합니다. 컴퓨터 작업을 하면서 키보드로 무엇인가를 입력할 때 우리에게 익숙한 문자, 숫자, 기호를 사용합니다. 하지만 컴퓨터 본체 안에서는 이들 모두 각기 다른 '0'과 '1'의 조합으로 바뀌어서 처리되고 저장됩니다. 모니터로 출력될 때는 다시 우리가 아는 기호들로 보이기 때문에 컴퓨터 내부에서 '0'과 '1'의 신호가 흘러 다니는 것을 체감할 수는 없습니다.

물통 하나에 의해 '0'과 '1'로 구분되는 정보 단위를 'bit(비트)'라고 합니다. 하지만 실제로 우리가 저장해야 하는 것들은 숫자, 한글 자음과 모음, 영문 알파벳, 특수 기호 등 많습니다. 하나의 bit로는 이런 것들을 구분할 수 없습니다. 그래서 8개를 한 묶음으로 의미 있는 정보를 저장합니다. 8개의 bit를 한 세트로 묶은 단위를 'byte(바이트)'라고 합니다.

앞에서 물통을 가지고 따져 보았듯이 1byte가 표현할 수 있는 조합의 개수는 2^8개로써 256개입니다.

이렇게 해서 DRAM 안에서 어떻게 정보가 저장되는지 살펴보았는데, 그 표현 방식이 다분히 수학적이어서 지루했을 수도 있습니다. 사실 위의 내용은 불대수(Boolean algebra)에서 나온 것입니다. 불대수는 19세기 중반 영국의 수학자 조지 불(George Boole)이 정립한 수학 체계인데, 이 덕분에 우리가 컴퓨터에 디지털 방식으로 정보를 저장하고 각종 연산을 수행할 수 있습니다. 지금의 디지털 기술에 큰 도움을 준 고마운 수학이라고 할 수 있습니다.

메모리 용량 가늠하기

DRAM에 어떻게 정보가 저장되는지 짐작할 수 있게 되었으니 이번에는 DRAM의 용량을 가늠해봅시다. DRAM에는 1bit를 저장할 수 있는 무수히 많은 '1 트랜지스터 + 1 커패시터' 결합이 규칙적으로 배열되어 있습니다. 8G DRAM은 8giga bit DRAM을 줄여서 표기한 것인데, bit가 8giga 개만큼 있다는 것을 의미합니다. 수의 단위는 10^3마다 접두사가 바뀌는 것을 알고 있을 겁니다. 수가 커지는 방향으로 kilo는 10^3, mega는 10^6, giga는 10^9, tera는 10^{12}을 나타냅니다. 따라서 8G DRAM에는 8×10^9개의 '1 트랜지스터 + 1 커패시터'의 결합이 있습니다. 손톱만 한 크기의 칩에 이 정도 개수의 트랜지스터와 커패시터가 들어가 있으니 소자 하나의 크기가 얼마나 작은지 상상이 가리라 생각

친절한 반도체

DRAM 모듈과 칩

합니다.

　이렇게 DRAM 칩 하나의 용량은 bit로 따집니다. 그렇지만 실제로 컴퓨터나 전자 기기에 사용되는 메모리 모듈에 표기된 용량의 단위는 byte입니다. 아무래도 실제 메모리 제품에는 의미 있는 정보의 단위로 용량을 표기하는 것이 타당할 것입니다.

전자가 움직이는
방법

DRAM을 이루는 기본 소자인 트랜지스터와 커패시터 중 우선 트랜지스터의 작동 원리를 알아보려고 합니다. 트랜지스터는 실리콘과 같은 반도체 물질 위에 만들어지며, 반도체를 포함한 몇 가지 이종 물질들로 구성됩니다. 아직 트랜지스터의 구조를 논할 단계는 아니어서 지금은 트랜지스터의 실리콘 부위에서 전기의 흐름이 제어된다는 정도만 생각하기 바랍니다. 사실 이 실리콘 덕분에 집적 회로 방식의 트랜지스터가 존재할 수 있어서 반도체 소재의 중요성은 특별히 강조할 필요가 없습니다.

트랜지스터를 이해하러 떠나는 여정의 출발 지점은 반도체에 대한 탐구입니다. 집적 회로를 지칭하는 용어로서의 반도체가 아니라 물질의 전기 전도성을 나타내는 본래 의미의 반도체가 무엇인지 알아야 한다는 것입니다. 그러려면 먼저 물체 안에서 어떻게 전기가 흘러 다니는지 들여다볼 필요가 있습니다. 이번 장에서는 물질의 통전성을 나타내는 기초 개념인 전기 전도도(electrical conductivity)와 물체 안에서 전자가 움직이는 방식을 살펴보겠습니다.

수학의 언어적 속성

전기 전도도 소개에 앞서 잠시 수학에 대한 이야기를 하고자 합니다. 전기 전도도를 포함하여 재료의 물성과 전자 소자의 작동 원리를 설명하려다 보면 이따금씩 물리량들을 제시하고 이들 간의 상관관계를 규정하는 관계식을 소개하게 됩니다. 관계식은 기호의 조합인 수식으로 되어 있기 때문에 어려운 수학이라고 오해할 수 있습니다. 해당 내용을 이해하기 전에 마음의 문을 닫는 분이 생길까봐 필자의 생각을 조금 이야기해 보겠습니다.

결론부터 말하자면, 수학에는 언어적 속성이 있으며, 수학이 어렵게 느껴지는 이유는 수학의 연산이 까다롭기 때문이라고 봐야 합니다. 물리 법칙에 나오는 관계식은 자연의 작동 원리를 기호와 수식으로 나타낸 것이기 때문에 그냥 수식의 의미만 이해해도 충분한 경우가 많습니다.

수학의 언어적 속성을 쉬운 예를 들어 설명해보겠습니다. 우리가 초등학교 저학년 때 풀어보았던 수학 문제입니다. "상자 안에 사과가 다섯 개 있는데 영희가 두 개 먹고 철수가 한 개 먹었으면 남은 사과는 몇 개인가요?" 일단 답은 '두 개'입니다. 바로 계산됩니다. 그렇지만 답을 '두 개'라고만 쓰는 것보다 '5-2-1=2' 수식과 함께 답을 제시하면 선생님께 칭찬을 덤으로 받을 수 있습니다.

여기서 강조하고자 하는 것은 문제 풀이 과정을 글로 기술하는 것과 계산식으로 표현하는 것은 동일한 의미이라는 것입니다. 즉, 글로 쓴 것을 수식으로 번역했다고 말할 수 있습니다. 또는 그 반대로 이야기해도 됩니다. 이렇게 수학에는 언어적 속성이 있습니다.

그럼 질문 하나 하겠습니다. 글로 서술한 문제가 더 다루기 쉬울까요, 수식으로 표현한 문제가 더 쉬울까요? 사람마다 대답이 다를 수 있겠지만 수식으로 표현한 것이 더 쉽다고 봐야 합니다. 그렇습니다. 자연의 작동 원리를 명확히 표현하고 쉽게 이해하기 위해서 수식을 사용하는 것입니다. 그런데 우리는 거꾸로 알고 있습니다. 그렇게 잘못된 선입관을 갖게 한 범인은 중고등학교 때 겪었던 수학의 고통스러운 경험일 가능성이 높습니다.

이제 여러분은 어떤 자료에서든 수식을 만나게 되면 수학의 언어적 속성을 먼저 생각하기 바랍니다. 연산을 해서 답을 내는 작업은 그 다음 문제입니다. 그것은 그 분야 전문가들이 알아서 하면 되는 일이기에 신경 쓸 필요는 없습니다. 여러분은 그냥 그 법칙의 의미를 생각해보고 이해만 하면 충분합니다. 그러니 부디 수식을 두려워하지 말기 바랍니다.

물질의 전기 전도도

그럼 본격적으로 전기 전도도 이야기를 시작해보겠습니다. 물질마다 전기가 통하는 정도가 다릅니다. 우리가 주변에서 자주 접하는 금속인 구리, 알루미늄, 철 등은 전기가 잘 통해서 도체라고 부릅니다. 그리고 세라믹과 플라스틱류의 물질은 대부분 전기가 잘 안 통하는데 이들을 부도체라고 합니다. 반도체는 도체와 부도체의 중간 정도의 통전 특성을 나타내는 물질입니다. 그런데 이렇게 애매한 구분 말고 전기가 통하는 정도를 나타내는 물리량을 설정하여 전기 통전성을 나타낼 필요가 있습니다. 그 지표가 '전기 전도도(electrical conductivity)'인데, 이를 알아보고 물질의 특성과 어떻게 연관되어 있는지 살펴보겠습니다.

이제까지 '전기가 통한다'는 표현을 여러 번 사용했습니다. 전기가 통하려면 물질을 통과해서 전기를 지니고 있는 무엇인가가 움직여야 하는데, 대표적인 입자가 전자입니다. 전기를 띠고 있다는 것을 정확한 용어로 표현하면 '전하(electric charge)를 가지고 있다'입니다. 그런데 전하에는 양전하와 음전하 두 가지 종류가 있으며, 전자는 음전하를 지니고 있습니다. 주로 전자를 사용해서 전기가 통하는 현상을 표현해서 그렇지, 음전하든 양전하든 전하를 띤 입자가 움직이면 모두 전기가 통하게 됩니다. 양전하가 어떤 것인지는 다른 곳에서 설명하기로 하고, 전자 위주로 전기 전도를 설명하겠습니다.

전기 전도도는 σ로 표기하고 다음과 같은 관계식을 가집니다. σ는 그리스 문자로서 '시그마'로 읽지만, 여기서는 굳이 그렇게 발음 내어 읽을 일은 없습니다.

$$\sigma = |q| \cdot n \cdot \mu$$

첫 수식이 나왔습니다. 그러나 놀라지는 말기 바랍니다. 표기되어 있는 문자가 좀 요상해서 그렇지 연산이라고는 곱하기밖에 없습니다. 문자들 사이에 있는 점이 곱셈 기호입니다. 일반적인 곱셈 기호는 '×'인데 물리학에서는 '·'과 '×'의 두 가지 곱셈이 있고 곱하는 방식이 달라 구분해서 사용합니다. '·'이 우리가 알고 있는 곱하기이니 그냥 상식적으로 생각하면 됩니다.

관계식 우변의 첫 번째 물리량 q는 전하량으로서 전기를 실어 나르는 입자 하나가 가지고 있는 전기의 크기를 말합니다. 특별히 전자 하나의 전하량은 e로 표기하는데, e는 약 1.6×10^{-19}C이고 이를 기본 전하량이라고 부릅니다. C는 전하량의 단위로서 '쿨롱'이라고 읽습니다. 전자의 전하량은 우주에서 가장 작습니다. 그리고 전자는 쪼갤 수 없기 때문에 이보다 작은 전하량을 만드는 것은 불가능합니다. 따라서 어떤 다른 입자라도 지니고 있는 전하량 q는 전자 하나의 전하량의 정수배가 됩니다.

그런데 전하량 앞뒤로 수직 막대기가 있어 전하량을 가두어 놓았습니다. 이 막대기는 절댓값 기호입니다. 전하량의 값이 양수이든 음수이든 다 양수로 취하라는 의미입니다. 전하에는 양전하와 음전하가 있다고 했습니다. 양전하든 음전하든 전하가 움직이면 전기의 흐름, 다시 말해 전류가 생깁니다 양전하와 음전하가 모두 전기 전도에 참여하는 경우 전하량에 절댓값을 취하지 않으면 전체 전류에 양전하에 의한 전류는 더하지만 음전하에 의한 전류는 빼주게 되는 문제가 발생합니다. 비록 움직이는 방향은 반대이지만 양전하든 음전하든 흐르기만 하면 전류는 더해져야 하기 때문에 전하의 종류에 상관없이 전류가 커지도록 표기하기 위해서 절댓값을 취합니다.

관계식 우변 두 번째 있는 n은 전자의 개수입니다. 좀 더 정확히 말하면 단위 부피당 전기를 실어 나를 수 있는 전하의 개수입니다. 단위 부피당 전자의 수이기 때문에 전자의 밀도라고 말할 수 있습니다. 다만, 여기서 말하는 밀도는 단위 부피당 질량을 의미하는 밀도가 아니라 전자 개수의 밀도입니다.

이 세상의 모든 물체는 원자를 기본 단위로 구성되어 있으며, 수많은 원자가 서로 결합을 이루어 한 몸체가 됩니다. 모든 물체는 전자를 가지고 있습니다. 각 원자는 원자핵과 전자로 이루어져 있기 때문에 당연히 그렇습니다. 그런데 어떤 물체는 어마어마하게 많은 전자를 가지고 있음에도 불구하고 전기가 잘 통하지 않는 절연체입니다. 왜냐하면 대부분의 전자가 원자핵에 강하게 구속되어 있어 전기 전도에 참여할 수 없기 때문입니다. 원자핵의 구속으로부터 탈출한 전자만이 전기를 실어 나를 수 있으며, 이런 전자를 '자유 전자' 또는 넓게는 이동할 수 있는 양전하와 음전하 모두를 지칭해서 '이동 전하(mobile charge)'라고 부릅니다.

따라서 물체 안에 있는 전자의 총수는 전기 전도 측면에서 의미가 없으며, 원자핵의 속박으로부터 벗어난 자유 전자의 개수가 중요합니다. 그런데 그냥 자유 전자의 총수를 비교하여 물질 간의 전기 전도도 차이를 논하는 것도 곤란합니다. 왜냐하면 동일한 재료로 이루어진 물체라도 부피가 클수록 그 안에 들어 있는 자유 전자의 총수가 비례해서 커질 테니까요. 그래서 자유 전자의 개수를 절대적으로 비교하기 위해서 단위 부피당 자유 전자의 수를 따지는 것입니다.

관계식 마지막에 나와 있는 μ는 '이동도(mobility)'라고 불리는 물리량입니다. 이 역시 그리스 문자로서 '뮤'로 읽습니다. 이동도는 '이동 전하 하나가 물체 안에서 얼마나 잘 움직일 수 있느냐?'를 나타내는 지표입니다.

이렇게 해서 전기 전도도식에 나오는 세 가지 물리량이 무엇인지 알아보았습니다. 그럼 이제 이 관계식을 우리말로 바꾸어 보겠습니다. 수학의 언어적 속성을 잊지 않으셨죠? 번역하면 이렇습니다. "전기 전도도는 물체 안에 있는 이동 전하의 전하량, 밀도, 그리고 이동도에 비례한다."입니다. 세 가지 물리량에 동시에 비례한다는 것은 그들의 곱에 비례한다는 것과 같습니다. 그래서 곱셈으로 연결되어 있습니다.

우리말로 번역해 보았지만 여전히 전기 전도도 식이 무슨 의미를 나타내는지 잘 모를 수 있습니다. 식을 좀 더 풀어서 설명하면 이렇습니다. "물체 안에서 전기가 흐르려면 전기를 실어 나르는 것이 있어야 하는데, 그것이 이동 전하이다. 이동 전하의 전하량이 클수록, 수가 많을수록, 그리고 각각의 속도가 빠를수록 전기가 잘 통한다." 수식만 보면 어렵게 느껴질지 모르지만 실제 의미를 잘 생각해보면 아주 당연한 말 아닙니까?

전기의 흐름을 다루기 위한 기초 지식

위에서 전기 전도도가 무엇인지 설명했는데, 이 이야기의 중심에는 전기의 흐름이 있습니다. 전기의 흐름을 논하려면 몇 가지 기초적인 물리 용어들을 알 필요가 있습니다. 이들을 사용하면 보다 명쾌하고 편리하게 전기 전도에 관한 내용을 다룰 수 있습니다. 물리 용어라고 하지만 여러분들이 평소에 들어본 일반적인 것들입니다. 전기에 대한 기본 지식을 가지고 계신 분들은 지루하겠지만 그렇지 못한 분들을 위해 설명을 좀 하겠습니다.

다음 그림은 건전지 하나와 꼬마전구 하나가 직렬로 연결되어 있는 아주 간단한 전기 회로도입니다. 물체의 양 끝단에 건전지를 연결한 것은 직류 전원을 연결해준 것입니다. 이렇게 하면 도선을 타고 전기가 흐릅니다. 여기서 전기의 흐름, 다시 말해 전하의 흐름을 '전류'라고 합니다.

건전지 하나와 꼬마전구 하나가 직렬로 연결된 전기 회로도

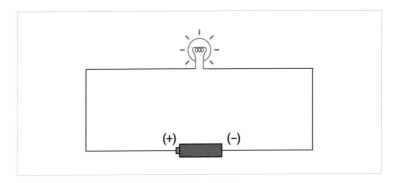

　그런데 전기가 우리에게 어떤 이로움을 주려면 움직여야 합니다. 전하가 가만히 있으면 아무 일도 하지 않아서 별 쓸모가 없습니다. 이 회로에서는 꼬마전구에 불이 들어와서 빛과 열이 나옵니다. 이렇게 우리 주변에 있는 가전 제품들은 모두 전류에 의해 작동됩니다. TV, 냉장고, 에어컨, 컴퓨터, 모니터, 스마트폰 등 모든 것이 그렇습니다. 다만, 각 전자 제품들이 서로 다른 역할을 하는 이유는 전기 에너지를 각기 다른 종류의 일로 바꿔주기 때문일 뿐입니다.

　이번에는 전원을 설명하겠습니다. 우리가 가정에서 사용하는 손가락만 한 AA 건전지를 생각해봅시다. 건전지의 볼록 튀어나온 한쪽 부분이 (+)극이고 평평한 반대쪽이 (-)극인 것은 상식적으로 알고 있을 겁니다. 건전지가 전원 역할을 할 수 있는 것은 '전압'을 만들어내기 때문입니다. AA 건전지의 경우 1.5V를 만들어줍니다.

　사실 전압은 공학적 용어이고 물리학적 용어로는 '전위차'라고 합니다. 그럼 전위차는 또 무엇일까요? 전류를 발생시키려면 전위차가 있어야 합니다. 물이 흐르는 현상에 대응시켜 생각해보면 쉽게 이해할 수

있습니다. 물은 항상 높은 곳에서 낮은 곳으로 흐릅니다. 물의 높이를 수위라고 하지요. 따라서 바꾸어 표현하면 물은 수위가 높은 곳에서 낮은 곳으로 흐른다고 말할 수 있습니다. 높은 수위와 낮은 수위 사이에는 수위 차가 있어서 이 차이가 물을 흐를 수 있게 하는 원동력이 됩니다.

우리 눈에 보이지는 않지만 이와 유사하게 전기에는 전위가 있고 이것들의 차이에 의해 전위차가 만들어집니다. 건전지의 볼록 튀어나온 쪽이 (+)극으로, 반대편 평평한 쪽이 (−)극으로 표기되어 있지만, 이는 (+)극이 (−)극에 비해 상대적으로 전위가 높다는 의미입니다. 편의상 두 전극을 구분하기 위해 (+), (−)로 표기할 뿐입니다. 사실 전위의 절댓값은 별 의미가 없고 전위차가 중요합니다. 어쨌든 AA 건전지는 1.5V 전위차를 내어주고, 이로 인해 회로 내부에 전하의 흐름인 전류가 생깁니다.

그런데 전기 관련해서 한 가지 주의해야 할 사항이 있습니다. 전하는 전위가 높은 곳에서 낮은 곳으로 움직인다고 했는데, 이는 양전하 기준으로 그렇다는 것입니다. 전자는 음전하를 지니고 있기 때문에 반대 방향으로 움직입니다. 전자 입장에서는 (−)극이 (+)극보다 더 높은 전위에 해당하기 때문에 (−)극에서 (+)극 쪽으로 움직입니다. 전기를 처음 배우다 보면 이게 참 혼란스럽습니다. 전류의 방향과 전자가 움직이는 방향이 반대이니까요. 이렇게 된 이유는 전기의 초창기 역사에서 찾을 수 있습니다.

1800년대 이전에 인류는 희미하게 전기의 존재를 알기는 했으나 본격적인 전기 연구의 시작은 1800년 이탈리아의 물리학자 볼타(Alessandro Giuseppe Antonio Anastasio Volta)가 전지를 발명함으로써 안정적인 기전력을 제공할 수 있게 되면서부터입니다. 기전력은 전류를 발생시키는

친절한 반도체

원동력이란 의미이며 쉽게 전위차라고 생각해도 무방합니다. 이 기전력을 사용하여 전류에 관한 연구들이 이루어졌으나 전류는 측정만 할 수 있었고 그 실체를 알지 못했습니다. 그러다가 거의 100년 후인 1897년 영국의 물리학자 톰슨(Sir Joseph John Thomson)에 의해 전자가 발견됩니다. 그런데 전자는 음전하였습니다. 양전하란 것이 있다고 가정하고 이것을 기준으로 이미 전류의 방향을 설정해 놓았는데 실제로는 음전하인 전자가 전류의 반대 방향으로 흘렀던 것입니다.

여태까지 만들어 놓은 모든 문서의 표기와 사람들의 관습을 바꾸어야 했지만, 그렇게 하기에는 어려움이 컸습니다. 또한 음전하의 상대적 개념으로 양전하도 존재하고 이들도 움직이면서 전류를 만들어냅니다. 음전하인 전자가 전류의 반대 방향으로 흐른다고 해도 모든 전기 현상을 설명하고 이론을 정립하는 데 아무런 문제가 없어서 오늘날까지 전류의 방향과 전자의 이동 방향이 반대인 채로 통용되고 있습니다. 옛날에 전자를 기준으로 전류의 방향을 잡았더라면 사람들이 전류를 좀 더 직관적으로 이해하기 쉬웠을 것입니다.

물체 안에서 전자가 움직이는 방법

앞에서 전류와 전위차의 기본 개념을 설명했으므로 다시 전기 전도도로 돌아오겠습니다. 전기 전도도를 소개한 이유는 반도체를 이해하기 위함인데, 이 정도에서 이야기를 끝내면 반도체에 도달하지 못합니다. 그래서 전기 전도도를 구성하는 각 물리량을 좀 더 들여다보겠습니다.

전기 전도도식 우변의 세 가지 물리량 중에 전하량 q는 하나의 숫자를 대변하는 상수나 마찬가지이므로 더 이상 언급하지 않겠습니다. 결국 중요한 것은 이동 전하의 밀도 n과 이동도 μ입니다. 이동도는 비교적 내용이 간단합니다만, 전하의 밀도에는 많은 것들이 들어 있습니다. 전하 밀도를 좇아가다 보면 흥미진진한 원자의 세계가 펼쳐지고 자연스럽게 반도체에 이르게 됩니다. 할 이야기가 많은 이동 전하 밀도는 다음 장에서 별도로 설명하기로 하고 여기서는 이동도만 다루겠습니다.

이동도 μ는 '이동 전하 하나가 물질 안에서 얼마나 잘 움직일 수 있는지'를 나타내는 지표입니다. 다시 말해 자유 전자가 움직이는 속도와 관련이 있습니다. 다음의 그림을 봅시다. 물체의 양 끝단이 직류 전원에 연결되어 있습니다. 이로 인해 양단 사이에 전위차가 형성됩니다. 이 물체 안에 자유 전자가 딱 하나만 있다고 가정해봅시다. 자유 전자가 느끼는 전위는 왼편 (+)극에 비해 오른편 (-)극이 높기 때문에 오른쪽에서 왼쪽으로 움직입니다. 이를 좀 더 쉽게 표현하면 같은 전하끼리는 밀치고 다른 전하끼리는 잡아당기기 때문에 그렇게 된다고 설명할 수도 있습니다.

직류 전원에 연결된 빈 공간 안에서 전자 하나의 움직임

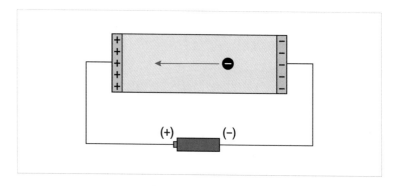

물체에 가해진 전위차에 의해 전자가 움직이기 시작합니다. 처음에는 전자가 멈추어 있었는데 움직이기 시작했으니 전자의 속도는 0에서 어떤 속도를 가지게 되었습니다. 이렇게 어떤 물체의 속도가 변하면 '가속도'가 있다고 말합니다. 그런데 가속도가 생기려면 그 물체에 힘을 가해주어야 하는데 여기서는 전위차가 전자를 움직이게 하는 힘을 만들어 줍니다.

자, 그럼 질문 하나 하겠습니다. 앞의 그림에서 건전지에 의해 전위차가 인가되어 있으니 전자는 계속 힘을 받고 있는 상황에 놓여 있습니다. 힘이 작용하고 있는 동안에는 가속도에 의해 전자의 속도가 점점 증가할 것입니다. 그러면 시간이 지날수록 전류가 커져야 할 텐데 상식적으로 그렇게 되지 않고 전류는 일정합니다. 이상하지 않습니까? 물리 법칙에는 모순이 없는데, 왜 그럴까요?

앞의 그림은 물체 안에 자유 전자 하나만 있는 것으로 가정했습니다만, 실제로는 그렇지 않습니다. 물체에는 무수히 많은 원자들이 들어 있습니다. 따라서 그 전자는 오른쪽에서 왼쪽으로 이동하면서 계속 원자들과 충돌하기도 하고 다른 전자들과도 충돌합니다. 하나의 충돌과 다음 충돌 사이에서는 전자가 가속되지만 충돌 직후에는 전자가 순간적으로 멈추든지 반대 방향으로 튕기기도 합니다. 그렇지만 전자는 전위차에 의해 다시 제 방향으로 가속됩니다. 이런 방식으로 다음 쪽의 그림처럼 점진적으로 오른쪽에서 왼쪽으로 움직여 갑니다. 매순간마다 전자의 속도는 종잡을 수 없지만 좀 멀리 떨어져서 이 전자를 관찰한다면 어떤 평균 속도를 가지고 왼쪽으로 이동한다고 볼 수 있습니다. 그래서 전류가 시간의 경과에 따라 일정할 수 있습니다. 이동도는 바로 이 전자의 평균 속도에 비례합니다. 그냥 단순히 자유 전자, 또는 이동 전

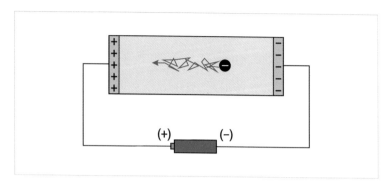

하의 평균 속도라고 생각해도 무방합니다.

전기 전도도는 이동도에 비례하므로 전기 전도도가 좋으려면 이동도가 커야 합니다. 이동도는 물체 안에서 이동 전하의 충돌과 관련 있기 때문에 물체를 구성하는 원소와 구조, 그리고 내부 상태에 따라 달라집니다. 아직 트랜지스터를 구체적으로 소개하지는 않았지만, 트랜지스터는 전류 제어 역할을 하는 전자 소자라고 했습니다. 트랜지스터에서 전기 흐름의 통로가 반도체 부위에 형성되기 때문에 이곳의 이동도가 커야 트랜지스터의 동작 속도가 빠르게 됩니다. 따라서 이동도는 트랜지스터의 속도를 이야기할 때 중요하게 거론됩니다. 나중에 보겠지만 집적 회로를 만드는 기판은 결정 결함이 없는 단결정이라는 것을 사용하는데, 그 이유가 여기에 있습니다.

다이아몬드 탈을 쓴
실리콘

앞 장에서 트랜지스터를 이해하기 위한 기본 개념으로 물질의 전기 전도도를 소개했고($\sigma = |q| \cdot n \cdot \mu$), 이를 결정짓는 3가지 요소 중 하나인 이동도를 풀어서 설명했습니다. 이동 전하의 전하량인 q는 상수나 마찬 가지이기 때문에 특별히 더 언급할 내용은 없고, 이제 이동 전하 밀도 n, 즉 '단위 부피당 전기를 실어 나를 수 있는 전하의 개수'만 남았습니다.

이번 장과 다음 장에 걸쳐서 대표적 반도체인 실리콘을 예로 들어 이 동 전하 밀도의 이해로 접근해 갈 예정입니다. 본격적으로 따져 보는 것은 다음 장으로 잠시 미루고 우선 이번 장을 할애해서 기초 지식인 실 리콘 원자의 특징과 이들 간의 결합 그리고 원자 결합의 결과로 나타나 는 결정 구조를 탐구해 보겠습니다.

원자의 생김새

물체 안에 있는 이동 전하는 그 물체를 구성하는 원자들에서 나오기 때문에 원자가 어떤 것인지 살펴볼 필요가 있습니다. 우선 원자의 생김새부터 알아보고, 그 다음에 구성 원자들 간의 결합을 생각해보겠습니다. 그러다 보면 원자에서 유래된 전하를 이해하게 되고 이들의 개수를 따져볼 수 있습니다. 또한 적절한 조작을 통해 반도체의 이동 전하 밀도를 바꾸어 줌으로써 반도체의 전기 전도 성질이 어떻게 변하는지도 알 수 있게 됩니다.

원자 모형

우리가 익히 들어 알고 있는 원자의 모습은 다음의 그림과 같습니다. 원자는 대부분의 질량이 몰려 있는 양전하의 원자핵과 그 핵을 중심으로 특정 궤도를 돌고 있는 음전하인 전자들로 구성되어 있습니다. 마치 우리 태양계와 같은 형태입니다. 이런 원자의 모습을 '보어의 원자 모형(Bohr's atomic model)'이라고 합니다. 1900년대 초에 덴마크의 물리학자 닐스 보어(Niels Henrik David Bohr)에 의해 제안된 모형이라서 그렇게 불립니다.

그런데 왜 원자의 생김새에 '모형'이라는 단어가 붙어 있을까요? 원자 수준에서 일어나는 일은 우리 눈으로 직접 관찰할 수 없습니다. 따라서 적절한 모형을 만들고 이를 통해서 원자에 기인한 현상을 잘 설명할 수 있으면 우리는 그 모형을 받아들여 원자가 그렇게 생겼다고 믿는 겁니다. 이렇게 자연 현상을 이해하기 위해 모형을 사용합니다.

보어의 원자 모형

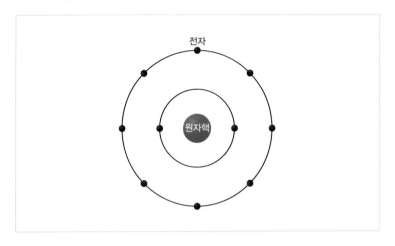

　물리학이나 화학 등 원자나 분자의 세계를 다루는 학문에는 모형이
많이 등장합니다. 그 정도의 미시 세계는 직접 관찰할 수 없는 경우가
대부분이기 때문입니다. 자연은 우리에게 실체를 감춘 채 간접적인 현
상만 보여주는 경우가 많습니다. 요즘은 원자를 직접 볼 수 있을 정도
의 분석 도구가 있어서 자연의 모습을 정밀하게 관찰할 수 있지만, 어렴
풋이 원자를 알아가기 시작할 때인 1900년대 초반에는 그렇지 못했습
니다.
　우주에서 가장 단순한 원소는 수소입니다. 수소는 원자핵과 전자 하
나로만 이루어져 있습니다. 수소에 전기 에너지를 가해서 빛이 나오게
만들 수 있는데, 이 빛을 분해해 보면 몇몇 특정한 색의 빛이 합쳐져 있
는 것을 알 수 있습니다. 왜 이 특정한 색의 빛들만 나오는지를 보어가
태양계와 같은 원자 모형을 만들어서 멋지게 설명했습니다. 그래서 우
리는 그의 제안에 그의 이름을 붙여 받아들인 것입니다.

보어의 원자 모형은 인류가 원자를 이해하는 데 획기적으로 기여했습니다. 하지만 시간이 지나도 이 모형으로 해결하지 못하는 여러 현상들이 여전히 남아 있었습니다. 이를 극복하기 위해서 새로운 모형이 필요했고 그 과정에서 그 유명한 양자역학이 탄생합니다. 그래서 나중에 양자역학적인 계산을 통해 보다 온전한 원자 모형이 나오게 됩니다.

여기서 한 가지 언급하고 싶은 것이 있습니다. 여러분은 고등학교 과학 시간이나 대학에서 원자에 관해 배울 때 혹시 혼란스러운 적은 없었나요? 원자 안에 있는 전자를 어떤 때는 전자 궤도로 묘사하기도 하고, 어떤 때는 전자구름, 전자껍질, 더 나아가서는 전자의 오비탈(orbital)로 이야기합니다. 전자의 표현이 혼란스러운 이유는 원자 수준에서 일어나는 현상을 설명할 때 필요에 따라 각기 다른 모형을 사용했기 때문입니다.

초창기 원자 모형이 위에서 설명한 보어의 모형이며, 나중에 양자역학이 등장하면서 전자구름, 전자껍질, 오비탈 같은 개념들이 등장합니다. 보어의 원자 모형이 불완전하기는 하지만 원자의 모습을 직관적으로 쉽게 표현한 것이기도 하고, 이 모형만 가지고도 설명할 수 있는 현상들이 많아서 아직도 유용하게 사용되고 있습니다. 여기서도 보어의 원자 모형을 주로 사용할 예정입니다.

최외곽 전자의 중요성

보어의 원자 모형에서 전자들은 원자핵을 중심으로 원 궤도 운동을 하고 있습니다. 그런데 전자들은 어느 특정한 궤도로만 돌 수 있습니다. 왜 하필이면 그렇게 되는지 의문을 가져본 적 있나요? 별 이견 없이 받

친절한 반도체

아들였겠지만 사실 이는 간단한 문제가 아닙니다. 설명하려면 좀 어려운 이론을 거론해야 합니다만 여기서 필요한 내용은 아니기에 생략하고, 전자 궤도와 관련해서 한 가지만 다루고 넘어가겠습니다.

원자핵을 중심으로 전자는 안쪽부터 차례로 특정한 궤도로 들어갑니다. 그런데 중요한 것은 원자핵에 가까운 안쪽 궤도에 있는 전자일수록 원자핵에 강하게 속박되어 있으며 전자가 가지고 있는 에너지가 낮다는 것입니다. 반대로 원자핵으로부터 궤도가 멀어질수록 전자의 속박은 줄어들고 에너지는 높아집니다.

원자는 상황에 따라 외부로부터 여러 종류의 자극을 받습니다. 열을 받기도 하고, 빛에 쪼여지기도 하고, 전기나 자기에 노출되기도 합니다. 이러한 자극을 받을 때 원자를 구성하고 있는 요소들이 반응하는 정도가 다릅니다. 어떤 것이 가장 잘 반응할까요? 우선 원자핵은 대단히 안정되어 있기 때문에 반응을 안 합니다. 물론 주어지는 자극이 특수하면 그렇지 않은 경우도 있지만 우리가 통상적으로 경험할 수 있는 상황에서는 그렇습니다.

원자핵보다는 전자들이 먼저 반응합니다. 그런데 전자들도 전자마다 다릅니다. 원자핵에 가까운 궤도에 있는 전자는 원자핵에 강하게 속박되어 있습니다. 이는 전자가 낮은 에너지를 가짐으로써 안정된 상태에 있는 것을 의미하기 때문에 반응을 잘 하지 않습니다. 결국 가장 쉽게 반응하는 것은 최외곽 궤도에 있는 전자들입니다. 화학 반응이든 무슨 반응이든 이들 최외곽 전자들이 주로 관여합니다. 따라서 원자 수준에서 일어나는 현상을 이해하려면 이들 '최외곽 전자'들이 어떻게 거동하는지 아는 게 필요합니다.

실리콘 원자와 결정 구조

보어의 원자 모형과 최외곽 전자의 중요성을 간략하게 살펴보았습니다. 이제 우리의 주 목적인 실리콘 반도체에 다가갈 차례입니다.

보어의 원자 모형을 사용하면 실리콘 원자와 이들의 결합을 개념적으로 쉽게 설명할 수 있고, 더 나아가 전기를 실어 나르는 이동 전하가 어떻게 생성되는지도 보일 수 있습니다. 실리콘 반도체를 이해하는 출발점이 실리콘 원자를 이해하는 데 있기 때문에 원소의 주기율표를 동원해서 조금 더 체계적으로 실리콘 원자가 어떻게 생겼는지 살펴보겠습니다.

원소의 주기율표와 실리콘 원자

원소의 주기율표는 누구나 중고등학생 시절에 배우기 때문에 그게 무엇인지 정도는 알고 있으리라 생각하지만, 여기서 꼭 필요한 몇 가지만 상기해보겠습니다.

주기율표는 다음의 그림처럼 생겼습니다. 각 원소마다 원자 번호가 매겨져 있고 특정한 행과 열에 배치되어 있습니다. 앞에서 원자를 설명할 때 빠진 것이 많은데, 그중에 하나가 원자핵에 대한 것입니다. 원자핵을 나누면 양성자와 중성자라는 것이 나오는데 원자 번호는 양성자의 개수와 관련이 있습니다. 하지만 여기서는 굳이 이를 설명하지는 않겠습니다. 단지, 원자 번호는 중성 상태의 원자가 가지고 있는 전자의 개수와도 동일하다는 정도만 기억하면 되겠습니다. 따라서 원자 번호

친절한 반도체

원소의 주기율표

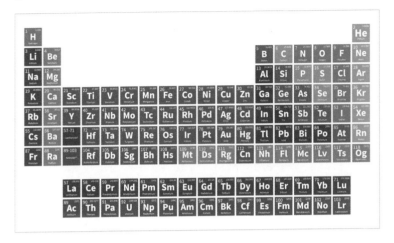

가 커질수록 그 원자가 가지고 있는 전자의 개수는 원자 번호와 함께 증가합니다.

주기율표에서 각 행은 '주기'라고 하고 열은 '족'이라고 합니다. 현재까지 밝혀진 바에 의하면 행은 7행까지 있고 족은 18족까지 있습니다. 이렇게 주기율표에는 많은 원소들이 있지만 여기서는 3주기인 원자 번호 18번의 아르곤(Ar)까지만 생각하도록 하겠습니다. 4주기부터는 동일 주기에 들어 있는 원소의 수가 많고 이 원소들의 특성이 복잡하기 때문에 이야기하지 않겠습니다.

그런데 2주기와 3주기를 보면 중간의 3족부터 12족까지는 원소가 존재하지 않습니다. 따라서 3주기까지만 고려한다면 2족 이후에 바로 13족이 나오기 때문에 13족을 그냥 3족이라고 하고 그 이후 원소도 동일하게 취급해서 1족부터 8족이 순서대로 이어져 있는 것으로 생각해도 무방합니다. 실제로 예전에는 13족을 3족이라고 불렀고 지금도 관행적으로 그렇게 많이 합니다. 여기서는 이 관행을 따르겠습니다.

1주기에는 1족 자리에 수소(H)와 중간 다 건너뛰고 8족에 헬륨(He), 이렇게 두 개의 원소만 있습니다. 2주기와 3주기에는 각각 8개씩의 원소가 들어 있습니다. 이는 원자의 첫 번째 궤도에는 전자가 최대 2개, 두 번째와 세 번째 궤도에는 최대 8개까지만 들어갈 수 있는 것과 관련이 있습니다. 그리고 동일한 주기에서 원자 번호가 증가한다는 것은 해당 궤도의 전자 개수가 그에 따라서 증가한다는 것을 의미합니다. 원자 번호가 1 증가할 때마다 전자는 하나씩 많아집니다. 이를 바탕으로 1주기부터 3주기까지 보어의 원자 모형으로 각 원소를 그려서 정리하면 다음과 같습니다.

그림을 살펴보면 실리콘(Si)은 3주기와 4족이 교차되는 자리에 있습니다. 원자 번호 14번이 부여되어 있어 중성 상태에서 14개의 전자를 가집니다. 실리콘 원자의 첫 번째 궤도에는 2개, 두 번째 궤도에는 8개의 전자들

보어의 원자 모형으로 나타낸 1주기부터 3주기까지 원소

친절한 반도체

로 꽉 차 있으며, 세 번째 궤도에는 4개만 부분적으로 채워져 있습니다.

실리콘 원자는 이렇게 생겼습니다. 그럼 다음으로 생각해봐야 하는 것은 실리콘이 덩어리를 이룰 수 있게 해주는 원자 결합에 대한 내용입니다. 원자들이 결합하는 방법에는 몇 가지가 있습니다만 실리콘은 '공유 결합'이라는 것을 하기 때문에 공유 결합만 잠시 설명하겠습니다.

공유 결합

공유 결합은 그 이름에서 추측할 수 있듯이 무엇인가를 공유하면서 결합이 이루어지는 형태를 말합니다. 그 무엇은 바로 전자이며 이웃하는 두 개의 원자가 서로 최외곽 궤도에 있는 전자를 하나씩 공유하면서 결합을 이룹니다. 앞에서 최외곽 전자가 중요하다고 했는데 공유 결합에 참여하는 것도 이 전자들입니다.

가장 간단한 형태의 공유 결합은 수소 분자에서 찾아볼 수 있습니다. 수소 분자의 공유 결합은 다음의 그림과 같이 이해하면 됩니다. 수소는 일반적으로 개별 원자의 상태로 존재하기보다는 두 개의 수소가 만나서 H_2로 표기되는 분자를 이룹니다. 각 수소는 전자를 하나씩 가지고

수소 분자의 공유 결합

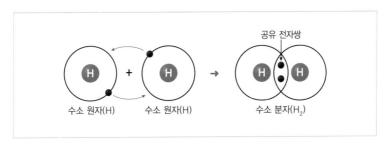

수소 원자(H)   수소 원자(H)   공유 전자쌍   수소 분자(H_2)

있는데 두 개의 수소가 각각의 전자를 서로에게 내어주고 공유합니다. 이 전자들이 내 것인지 네 것이지 구분되지 않은 상태에 놓이면서 결합이 발생합니다. 이런 형태의 결합이 공유 결합입니다.

실리콘의 결정 구조

실리콘 덩어리는 실리콘 원자 간 공유 결합에 의해 만들어집니다. 일단 어떤 결정 구조를 이루고 있는지부터 봅시다. 실리콘은 다음의 그림과 같은 구조를 가지고 있는데, 이를 다이아몬드 구조라고 부릅니다. 정확히 다이아몬드가 이렇게 생겼습니다. 다만, 구성 원소가 탄소(C)일 뿐입니다. 앞의 주기율표에서 보면 탄소는 2주기에 있으면서 실리콘과 동일하게 4족 원소입니다. 이로써 탄소도 최외곽 궤도인 두 번째 궤도에 4개의 전자를 가지고 있습니다. 눈썰미가 있는 분은 알아챘겠지만, 이 4개의 전자가 다이아몬드 구조 형성에 기여합니다.

실리콘의 결정 구조

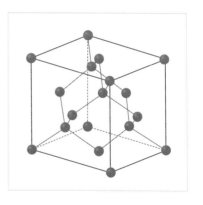

이 실리콘 결정 구조를 잘 살펴보면 하나의 실리콘은 이웃하는 4개의 실리콘과 4개의 결합을 이루고 있습니다. 실리콘 간에도 공유 결합을 한다고 했고, 각 실리콘은 4개의 최외곽 전자를 가지고 있습니다. 따라서 이 4개의 최외곽 전자가 하나씩 사용되어 이웃하는 실리콘 원자와 각기 공유됨으로써 4개의 결합이 만들어집니다. 앞에서 공유 결합

친절한 반도체

의 예로 든 수소 분자처럼 결합합니다. 그리고 공유 전자쌍으로 이루어진 각 결합은 모두 동일한 음의 전하를 가지고 있기 때문에 서로 반발하여 각기 최대한 멀어지려고 합니다. 그러다 보면 그림과 같은 결합 각도로 배치될 수밖에 없습니다. 이 그림을 잘 관찰해 보면 하나의 실리콘 원자를 중심에 두고 이웃하는 4개의 원자들 사이를 직선으로 연결하면 한 면이 정삼각형인 정사면체가 만들어집니다. 한 번 마음속으로 그려보기 바랍니다.

실리콘 결정 구조를 알았으니 이제 이 구조를 사용하여 실리콘 반도체의 특징을 설명하겠습니다. 그런데 현실적인 어려움이 하나 있습니다. 실리콘 결합이 3차원적이어서 이를 가지고 지면에서 무엇인가를 설명하기가 상당히 어렵습니다. 현 시점에서 우리에게 꼭 필요한 사항은 실리콘 원자가 4개의 결합으로 이웃하는 실리콘 원자들과 연결되어 있다는 것입니다. 이를 쉽게 표현하기 위해 3차원적인 결정 구조 대신에 2

2차원 평면에 표현한 실리콘의 결정 구조

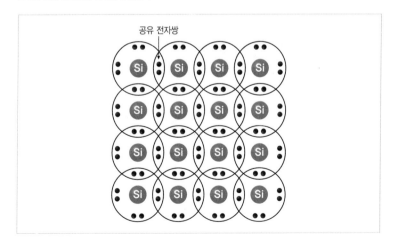

차원 평면에 4개의 공유 결합만 동등하게 표현한 그림을 사용하겠습니다. 수소 분자의 공유 결합을 설명할 때와 마찬가지로 두 원자 사이에서 공유된 두 개의 전자를 굵은 점으로 표현하면 앞의 그림과 같이 나타낼 수 있습니다. 비록 이렇게 그려져 있더라도 3차원의 다이아몬드 구조를 마음속으로 상상하기 바랍니다.

한걸음 더 나아가 위 그림을 더욱 간단하게 표기하기 위해 실리콘 원자의 경계를 나타내는 원을 생략하겠습니다. 그럼 다음과 같이 실리콘 원자의 코어와 공유 결합 전자만 남는 단순한 그림이 됩니다. 이렇게 해도 실리콘 결정 구조를 가지고 무언가를 설명할 때 특별히 문제될 것은 없습니다.

이로써 실리콘 결정 구조와 2차원 평면의 단순 표기법을 알았습니다. 물질의 전기 전도도와 반도체를 다룰 수 있는 중요한 도구를 손에 쥐었으니 이를 다음 장에 활용하겠습니다.

실리콘 원자의 경계선을 생략한 실리콘의 2차원 결정 구조

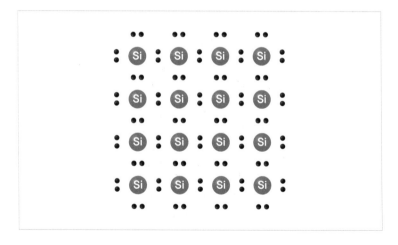

친절한 반도체

실리콘 반도체

．
．
．
．

우리는 트랜지스터를 이해하기 위한 긴 여정 중에 있고, 경유지인 전기 전도도에 도착을 앞두고 있습니다. 그런데 앞장에서 잠시 멈춰 서서 원자 모델, 주기율표, 공유 결합, 결정 구조, 이런 것들을 생각하며 곁길들을 둘러보았습니다. 이제 다시 제 길로 들어서려 합니다. 이를 위해 경유지 이정표인 전기 전도도 식을 다시 소환하겠습니다.

$$\sigma = |q| \cdot n \cdot \mu$$

이번 장에서는 실리콘 결정을 사용해서 전기 전도도에 영향을 미치는 세 가지 요소인 전하량 q, 전하 밀도 n, 이동도 μ 중 전하 밀도 안으로 더 들어가 보겠습니다. 전하 밀도를 구체적으로 따지다 보면 전기 전도의 실체가 선명해질 뿐만 아니라 반도체의 이해에 다다르게 됩니다.

이동 전하의 생성과 움직임

자유 전자

실리콘은 대표적인 반도체 물질입니다. 우리가 알고 있는 알루미늄이나 구리처럼 높은 전기 전도성을 갖고 있지는 않지만 절연체에 비해서 제법 전기가 잘 통하는 편입니다. 전기가 통하려면 전기를 실어 나르는 이동 전하가 있어야 하는데, 실리콘 결정 구조 그림을 보면 최외각 전자들조차 공유 결합으로 실리콘 원자들 사이에 붙들려 있어서 움직일 수 있는 전하를 찾을 수 없습니다. 어떻게 된 걸까요? 사실 이는 실리콘 결정에 에너지가 공급되지 않은 상황에서의 그림이기 때문에 그렇고 열에너지가 가해지면 달라집니다.

우리가 일상에서 경험하는 온도를 상온이라 하고 보통 20℃로 정의합니다. 상온에서부터 온도를 계속 낮추다 보면 열에너지가 전혀 없는 상태에 도달하게 되는데, 이때의 온도가 영하 273℃이고 이보다 낮은 온도는 존재하지 않습니다. 이를 감안하여 과학과 기술계에서는 절대온도라는 것을 사용하는데, 영하 273℃가 절대온도 0도에 해당합니다.

절대온도 0도에 비하면 상온에서는 실리콘에 상당한 열에너지가 가해진 상태로 볼 수 있습니다. 열에너지가 공급되면 공유 결합에 참여하고 있는 전자의 일부가 결합으로부터 떨어져 나와 어느 실리콘 원자에도 속하지 않고 자유롭게 움직일 수 있는 전자가 됩니다. 이러한 전자를 쉽게 표현해서 '자유 전자'라고 부릅니다. 바로 이 자유 전자에 의해서 전기 전도가 일어납니다.

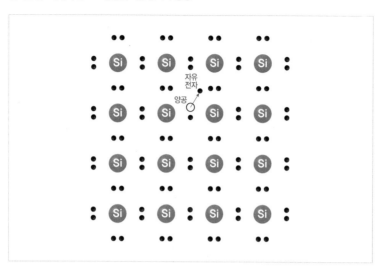

양공

반도체의 경우 자유 전자만 전기 전도에 참여하는 게 아닙니다. 위의 그림처럼 공유 결합으로부터 전자가 하나 탈출하여 자유 전자가 생성되면 동시에 빈 자리가 하나 생기는데, 이를 '양공', 영어로는 'hole'이라고 부릅니다. 양공은 전자의 상대적인 개념이며 양의 전하를 가지면서 전하량의 크기는 정확히 전자와 동일합니다. 중요한 점은 이 양공이 움직여도 전기의 흐름이 생긴다는 것입니다.

그런데 이 양공이 전기 전도에 참여하는 방식이 독특합니다. 다음 쪽의 그림과 같이 실리콘 결정에 전압, 즉 전위차를 인가하면 처음 양공 오른편 인근에 있는 결합 전자가 이 빈 곳으로 폴짝 뛰어들어가 양공을 채우고, 그 뛰쳐나간 전자 자리가 비어 새로운 양공이 생깁니다.

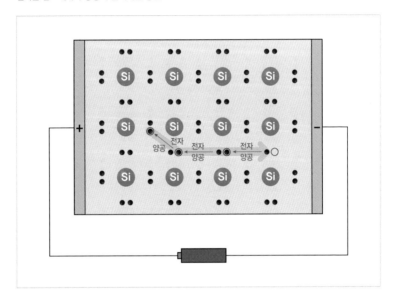

다시 동일한 방식으로 두 번째 양공 오른편 근처에 있는 전자 하나가 또 뛰어들어가고, 이런 일이 순차적으로 이어집니다. 이렇게 복잡한 방식으로 전자가 하나씩 차례로 오른편에서 왼편으로 이동합니다.

하지만 이 과정을 양공의 관점에서 다르게 보면 그냥 양의 전하를 띤 양공 하나가 왼쪽에서 오른쪽으로 이동한다고 생각할 수도 있습니다. 이 두 가지 전하의 이동 방식 중 어떤 방식을 사용하든 전기 전도를 기술하는 데에는 차이가 없으며 양공으로 전하 이동을 기술하는 것이 더 편리하기에 '양공'을 정의하고 이 양공이 (+)극에서 (−)극으로 이동한다고 말합니다.

이와 같이 상온에서 열에너지에 의해 공유 결합에 참여하고 있는 전자 중 일부가 결합으로부터 떨어져 나와 움직일 수 있는 전자와 양공이

친절한 반도체

되며, 이들에 의해 전기 전도가 일어납니다. 참고로 자유 전자와 양공은 쌍으로 생기기 때문에 이들의 개수는 동일합니다.

실리콘 반도체

실리콘 반도체에서 이동 전자와 양공이 생기는 과정을 알았으니 이를 전기 전도에 연결지어 보겠습니다. 전기 전도도 식에 의하면 전기 전도는 이동 전하의 이동도와 밀도에 의해 결정됩니다. 여기서 이동 전하 밀도가 바로 상온에서 생성된 자유 전자와 양공의 단위 부피당 개수를 의미합니다.

반도체의 경우에는 전자와 양공, 두 가지 전하가 모두 전기 전도를 일으키기 때문에 각각의 전기 전도 기여도를 따져볼 필요가 있습니다. 총전기 전도도는 전자에 의한 전기 전도도와 양공에 의한 전기 전도도를 단순히 더하면 됩니다. 이동 전자와 양공은 쌍으로 생성되기 때문에 각전하의 수는 동일하고 이에 따라 밀도는 같습니다만, 이들의 이동도에는 차이가 있습니다. 앞에서 양공의 전기 전도 방식을 설명한 내용으로부터 유추할 수 있듯이 양공은 복잡한 방법으로 움직이기 때문에 이들의 이동도는 전자의 그것보다 작습니다. 그래서 전체 전기 전도도에서전자가 차지하는 기여도는 양공보다 큽니다.

위에서 기술한 방식으로 이동 전하가 공급되어 전기 전도성이 발현되는 물질이 바로 반도체입니다. 물질 특성을 표현하기 위한 원래 의미로서의 반도체입니다. 따라서 어떤 재료가 반도체인지 아닌지 판명하기 위해서는 전기 전도를 일으키는 전하가 어떻게 발생되는지 따져봐야 합니다. 특별히 이 경우에는 한정된 용어로 '진성 반도체(intrinsic semiconductor)'라고 합니다. 이는 순수한 실리콘만으로 이루어진 반도체가 자체 특성에 의해 반도체적 전기 전도 성질을 나타낸다는 의미를 지닙니다.

반도체의 전기 전도도를 변화시키는 가장 효과적인 방법은 이동 전하의 밀도를 조절하는 것입니다. 이를 위해 우선 생각할 수 있는 단순한 조치는 반도체가 처한 온도를 바꾸는 것입니다. 온도를 높이면 공유 결합에 참여하고 있는 전자가 더 많이 떨어져 나와 이동 전자-양공 쌍의 수가 증가함으로써 전기 전도성이 향상됩니다. 하지만 응용 소자가 놓인 환경에서 온도는 거의 고정되어 있기도 하고, 오히려 온도 변화가 소자 특성의 안정성을 해치기 때문에 이는 적합하지 않습니다.

결국 유효한 전략은 순수한 실리콘 반도체, 즉 진성 반도체에 소량의 다른 원소를 넣어주어 전기 전도성의 변화를 꾀하는 것입니다. 이때 주입하는 이종 원소를 '불순물(impurity)'이라고 합니다. 불순물이라 하면 무엇인가 부정적인 느낌이 들 수 있지만 전혀 그런 의미가 아니며, 오히려 꼭 필요한 원소라 할 수 있습니다. 이러한 불순물 주입 방식으로 변성된 반도체에는 두 가지 종류가 있는데, n형 반도체와 p형 반도체입니다.

n형 실리콘 반도체

진성 반도체에서 이동 전자-양공의 쌍생성과 이들이 전기 전도에 기여하는 방식을 설명하면서 이미 여러 중요한 개념들을 소개했기 때문에 이제부터 나오는 내용은 쉽게 이해할 수 있을 것으로 생각합니다.

우선 n형 반도체부터 설명하겠습니다. n형 실리콘 반도체를 만들기 위해서는 실리콘 결정에 주기율표의 5족 원소를 주입합니다. 5족 원소에는 여러 종이 있지만 인 또는 비소가 사용됩니다. 인의 원소 기호는 P(phosphorous)이고 원자 번호 15번으로 3주기에 있습니다. 비소의 원소 기호는 As(arsenic)이고 원자 번호는 33번으로 4주기에 위치합니다. 앞 장에서 3주기까지만 생각하기로 했는데, 본의 아니게 이를 어겼네요. 하지만 비소도 5족에 속함으로써 실리콘 결정 안에서 인과 동일한 방식으로 작용한다는 정도만 알면 됩니다. 여기서는 인을 가지고 이야기를 풀어보겠습니다.

실리콘 결정 안으로 인을 넣어주는 방법으로는 이온 주입(ion implantation)법이 있습니다. 이 공정을 수행하면 인을 원하는 깊이로 원하는 양만큼 정밀하게 주입하고, 후속 열공정을 통해서 실리콘 원자를 대치시켜 다음 그림과 같은 상태를 만들 수 있습니다.

인(P)이 주입된 n형 실리콘 반도체

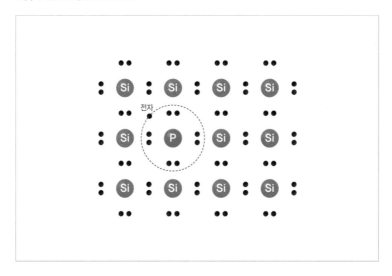

인은 주기율표상에 5족에 속하는데, 이는 5개의 최외곽 전자를 가지고 있음을 의미하며, 4족의 실리콘보다 전자 하나를 더 가지고 있습니다. 5개의 전자 중 4개는 실리콘끼리의 결합에서와 마찬가지로 이웃하는 실리콘 원자 4개와 4개의 공유 결합을 이룹니다. 그런데 인의 경우에는 전자 하나가 남습니다. 이 전자는 쌍을 이루지 못한 외로운 전자로서 인에 아주 느슨하게 붙들려 있습니다. 결합에 참여하고 있는 전자에 비해서 훨씬 작은 열에너지로도 쉽게 떨어져 나와 자유 전자가 됩니다. 이에 따라 주입하는 인의 개수만큼 추가로 자유 전자를 얻을 수 있습니다.

불순물이 주입되지 않은 진성 반도체 상태의 이동 전자와 양공에 더해서 전자의 수가 추가로 증가하는 것이기 때문에 여전히 양공도 일부 존재하지만 전자가 훨씬 더 많게 됩니다. 따라서 전기 전도가 주로 음전하인 이동 전자에 의해 일어나는 특성을 지니게 되며, 이를 'n형 반도체'라고 칭합니다. 이 반도체에서 전자를 주캐리어(majority carrier), 양공을 부캐리어(minority carrier)라고 하는데, 전하를 캐리어라고 부르는 이유는 전기를 실어 나르는 입자이기 때문입니다.

p형 실리콘 반도체

p형 반도체는 n형 반도체와 대칭적으로 생각하면 됩니다. 이번에는 실리콘 결정에 3족 원소를 주입합니다. 역시 여러 종의 3족 원소가 대상이 될 수 있는데 대표적인 원소는 붕소입니다. n형 반도체의 경우와 동일한 방법으로 붕소를 주입하여 실리콘 원자를 대치하면 다음의 그림처럼 됩니다.

붕소의 원소 기호는 B(boron)이고 원자 번호 5번으로 2주기에 위치합니다. 3족 원소로서 최외곽 전자를 3개만 가지고 있습니다. 이 때문에 실리콘 결정에 들어간 붕소는 이웃하는 실리콘 원자들과 4개의 공유 결합을 이루기에는 전자 하나가 모자랍니다. 3개의 전자는 각각 공유 결합을 형성하지만 전자가 하나 비게 되어 이 자체가 양공이 되거나 근처에 있는 결합 전자 하나가 이곳으로 이동하여 양공이 만들어집니다. 따라서 원래 진성 반도체였을 때에 비해 주입해준 붕소의 개수만큼 양공이 늘어납니다. 이 경우에는 양공이 주캐리어, 전자가 부캐리어가 되고, 주로 양의 전하를 띤 양공에 의해 전기 전도가 일어나는 반도체이기 때문에 'p형 반도체'라고 부릅니다.

이런 식으로 우리는 불순물 원소를 선택하고 주입량을 조절함으로써 반도체의 이동 전하 수와 전기 전도 형태를 제어할 수 있습니다. 이것이 바로 반도체가 지니고 있는 대단히 훌륭한 장점입니다. 게다가 실리콘은 지구상에서 가장 풍부한 원소 중 하나이며, 값싸고 다루기 좋기 때문에 반도체 물질 가운데 독보적인 지위를 차지하고 있습니다.

앞에서 반도체의 이동 전하 밀도가 무엇을 의미하는지 밝힘으로써 이제 몇 장에 걸쳐 진행된 전기 전도도 이야기를 마무리 지을 수 있게 되었습니다. 트랜지스터로 가는 중간 기착지인 전기 전도도에 도착한 셈인데 그곳에서 실리콘 반도체를 만나게 되었습니다. 이제 남은 일은 실리콘과 친분을 쌓으며 동행하는 것입니다.

실리콘 반도체 기판(웨이퍼)

지난 장과 이번 장에 걸쳐서 우리가 알게 된 실리콘의 모습은 원자 수준의 것이었습니다. 어찌 보면 관념적으로만 실리콘을 접한 셈입니다. 그래서 별로 재미를 느끼지 못했을지도 모르겠습니다. 하지만 우리가 볼 수 있는 실리콘은 원자 단위의 것이 아니고 덩어리 형태를 지닙니다. 그래서 손에 잡히고 체험할 수 있는 실리콘 덩어리와의 만남을 미리 가질 필요가 있습니다. 그러지 않으면 다음 장부터 등장할 실리콘 반도체가 낯설게 느껴질 수 있습니다.

DRAM, NAND 플래시 메모리, 주요 시스템 반도체 등, 집적 회로는 실리콘 기판(silicon substrate) 위에 제조됩니다. 여기서 '기판'은 '원형의 얇은 판'을 말합니다. '기판'이 보편적인 용어이지만 반도체 산업에서는 주로 '실리콘 웨이퍼(silicon wafer)'로 칭합니다. 실리콘판을 토대로 행해지는 어떤 작업을 설명할 때는 '기판'이란 용어가 어울리고, 실리콘판 자체를 지칭할 때는 '웨이퍼'로 말하는 것이 더 적합할 수 있습니다만, 그냥 혼용해도 상관없습니다. 영어로는 'silicon wafer'라고 쓰고 번역은 '실리콘 기판'이라고 해도 됩니다.

원래 웨이퍼는 얇은 과자를 의미합니다. 실리콘 기판이 얇기 때문에 그런 명칭이 붙은 것 같습니다. 마트에 가면 '웨하스(wafers)'라는 과자가 있는데 그게 웨이퍼입니다. 궁금하신 분은 웨하스를 구입해서 포장지에 표기된 영문명을 살펴보기 바랍니다. 이 책 덕분에 웨하스 판매량이 늘지도 모르겠네요.

집적 회로 제조에 사용되는 실리콘 웨이퍼는 원형이며, 두께는 0.5~0.7mm 정도이고 직경은 여러 종류가 있는데, 최대 300mm입니다. 기판 표면에서 집적 회로 제조에 활용되는 부위의 깊이는 아주 얇으며 대부분의 두께에 해당하는 실리콘은 그냥 지지대 역할만 합니다. 그리고 넓은 판 형태의 기판을 사용하는 이유는 큰 면적에 동일한 칩을 한꺼번에 많이 생산하기 위함입니다.

실리콘 웨이퍼는 앞장에서 소개한 바와 같이 다이아몬드 결정 구조를 지니고 있으며 단결정으로 이루어져 있습니다. 즉, 단결정 실리콘 기판 또는 웨이퍼라는 말입니다. 실리콘이 어떤 것인지는 알고 있지만 '단결정'이 무엇인지도 알아야 직접 회로에 쓰이는 실리콘 지식이 온전해질 수 있습니다. 그래서 잠시 단결정이 무엇인지 살펴보겠습니다.

실리콘뿐만 아니라 대부분의 고체는 각기 고유한 결정 구조를 가지고 있습니다만, 동일한 결정의 물체라도 제조 방식과 조건에 따라서 단결정(single crystal)이 되기도 하고, 다결정(polycrystal)이 될 수도 있으며, 경우에 따라서는 결정성이 없는 비정질(amorphous)로 만들어지기도 합니다. 이 세 가지는 다음 쪽의 그림과 같이 구분됩니다.

단결정, 다결정, 비정질 고체의 비교

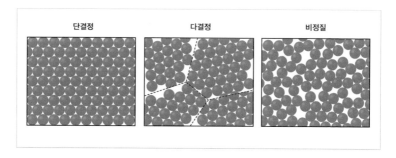

'단결정'이란 첫 번째 그림같이 고체 구성 원자가 전체 부피에 걸쳐 일관되게 정렬해 있는 한 덩어리를 말합니다. 두 번째 그림처럼 전체적인 결정성은 보유하되 특정 범위 내에서만 같은 방향성을 유지하고 각기 다른 방향의 작은 결정들이 뭉쳐 있는 상태를 '다결정'이라고 합니다. '비정질'은 세 번째 그림같이 구성 원자들이 이웃하는 원자들끼리만 그들의 결합 방식을 유지하고 그 너머는 규칙성이 없는 고체를 말합니다.

그럼 이 세 가지 상태 가운데 어떤 것이 집적 회로의 기판으로 바람직할까요? 답은 단결정입니다. 다결정에는 각기 다른 방향의 작은 결정들 간에 경계 부위가 생기며 이곳에 많은 결정 결함이 존재합니다. 비정질은 그 자체가 무질서 덩어리이기에 더 그렇습니다. 이에 반해 단결정은 결함으로부터 자유로운 상태에 있고, 이 점이 중요한 의미를 지닙니다.

DRAM을 포함한 대부부의 집적 회로가 단결정 웨이퍼상에 제조되는 이유는 자명합니다. 가장 중요한 소자인 트랜지스터가 단결정 위에 형성되어야 결정 결함에 방해받지 않고 빠르고 정확하게 동작할 수 있기 때문입니다. 다결정에도 트랜지스터를 만들 수 있고, 특수한 처리를 하면 비정질에도 트랜지스터를 구성할 수 있습니다. 하지만 단결정이

친절한 반도체

가장 바람직합니다. 앞으로 이 책에 나올 실리콘 기판은 모두 단결정임을 미리 밝힙니다.

그런데 일반적인 고체 제조 방식으로는 다결정 또는 비정질이 만들어지기 때문에 단결정 웨이퍼를 제조하려면 무엇인가 특수한 기법을 사용해야 합니다. 다행히도 초크랄스키법(Czochralski method)이라 불리는, 예전부터 사용되어온 유명한 기술이 개발되어 있어 이 방법으로 좋은 실리콘 단결정을 만들 수 있습니다.

초크랄스키법을 소개하지 않으면 섭섭할 테니 간단히 설명하겠습니다. 이미 눈치챘겠지만, '초크랄스키'란 명칭은 이 기법을 처음 발견한 폴란드의 과학자 초크랄스키의 이름을 딴 것입니다. 실리콘에 대해서는 상당히 안정적으로 이 단결정 제조 기술이 수립되어 있고, 공정도 비교적 단순합니다.

지구 지각을 구성하는 암석이나 모래에는 엄청난 양의 실리콘이 들어 있습니다. 아무리 많이 써도 지구에 미안하지 않을 만큼 많습니다. 암석이나 모래에서 이 실리콘을 추출하고 정제하여 고순도 실리콘 결정 덩어리를 만듭니

고순도 폴리실리콘 덩어리

다. 제조된 실리콘은 다결정 상태에 있고, 상품명으로 폴리실리콘(Polysilicon)이라고 합니다. 이는 다결정 실리콘의 영어 명칭인 polycrystal silicon의 축약형입니다.

초크랄스키법에 의한 실리콘 단결정 성장 과정

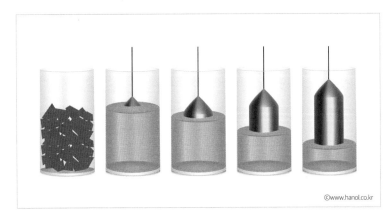

©www.hanol.co.kr

    폴리실리콘 제조 기업이 따로 있고, 이를 구매하여 단결정을 만드는 작업은 또 다른 기업의 몫입니다. 실리콘 단결정 성장 과정은 위의 그림에 묘사되어 있습니다.

    구입한 폴리실리콘을 전용 도가니에서 녹여 액체로 만드는데, 이를 멜트(melt)라고 부릅니다. 그리고 가느다란 봉에 씨앗 결정(seed crystal)이란 것을 매달아 실리콘 멜트 쪽으로 내려 보냅니다. 씨앗 결정은 작은 실리콘 단결정으로서 큰 단결정 덩어리를 키우기 위한, 말 그대로 씨앗의 역할을 합니다. 그런데 씨앗 결정을 멜트에 풍덩 담그면 안 됩니다. 그냥 녹아서 없어져 버리기 때문입니다. 대신 멜트 표면에 닿을락 말락 할 정도까지만 내립니다.

    이 상태에서 멜트 표면의 실리콘 원자가 씨앗 결정에 들러붙기 시작합니다. 멜트를 떠난 원자들은 식으면서 씨앗의 결정성을 그대로 따라가며 응고됩니다. 연결 봉을 서서히 회전시키면서 위로 잡아당기면 이런 식의 결정 성장이 수평과 수직 방향으로 동시에 일어납니다. 이에 따라 원형의 두꺼운 실리콘 단결정 기둥이 멜트로부터 자라 올라갑니다. 이렇게 제조된 단결정 기둥을 잉곳(ingot)이라고 합니다. 액체인 멜트 한가운데 잉곳이 서서히 뽑혀 올라가는 모습을 실제로 보면 상당히 신기합니다.

완전히 성장한 잉곳을 가로로 썰어 원판으로 떼어내고, 표면을 거울 면과 같이 매끄럽게 원자 수준으로 연마합니다. 이런 연마의 이유도 표면의 결정 결함을 최소화하기 위함입니다. 이렇게 해서 집적 회로의 기판인 실리콘 웨이퍼가 완성됩니다.

어떻습니까? 이제 실리콘과 좀 친해지셨습니까? 물질의 전기 전도도를 알아가는 여정에서 어느새인가 반도체를 발견했고, 실리콘 반도체의 기본 물성을 이해하게 되었으며, 단결정 실리콘 웨이퍼와도 만났습니다. 이로써 실리콘 반도체를 기반으로 하는 집적 회로를 탐구할 수 있는 토대가 마련되었습니다. 다음 장부터는 트랜지스터부터 시작하여 본격적으로 직접 회로 안으로 들어가겠습니다.

실리콘 잉곳과 웨이퍼

트랜지스터
이야기

집적 회로의 근간이 되는 소자는 MOS 트랜지스터(MOSFET, Metal-Oxide-Semiconductor Field Effect Transistor)입니다. 그 이름에서 힌트를 얻을 수 있듯이 MOS 트랜지스터에는 반도체만 있는 것이 아니라 금속과 세라믹의 일종인 산화물도 포함됩니다. 집적 회로를 반도체라고 대신 칭할 정도로 반도체가 핵심이 되지만 반도체 자체보다는 이와 접하고 있는 다른 물질 간의 계면이 실질적인 역할을 합니다. MOS 트랜지스터의 특징을 재료적 측면에서 묘사하면 "반도체를 기반으로 서로 다른 이종 물질 간 계면이 전기의 흐름을 제어하는 특수한 기능을 발휘한다."라고 말할 수 있습니다.

반도체 집적 회로와 이종 접합에 대한 공헌으로 2000년 노벨 물리학상을 수상한 독일 태생의 미국 물리학자 허버트 크뢰머(Herbert Kroemer)는 "The interface is the device(계면은 전자 소자이다)."라는 유명한 말을 남겼습니다. 이렇듯 이종 물질 간 계면은 중요한 의미를 지닙니다.

앞장에서 n형과 p형 실리콘 반도체 두 종류를 살펴봤고, 전도체인 금속과 절연체인 산화물은 상식적인 수준으로 이해하고 있다고 가정하면 여러분은 네 가지 서로 다른 물질을 알고 있는 셈입니다. 이 기초 지식만 가지고도 MOS 트랜지스터의 작동 원리를 상당 부분 이해할 수 있습니다. 이를 염두에 두고 MOS 트랜지스터를 탐구해보겠습니다.

MOS 트랜지스터

MOS 트랜지스터의 구조

MOS 트랜지스터의 구조를 다음 쪽의 단면 모식도에 나타내었습니다. 이 그림을 세 가지 측면에서, 그리고 각 측면마다 몇 부분으로 나누어 관찰하면 트랜지스터를 이해하는 데 도움이 됩니다.

우선 상하 방향으로 봅시다. 크게 두 부분으로 나눌 수 있는데, 실리콘 기판(substrate) 표면을 기준으로 아랫부분과 윗부분입니다. 아랫부분은 당연히 전부 실리콘입니다. 다만, 동일한 실리콘은 아니고 n형과 p형 영역으로 나누어져 있습니다. 기판 표면 위쪽은 중앙에 산화물(oxide)과 금속(metal)이 차례로 적층되어 있습니다. 여기서 산화물은 실리콘 산화물(silicon oxide)이며, 금속은 주로 텅스텐(W)이 사용되는데 얇은 막의 형태를 띠고 있습니다.

이번에는 좌우 방향으로 봅시다. 세 부분으로 나눌 수 있는데, 왼편에서 오른편으로 가면서 차례로 소스(source), 게이트(gate), 드레인(drain)을 지나게 됩니다. 게이트는 그림과 같이 게이트 금속과 산화물 층으로

MOS 트랜지스터의 단면 구조

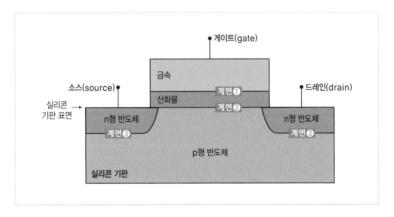

구성되어 있습니다. 곧 설명할 텐데 게이트 산화물과 접하는 실리콘 표면 부위에 소스와 드레인 간 전기 통로가 형성됩니다. 금속–산화물–반도체로 구성되어 있는 이 부분이 트랜지스터의 전기 흐름을 제어하는 핵심 역할을 하기 때문에 'MOS(Metal–Oxide–Semiconductor)'가 트랜지스터 명칭 앞에 붙게 되었습니다.

게이트 양 옆에는 좌우 대칭 형태로 소스(source)와 드레인(drain)이 위치합니다. 소스와 드레인은 5족 원소인 비소(As)가 불순물로 주입되어 있어 n형 반도체이고, 둘 사이 게이트 아래 반도체 부위에는 3족 원소인 붕소(B)가 들어 있어 p형 반도체입니다.

마지막 세 번째 측면은 각 이종 재료 간 계면입니다. 여기서는 그림에 표기한 것과 같이 3종의 계면이 존재합니다. 계면❶은 금속과 산화물, 계면❷는 산화물과 실리콘, 계면❸은 n형과 p형 실리콘 반도체 간 계면입니다. 이들 계면에서 MOS 트랜지스터 작동의 주요 세부 기능이 나타납니다.

친절한 반도체

MOS 트랜지스터의 작동 원리

MOS 트랜지스터의 생김새를 알았으니 어떻게 전기의 흐름이 제어되는지 알아봅시다. 전자 소자를 작동시키려면 소정 부위에 전압을 인가해야 합니다. 그래야 전기가 흐를 수 있으니까요. MOS 트랜지스터에는 세 개의 주요 극이 있는데, 소스, 드레인, 게이트가 바로 그곳입니다. 각 부위에 다음의 그림과 같이 전압을 인가하겠습니다. 이 그림에서는 각 극이 따로따로 떨어져 있는 것처럼 보이지만 소스와 드레인 사이에 전압이 걸려 있고, 게이트는 이와 별도로 전압이 인가되어 있는데, 여기서는 전압이 가해지지 않은 상태로서 (0)으로 표기했습니다.

그림에 그려 넣지는 않았지만 n형 반도체인 소스와 드레인에는 전자가 잔뜩 들어 있습니다. n형으로 만들었기 때문에 당연합니다. 소스와 드레인 간 전위차로 인해 (–)극인 소스로부터 (+)극인 드레인으로 전자를 움직이려는 힘이 작용합니다. 하지만 중간에 게이트 부위를 지나가

게이트에 전압이 인가되어 있지 않은 상태의 MOS 트랜지스터

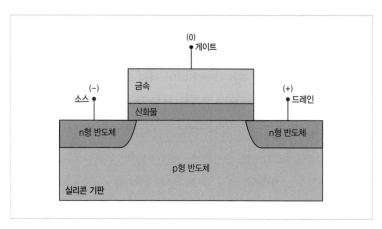

야 하는데 이 부분은 p형이기 때문에 전자가 거의 없습니다. 이는 전자 입장에서 전기 전도성이 없는 것을 의미하기에 이곳을 건너갈 수 없습니다. 즉, 이 상태로는 소스와 드레인 간 전기가 통하지 못합니다.

그럼 이번에는 게이트 부분에 (+) 전압을 인가해주면 어떻게 되는지 생각해봅시다. 설명을 위해 다음의 그림을 사용하겠습니다.

게이트에 (+)전압을 인가하면 첫 번째 그림처럼 게이트 금속으로 양공이 주입됩니다. 주입된 양공은 아래쪽으로 밀려가는데, 실리콘 산화물이 절연체이기 때문에 여기에 막혀서 금속을 벗어나지 못하고 금속과 산화물 사이 계면❶에 쌓입니다. 쌓인 양공의 수는 인가해준 전압에 따라 증가합니다. 어느 정도 이상으로 전압이 커지면 양공의 (+)전하에 이끌리어 p형 실리콘 기판 부위에 퍼져 있던 전자들이 산화물과 접하고 있는 실리콘 표면, 즉 계면❷에 두 번째 그림처럼 순식간에 모입니다. 그림에서는 양공 8개와 전자 8개가 서로 균형을 이루고 있는 것으로 묘사되어 있는데, 여기서 밝히기 힘든 어떤 이유 때문에 위편 양공 수는 아래편 전자 수보다 많아야 합니다. 하지만 편의상 양공과 동일한 수의 전자가 끌려오는 것으로 가정하겠습니다.

이렇게 모인 전자는 그 부분의 이동 전하 밀도를 높이는 효과를 냄으로써 전기 전도도를 증가시킵니다. 이에 따라 소스와 드레인 간 통전이 가능한 상태가 되고, 양단 간에 이미 걸려 있는 전압 때문에 세 번째 그림처럼 소스에서 드레인으로 전자가 건너갈 수 있습니다.

여기서 계면❷에 모인 전자는 '채널(channel)'을 형성했다고 표현하고, 이 채널을 성립시키기 위한 최소한의 전압을 '문턱 전압(threshold voltage)'이라고 합니다. 또한 채널 형성을 제어하는 금속과 산화물 층을 전기를 통하게 하는 문이라는 의미에서 '게이트(gate)'라고 말합니다. 전자가 공

게이트에 (+)전압이 인가될 때 MOS 트랜지스터 내부에서 일어나는 현상

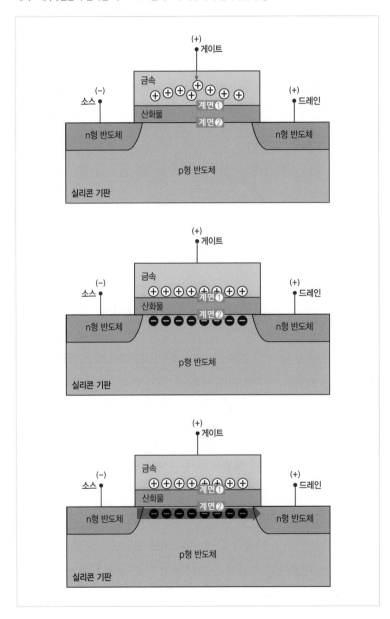

급되는 왼편 n형 반도체 영역을 '소스(source)', 전자가 빠져나가는 오른편 n형 반도체 부위를 '드레인(drain)'이라고 부릅니다. 이렇게 MOS 트랜지스터 각 부위의 명칭은 그들의 역할에 어울리게 명명되어 있어서 소자의 작동 방식을 이해하면 자연스럽게 익혀집니다.

위의 내용을 한마디로 정리하면, MOS 트랜지스터는 스위치 역할을 하는 전자 소자라고 말할 수 있습니다. 게이트에 전압을 인가하지 않으면 소스와 드레인 간 전류가 단절되고, (+)전압을 인가하면 통전됩니다. 마치 수돗물을 나오게 하기 위해서 수도꼭지를 돌리는 행위가 게이트에 전압을 인가하는 것과 유사합니다.

p-n 접합

앞에서 제시한 세 개의 계면 중 아직 설명하지 않은 것이 하나 있습니다. 바로 계면❸입니다. MOS 트랜지스터의 원리를 이해하는 데 이 계면의 역할을 굳이 언급할 필요는 없을 것 같지만, 그렇지 않습니다. 트랜지스터의 기능을 성립시켜주는 숨은 주역이기 때문입니다. 계면❸은 p형과 n형 반도체 사이의 계면으로서 특별히 'p-n 접합(p-n junction)'으로 알려져 있습니다. 우선 이 p-n 접합의 전기적 기능을 알아보고 MOS 트랜지스터에 어떻게 적용되는지 살펴보겠습니다.

p-n 접합은 다음의 그림과 같이 p형과 n형 반도체를 붙여 놓은 계면입니다. 물론 접착제를 사용해서 붙이는 것은 아닙니다. 특별히 고안된 공정을 수행하여 실리콘 반도체의 각 영역에 해당하는 불순물을 투입

하여 한쪽은 p형으로, 다른 한쪽은 n형으로 만들어 계면을 형성시킵니다. 정확하게는 주입된 불순물의 상대적인 양에 의해 n형 또는 p형이 결정되기 때문에 좀 더 복잡한 설명이 필요하지만, 여기서는 단순히 한 영역에 한 가지 불순물만 들어 있다고 가정하겠습니다.

그림의 오른쪽 n형 반도체에는 5족 원소인 인(P) 또는 비소(As)가 주입되어 있으며, 이들에 의해 주캐리어인 이동 전자가 많이 생성됩니다. 한편 왼쪽 p형 반도체에는 3족 원소인 붕소(B)가 들어 있어서 양공이 주를 이룹니다. 이동 전자와 양공은 각 반도체 영역에서 고르게 퍼져 있고 계면을 사이에 두고 서로 분리되어 있습니다.

우리는 p-n 접합이 어떻게 전기적으로 기능하는지 알고 싶기 때문에 p형과 n형 반도체 양 끝단을 전원에 연결하여 전압을 인가해보겠습니다. 전압을 인가하는 방법에는 두 가지가 있습니다. 하나는 p형 반도체 끝에 (+)극을, n형 반도체 끝에 (−)극을 연결하는 것이고, 다른 하나는 그 반대로 해주는 것입니다.

---

p-n 접합과 각 반도체 내부의 이동 전하 분포

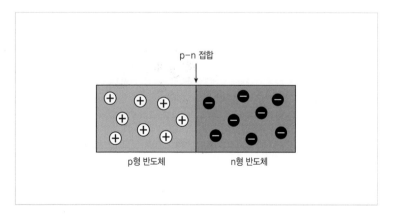

순방향으로 전압 인가하기

우선 p형에 (+)극을, n형에 (−)극을 연결하는 경우에 실리콘 반도체 안에서 어떤 일이 일어나는지 생각해봅시다. 다음의 그림처럼 연결된 회로와 전원에 의해서 (−)극으로부터 n형 반도체 안으로 전자가 주입되고, n형 반도체 안에 있는 전자는 계면 쪽으로 끌려갑니다. 전자는 (−)극으로부터 밀쳐지고 (+)극 쪽으로는 당겨지기 때문에 당연히 그렇게 됩니다.

p형 반도체 안에서는 n형 반도체의 반대 현상이 일어납니다. (+)극 쪽으로 전자가 빨려 들어갑니다. 그런데 전자가 (+)극 쪽으로 들어간다고 말하는 것보다 (+)극에서 p형 반도체 쪽으로 양공이 주입된다고 표현하는 게 더 적절합니다. 그리고 p형 반도체 안에 있는 양공은 계면 쪽으로 밀려갑니다.

계면으로 전자와 양공이 모이기 때문에 여기서는 이 둘이 만납니다. 이는 비어 있는 양공에 전자가 다시 들어가는 것을 의미합니다. 이런 식

순방향 전압이 인가된 p−n 접합과 이동 전하 분포

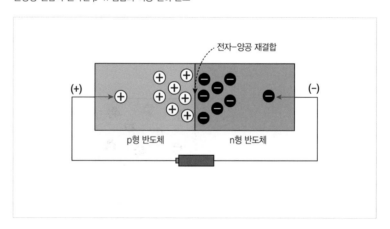

으로 전자와 양공이 재결합(recombination)하면서 쌍으로 소멸됩니다. 접합면에서는 전자와 양공이 계속 없어지고 그 없어지는 수만큼 n형과 p형 반도체 끝에서 지속적으로 보충되므로 전체 회로 측면에서 보면 전류가 계속 흐르는 것으로 관찰됩니다. 이렇게 p형 반도체에 (+)극을, n형 반도체에 (-)극을 연결하는 경우를 순방향으로 전압을 걸어주었다고 말하며, 이때는 p-n 접합을 통해 전류가 잘 흐릅니다.

역방향으로 전압 인가하기

이번에는 순방향의 반대로 전압을 걸어준 경우를 생각해봅시다. 다음 쪽의 그림과 같이 p형 반도체에 (-)극을, n형 반도체에 (+)극을 연결합니다. n형 반도체 내부에서는 주캐리어인 전자가 (+)극 쪽으로 끌려가면서 계면으로부터 멀어짐과 동시에 p형 반도체에서도 주캐리어인 양공이 (-)극 쪽으로 밀려가면서 계면에서 이탈합니다. 이에 따라 p-n 접합 부근에서는 전자든 양공이든 전기를 실어 나르는 캐리어가 없는 상태가 됩니다.

캐리어가 없어진 부분을 공핍 영역(depletion region) 또는 공핍층(depletion layer)이라 하며, 이는 마치 p형과 n형 반도체 사이에 부도체가 떡 하니 버티고 있는 것 같은 효과를 냅니다. 따라서 회로에는 전기가 흐르지 않습니다. 그리고 공핍 영역은 양단 간의 전위차가 커지면 넓어지는 경향이 있습니다. 이렇게 p형 반도체에 (-)극을, n형 반도체에 (+)극을 연결하는 경우를 역방향으로 전압을 걸어줬다고 말하고, 이때는 p-n 접합을 건너서 전류가 통하지 않습니다.

이상으로 p-n 접합의 특성을 알아보았는데, 설명을 마치기 전에 순방향과 역방향 전압 인가와 관련해서 한 가지 밝혀둘 것이 있습니다.

역방향 전압이 인가된 p-n 접합과 이동 전하 분포

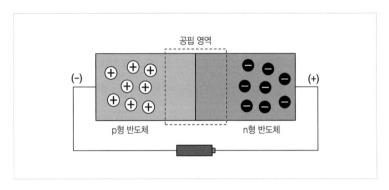

여태까지 전자 소자에 전원을 연결했을 시 한쪽은 (+)극에 다른 한 쪽
은 (-)극에 연결했다고 표현했습니다. 전압을 인가한 것이기 때문에 양
단 간에 전위차가 발생합니다. 그런데 사실 (+)극과 (-)극 표현은 (+)극
이 (-)극보다 상대적으로 전위가 높음을 편의상 나타낸 것입니다. 따라
서 p-n 접합에서 순방향이란 p형 반도체가 n형 반도체보다 상대적으
로 높은 전위 상태에 있는 것을 의미하며, 역방향은 그 반대입니다. 전
압 인가에 대한 내용이 나올 때는 이를 염두에 두기 바랍니다.

MOS 트랜지스터에서 p-n 접합의 기능

다시 MOS 트랜지스터로 돌아가서 다음의 그림을 봅시다. 이 장 앞에
서 제시한 그림에는 기판 쪽의 전위를 표시하지 않았습니다. 하지만 실
제로는 p형 반도체인 기판도 소스, 드레인, 게이트와 상대적인 전위 관
계를 가지고 있습니다. 이 그림에서는 기판에 (-)가 인가된 상태를 보여
줍니다. 소스와 기판 쪽에 같은 (-)를 표기한 것은 동일한 전위 상태, 즉

친절한 반도체

양단 간에는 전위차가 없음을 나타내기 위함입니다.

그림을 잘 살펴보면 소스의 n형과 기판의 p형 반도체 사이, 그리고 드레인의 n형과 기판의 p형 반도체 사이, 이렇게 두 곳, 즉 그림에 명시된 계면❸에 p-n 접합이 형성되어 있음을 알 수 있습니다. 앞 절에서 p-n 접합을 다룰 때 특별히 언급하지는 않았지만 p-n 접합 양단 간에 전압을 인가하지 않아도 접합 부위에는 공핍층, 즉 이동 전하가 없는 층이 생깁니다. 공핍층은 역방향 전압 때 만들어지는 것으로 설명하였는데 사실 전압이 없을 때 이미 생겨있고 역방향 때 더 확대됩니다.

그림에서 알 수 있듯이 소스의 n형과 기판의 p형 간에는 전위차가 없고, 드레인의 n형과 기판의 p형 사이에서는 드레인의 (+)가 기판의 (-)보다 전위가 높기 때문에 역방향 전압이 걸려 있습니다. 따라서 소스와

---

n형 소스, 드레인과 p형 실리콘 기판 간 p-n 접합과 전위 관계

드레인쪽 p-n 접합 두 곳 모두에 공핍층이 생성됩니다. 다만 공핍층의 깊이는 역방향 전압이 형성되어 있는 드레인과 기판 사이에서 더 두껍습니다.

이는 중요한 의미를 내포합니다. 전압이 인가되어 있지 않거나 역방향으로 걸려 있는 p-n 접합부에는 부도체인 공핍층이 위치하기 때문이 이를 건너가는 유의미한 전기의 흐름이 생기지 않습니다. 따라서 소스와 게이트의 n형 반도체 안에 있는 전자를 그곳에 가두어 둘 수 있습니다. 다시 말해 소스의 전자가 기판 밑으로 새어 나가는 것을 방지할 수 있다는 것입니다.

생각해 보십시오. 소스에 있는 전자들은 게이트를 통해 드레인으로 보낼 귀중한 자원들인데, 이 전자들이 기판 아래쪽으로 줄줄이 샌다면 어떻게 되겠습니까? 이는 마치 상수도관에 누수가 있어서 수도꼭지를 열더라도 신선한 물을 얻을 수 없는 것과 같습니다. 실제로 기판 밑으로 새는 전류를 '누설 전류(leakage current)'라고 부릅니다. 그러니 MOS 트랜지스터가 제대로 작동하려면 p-n 접합이 얼마나 잘 만들어져야 하는지 알 수 있을 것입니다. 이처럼 MOS 트랜지스터에 p-n 접합을 역방향으로 설정하는 것은 매우 뛰어난 아이디어입니다. 게이트의 전압 인가 여부를 통해 트랜지스터가 스위치 역할을 하도록 제어하는 것 못지않게 중요한 개념입니다.

전자의 흐름으로 트랜지스터를 작동시키려면 소스가 전자 공급처로서 n형이 되어야 하고, p-n 접합을 응용해서 소스에 전자를 가두어 두려면 기판은 필수적으로 p형이어야 합니다. 그런데 여기에 역설적인 점이 하나 있습니다. 이 p형 반도체의 주캐리어는 양공이라는 것입니다. 양공을 끌어들여 채널을 형성하는 것이 자연스러워 보일 수 있습니다만, 그렇게 할 수는 없습니다. 전자의 흐름으로 트랜지스터를 작동시켜야 하니까요. 따라서 부캐리어인 전자를 끌어와서 채널을 만듭니다. 이처럼 MOS 트랜지스터에서 반도체 각 영역의 n형 또는 p형의 선택은 채널 전자와 이와 연계되는 p-n 접합의 기능과 맞물려 있고, 이는 MOS 트랜지스터의 특별한 점이라 할 수 있습니다.

CMOS

지금까지 설명한 바와 같이 전자로 통전을 제어하는 트랜지스터를 n-MOS 트랜지스터(n-MOSFET)라고 합니다. 이 이름에서 추측할 수 있듯이 p-MOS 트랜지스터(p-MOSFET)도 존재합니다. 우선 두 형태의 MOS 트랜지스터를 비교한 다음 쪽의 그림을 봅시다.

p-MOS 트랜지스터는 양공이 소스에서 제공되어 드레인으로 건너가는 방식의 전자 소자입니다. 따라서 소스와 드레인은 p형 반도체이고, 그 사이 기판은 부캐리어인 양공으로 채널을 형성할 수 있도록 n형 반도체로 구성됩니다. 구조적으로는 n-MOS 트랜지스터에서 반도체의 형만 바뀌어 있고, 기타 세부적인 기능은 n-MOS 트랜지스터와 대칭적으로 생각하면 됩니다. 한편 n-MOS와 p-MOS 트랜지스터를 통칭하여 'CMOS(Complementary MOS)'라고 합니다.

메모리 반도체의 경우에는 정보 저장 부위인 셀에서 n-MOS 트랜지스터만 사용되기 때문에 p-MOS 트랜지스터의 쓰임새가 조금 떨어집니다. 하지만 시스템 반도체에서는 n-MOS와 p-MOS 트랜지스터가

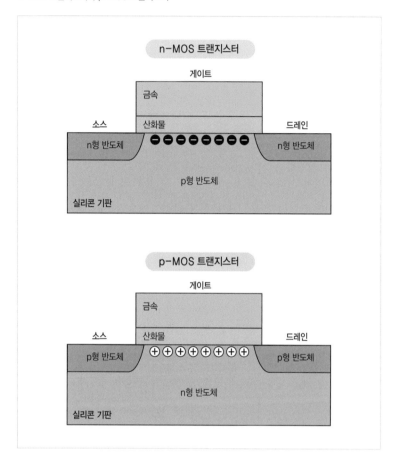

어우러져 특수한 기능이 발현되며, 조합되는 방식에 따라 각기 다른 기능의 집적 회로가 되기 때문에 두 트랜지스터가 모두 중요합니다. CMOS는 시스템 반도체의 거의 전부나 다를 바 없다고 말할 수 있습니다.

이렇게 해서 MOS 트랜지스터 이야기를 마무리하려 합니다. MOS 트랜지스터는 모든 집적 회로에서 핵심적 역할을 하는 전자 소자입니다. 또한 공정 기술의 비약적인 발전으로 트랜지스터의 선폭은 나노미터 수준으로 작아졌으며 성능도 엄청나게 높아졌습니다. MOS 트랜지스터에 채용된 전기 흐름 제어 방식은 대단히 훌륭한 아이디어로서 인류 역사상 가장 위대한 발명 중 하나라고 확신합니다.

전기 전도도에서 시작하여 여러 장에 걸친 긴 여정으로 MOS 트랜지스터에 당도했습니다. 이로써 여러분은 최종 목적지인 집적 회로에 도달하기 위한 1차 목표를 달성한 셈입니다. 의미 있는 진전을 이루었습니다. 이곳에 온 것만으로도 집적 회로를 반 정도는 알게 된 것이나 다름없습니다.

커패시터 이야기

우리는 DRAM을 예시하여 집적 회로를 탐구하고 있는 중입니다. 혹시 잊었을지 모르니 기억을 되살리기 위해 DRAM의 정보 저장 원리를 한마디로 다시 표현하겠습니다. "DRAM은 '1 트랜지스터 + 1 커패시터'의 배열로 이루어져 있으며, 커패시터의 전하 저장 여부를 1과 0에 대응시켜 정보를 저장한다."라고 말할 수 있습니다.

MOS 트랜지스터는 이미 앞장에서 다루었으므로 DRAM을 이해하기 위해 우리에게 남은 과제는 커패시터를 탐험하는 것입니다. 트랜지스터가 집적 회로 최종 목표에 도달하기 전에 달성해야 할 1차 목표였다면, 커패시터는 다음 단계의 공략 대상입니다.

앞선 여러 장에서 경험했듯이 MOS 트랜지스터의 이해로 다가가기 전에 전기 전도도와 실리콘 반도체의 특성 등 기본 지식의 습득이 필요했습니다. 커패시터의 경우도 마찬가지로 전하 저장 원리라는 산을 오르기 전에 준비 운동이 요구됩니다. 이 선행 지식은 물질의 분극에 관한 것인데, 우선 이를 살펴보고 커패시터의 전하 저장 원리를 설명하겠습니다.

원자 분극

원자 분극은 물질을 구성하는 원자 수준에서 일어나는 분극을 말합니다. 따라서 원자 분극을 언급하기 전에 원자 모형을 다시 돌아볼 필요가 있습니다. 반도체의 전기 전도 특성에 관해 기술한 장에서, 보어의 원자 모형으로 원자에 속한 전자가 핵을 중심으로 원 궤도를 돌고 있다고 표현했습니다. 그런데 이 모형을 곰곰이 생각해보면 받아들이기 어려운 점이 있습니다. 직관적으로 생각해도 전자가 2차원적인 원 궤도에 국한되어 있으면 그 원자는 납작한 모습을 하게 될 텐데, 원자가 그럴 리는 없을 것 같습니다. 하지만, 이 불완전한 원자 모델로도 쉽게 여러 원자의 특성을 설명할 수 있기 때문에 우리는 아직도 즐겨 사용하고 있습니다.

원자 분극은 원자에 속한 전자에 의해 그 효과가 드러나는데, 보어의 원자 모형으로 설명하는 것이 적절치 못합니다. 따라서 보다 현실적인 묘사가 필요합니다. 여기서는 원자에 속한 전자를 전자구름으로 표현하려 합니다. 이는 양자역학에서 유래된 개념인데, 어떻게 일정한 질량을 지니는 전자 하나를 3차원 공간에 퍼져 있는 전자구름으로 표현할 수 있는지 생각해보겠습니다.

우리가 실생활에서 접하는 물체의 운동은 뉴턴역학을 따릅니다. 중고등학교 때 누구나 접해 보았을 것입니다. 뉴턴역학에 따르면 대포로 포탄을 쏘았을 때 특정 시간 경과 후, 그 포탄이 정확히 어디에 있을지를 계산해서 알 수 있습니다. 그런데 양자역학에서는 그 포탄의 위치를 확정적으로 말할 수 없다고 합니다. 참 이상하게도 그 포탄이 동시에 여기에도 저기에도 있을 수 있다는 겁니다. 다만, 이 경우는 여기와 저기의 거리가 너무 좁아서 양자역학적으로 따져보는 것이 어리석은 일이기 때문에 그냥 뉴턴역학을 사용해서 운동을 해석합니다.

그런데 전자의 운동을 다루는 미시 세계에서는 상황이 달라집니다. 양자역학적 효과가 커져서 이 방식으로 전자의 운동을 바라보지 않으면 그 전자의 거동을 이해할 수 없습니다. 원자 중에 가장 단순한 것은 중성 상태의 수소입니다. 원자 번호 1번인 수소는 원자핵 주변에 전자를 딱 하나만 가지고 있어서 원자에 속한 전자를 다루기 편합니다. 따라서 이 수소 원자의 전자가 어떤 모습을 보이는지 생각해보겠습니다.

양자역학에 의하면 그 전자는 어떤 시점에서 어떤 특정 위치에 있다고 말할 수 없고, 여기에 있을 수도 있고 저기에 있을 수도 있다고 합니다. 그렇다고 아주 마구잡이로 아무데나 있는 것은 아니고 어떤 수학적 표현을 따릅니다. 그래서 우리는 그 수학적 표현으로부터 전자가 어느 위치에 있을 가능성이 높은지를 계산할 수 있습니다. 이 확률을 3차원 공간에 펼쳐 놓으면 확률 분포가 되고, 확률이 높을수록 짙은 색으로 나타내면 수소 원자에 속한 하나의 전자가 3차원의 구로 그려집니다. 우리는 이 전자 분포를 구름에 비유하여 전자구름이라고 말하는 것입니다.

그럼 수소 원자에 속한 전자가 구름의 형태를 띠고 있다는 원자 모형으로 분극을 설명해보겠습니다. 다음 그림의 왼편 수소 원자를 봅시다. 전자구름이 구형으로 퍼져 있기 때문에 음전하가 정확히 어느 한 곳에 있다고 말할 수 없지만 전자구름의 중심 한 점에 모든 음전하가 몰려 있다고 생각해도 괜찮습니다. 양전하도 마찬가지로 원자핵의 중심 한 점에 모든 양전하가 몰려 있다고 생각할 수 있습니다. 그러면 양전하의

자유로운 상태의 수소 원자(좌)와 전압이 인가된 수소 원자(우)

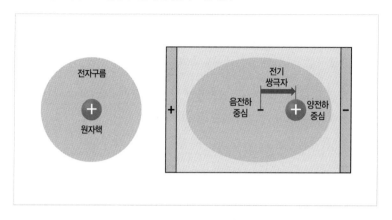

중심과 음전하의 중심이 정확히 한 곳에 일치하게 됩니다.

이 원자를 오른편 그림처럼 전압이 걸려 있는 공간 안에 넣어봅시다. 그러면 음전하인 전자구름은 (+)극이 있는 좌측으로 끌려가고, 양전하인 원자핵은 (-)극이 있는 우측으로 움직입니다. 이에 따라 전자구름은 찌그러지고 원자핵은 전자구름의 우측으로 밀려나면서 음전하와 양전하의 중심이 벌어진 모습을 보입니다. 이렇게 양전하와 음전하가 갈라져 있는 하나의 단위체를 '전기 쌍극자(electric dipole)'라고 하고, 음전하의 중심에서 시작해서 양전하의 중심에서 끝나는 하나의 화살표로 표기합니다.

어떤 물체든 무수히 많은 원자들로 이루어져 있는데, 그 구성 원자하나하나가 각각 전기 쌍극자가 되면서 일정한 방향으로 정렬하고 있으면 이 물체에서 '분극(polarization)'이 일어났다고 말합니다. 분극은 말 그대로 그 물체의 극이 갈라졌다는 의미입니다. 이렇게 원자 단위에서 이루어지는 분극을 특별히 '원자 분극'이라고 합니다.

이온 분극

원자 분극보다 더 큰 범위에서도 전기 쌍극자를 발견할 수 있고 이에 따른 분극이 가능합니다. 원자들이 모여서 어떤 물체로 결속되기 위해서는 원자 결합으로 연결되어야 합니다. 실리콘의 전기 전도성을 논했던 앞선 장에서 실리콘 원자들은 최외각 전자를 공유하며 원자 간 결합을 이룬다고 했습니다. 그런데 공유 결합 말고도 다른 원자 결합으로 이온 결합이란 게 있습니다.

이온 결합을 이야기하기 전에 이온이 무엇인지 중고등학교 때 배운 내용을 간단히 되짚어 보겠습니다. 주기율표에 나와 있는 원자들은 기본적으로 중성을 띠고 있습니다. 즉, 그 원자 안에 들어 있는 양전하와 음전하 각각의 합이 동일합니다. 원자의 음전하는 보유하고 있는 전자에 의해 나타나는데 어떤 원자는 가장 바깥쪽에 있는 전자를 외부로 내보내기 쉽고, 또 어떤 원자는 외부에서 전자를 받아들이는 경향이 강합니다. 전자를 하나 잃어버린 원자는 전하 균형이 깨져서 전자 하나의 전하량만큼 양전하를 지닌 양이온이 됩니다. 또한 전자를 하나 받아들인 원자는 음이온이 됩니다.

이러한 양이온과 음이온이 서로 전기적으로 끌어당겨 결합을 이루는 것을 '이온 결합'이라고 합니다. 가장 쉽게 접근할 수 있는 이온 결합 물질은 우리가 매일 섭취하는 소금의 주성분인 $NaCl$(염화나트륨)입니다. 잘 알려진 바와 같이 $NaCl$은 Na^+ 양이온과 Cl^- 음이온이 이온 결합으로 연결된 결정체를 이룹니다.

다음의 그림은 $NaCl$ 결정을 나타낸 모식도입니다. 분극에 대한 논의를 간단하게 하기 위해 Na^+ 양이온 4개와 Cl^- 음이온 3개만으로 구성된 1차원적 NaCl 결정을 가정하겠습니다. 음이온은 전자를 받아들이고 양이온은 전자를 잃어버리면서 형성되기 때문에 일반적으로 음이온이 양이온보다 큽니다. 여기서 이온 결합은 이온 간 연결된 스프링으로 표기했습니다.

그림에서 숨은 그림 찾기를 한번 해보겠습니다. 전기 쌍극자는 어디에 있을까요? 이온들 바로 위에 표기한 화살표에 이미 답이 나와 있습니다. 양이온과 음이온 한 쌍으로 하나의 전기 쌍극자가 만들어집니다. 위편 그림을 보면 6개의 전기 쌍극자가 있는데, 3개는 화살표가 우에서 좌로, 나머지 3개는 좌에서 우로 정반대 방향을 가리키고 있습니다. 그리고 6개 모든 화살표의 절대 길이는 동일합니다. 이온 결합 거리가 동일하기 때문입니다.

자유로운 상태의 NaCl 결정(상)과 전압이 인가된 NaCl 결정(하)

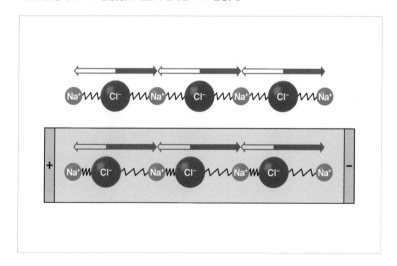

그럼 이 6개 화살표의 총합은 어떻게 될까요? 이 경우에는 화살표의 크기뿐만 아니라 방향도 고려해주어야 합니다. 이런 방식의 합은 힘을 더하는 것과 동일합니다. 두 편으로 나누어 줄다리기를 할 때 서로 반대 방향으로 잡아당기는 힘의 크기가 같으면 줄에 힘이 작용하고 있음에도 불구하고 줄은 움직이지 않습니다. 서로 정반대 방향으로 작용하는 동일한 크기의 힘의 합은 0이 되기 때문입니다. 이와 같은 원리로 6개의 전기 쌍극자 화살표를 합하면 0이 됩니다. 분극은 그 물체가 가지고 있는 전기 쌍극자들의 총합으로 나타나기 때문에 이 경우 쌍극자는 있지만 분극은 없습니다.

이번에는 이 1차원 NaCl 결정을 전압이 인가되어 있는 공간에 넣어봅시다. Na^+ 양이온은 (-)극으로, Cl^- 음이온은 (+)극으로 끌려가서 Na^+와 Cl^- 이온의 간격, 즉 이온 결합의 길이가 하나씩 걸러 수축 또는 연장됩니다. 우에서 좌로 향하는 전기 쌍극자의 길이는 줄어들고, 좌에서 우 방향의 전기 쌍극자는 늘어납니다. 6개의 쌍극자를 합하면 일정 부분 서로 상쇄되고도 좌에서 우로 향하는 화살표 성분이 남습니다. 다시 말해 좌에서 우 방향으로 분극이 생긴 것입니다. 이렇게 이온들에 의해 만들어지는 분극을 이온 분극이라고 합니다.

이온 결합성 물체에 전압을 가하면 이온 분극과 원자 분극이 동시에 일어납니다. 하지만 원자 내에서 원자핵과 전자구름이 갈라지는 길이보다 양이온과 음이온이 벌어지는 길이가 훨씬 더 크기 때문에 분극의 크기를 논할 때는 원자 분극은 무시해도 상관이 없습니다. 따라서 DRAM 커패시터를 탐구하는 데 필요한 분극은 이온 분극입니다. 이를 염두에 두고 커패시터의 전하 저장 원리로 넘어갑시다.

커패시터의 전하 저장 원리

커패시터(capaciator)는 영어의 capacity에서 파생된 단어입니다. Capacity를 사전에서 찾아보면 '용량', '수용력'이라고 설명되어 있고, 무엇인가 수용할 수 있는 능력을 나타내기 위한 상황에서 사용됩니다. 여기서는 전하를 저장하는 능력을 의미하며, 전하를 저장하는 전자 소자를 커패시터라고 합니다. 우리말로 '축전기'로 번역되기도 합니다만 이 책에서는 '커패시터' 용어를 사용하겠습니다.

커패시터의 저장 원리는 그리 어렵지 않습니다. 우선 다음의 그림 중 왼편을 봅시다. 커패시터를 만들려면 그림과 같이 두 장의 금속판이 필요합니다. 두 금속판을 서로 마주보게 두고 하나의 금속판은 직류 전원의 (+)극에, 다른 한 금속판은 (-)극에 연결합니다. 그럼 두 금속판이 커패시터의 전극이 되는 아주 단순한 전자 회로가 구성됩니다.

커패시터의 충전(좌)과 방전(우)

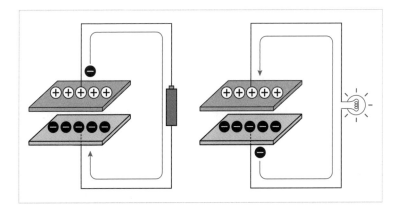

전원이 연결되기 전에는 아래 판이든 위 판이든 전기적 중성 상태에 있습니다. 금속판은 원자의 집단이고, 각 원자핵이 지니는 양의 전하량 총합과 금속판에 속한 모든 전자의 음의 전하량 합이 동일하기 때문입니다. 전원이 연결되면 좌측 그림처럼 전자들이 위쪽 판으로부터 아래쪽으로 회로를 타고 이동하기 시작합니다. 전자 하나가 아래 판으로 이동하면 위 판은 양전하와 음전하의 균형이 깨어지고 전자 하나에 해당하는 만큼 상대적으로 (+)로 대전됩니다. 또한 아래 판은 전자 하나를 받아들였기 때문에 그만큼 (-)로 대전됩니다. 전자의 이동이 지속될수록 두 전극판은 점점 더 크게 대전됩니다.

그런데 전자가 무한정 넘어갈 수 있을까요? 그렇지 않습니다. 넘어가는 전자가 많아질수록 위 판이 양으로 대전되는 정도는 커지고, 이로 인해 전자를 붙잡아 놓는 힘이 세져서 결국 어느 시점이 되면 위 판으로부터 더 이상 전자가 나가지 못하게 됩니다. 같은 현상을 아래 판 기준으로 설명하면 음으로 대전된 아래 판에서 전자를 밀치는 힘이 점점 더 커져서 전자가 더 이상 못 들어오게 된다고 표현할 수 있습니다. 이 상황을 조금 전문적으로 기술하면 "커패시터에 인가해준 직류 전원에 의해 전자에 작용하는 힘의 크기와 커패시터 전극의 대전에 따라 반대 방향으로 생기는 힘의 크기가 동일해질 때까지 전자가 흐른다."가 됩니다.

그럼 이번에는 우측 그림과 같이 최대치로 대전된 전극판에서 건전지를 떼어내고 그 대신에 꼬마전구를 연결해봅시다. 연결 즉시 아래 판에 있던 잉여 전자는 꼬마전구를 거쳐서 위 판으로 돌아갑니다. 어떤 물체든 대전되어 있으면 양전하와 음전하의 균형이 맞는 중성 상태로 복원되려 하기 때문에 그렇습니다. 그런데 여기서 중요한 점은 전자가 되돌아가는 동안 꼬마전구에 불이 켜진다는 것입니다. 다시 말해 전자의 흐름이 전기적 일을 해서 빛을 만들어낸 것입니다. 따라서 두 전극판이 대전된 상태는 전기 에너지가 저장된 것이라고 볼 수 있습니다. 그런 의미에서 우리는 이 전자 소자를 커패시터 또는 축전기라고 부릅니다. 위의 설명에서 두 전극판이 대전되는 과정을 충전이라 하고, 대전이 풀리는 과정을 방전이라고 합니다.

커패시터의 전기 용량

커패시터는 전하를 저장하는 전자 소자이기 때문에 얼마나 많은 전하를 저장할 수 있느냐를 따져볼 필요가 있습니다. 이를 글만 가지고 설명하면 오히려 이해하기 어려울 수 있기 때문에 기호로 된 언어인 수식을 좀 사용하겠습니다. 수식이 여러 개 나온다고 놀라지 말기 바랍니다. 수식의 유도 과정을 통해 전기 용량의 의미를 선명히 드러내고자 할 뿐, 최종적으로 도출될 식은 단 하나입니다.

전기 용량의 정의

우선, 앞에서 설명한 커패시터의 충·방전 원리로부터 두 가지 물리량을 생각할 수 있습니다. 하나는 인가해준 직류 전원의 전압 V이고 다른 하나는 이로 인해 전극판에 저장된 총전하량 Q입니다. 그런데 여기서의 총전하량 Q는 두 전극판 중 어느 한쪽 전극에 저장된 전하량의 절댓값이어야 합니다. 만약 두 전극의 전하량을 합하면 양과 음의 전하량이 상쇄되어 0이 되기 때문입니다. 그럼 Q와 V의 관계는 어떻게 될까요? 직관적으로 생각해봐도 걸어준 전압의 크기가 클수록 위 판에서 아래 판으로 건너가는 전자가 많아질 테니까 Q가 커질 것입니다. 일단 이를 수식으로 표현하면 다음과 같습니다.

$$Q \propto V$$

여기서, $\propto$ 기호는 비례함을 나타냅니다. 그런데 이 식으로는 무언가 부족합니다. '='로 이루어진 식이어야 형태가 깔끔하지 않겠습니까? 그럼 이 불완전한 식을 가지고 머릿속에서 상상의 실험을 해봅시다. 인가해주는 전압을 1, 2, 3… 이렇게 순차적으로 증가시키면서 저장된 총전하량을 측정했더니 3, 6, 9…라는 결과가 나왔다고 가정합시다. 여기서는 쉬운 설명을 위해 전압과 전하량의 단위를 따지지 않겠습니다. 그렇다면 위의 수식을 이렇게 바꿀 수 있습니다.

$$Q = 3V$$

이제 더 선명한 식이 되었습니다. 그런데 숫자 3은 어떤 의미를 지닐까요? 이는 인가해준 전압과 이에 따라 저장된 총전하량 간 상관관계의 크기를 나타냅니다. 만약 이 숫자가 3보다 작으면 전압 변화에 따라 저장되는 총전하량의 증가율이 느립니다. 반면에 3보다 더 크면 총전하량이 더 민감하게 상승합니다. 전압 V는 외부에서 인가해주는 값이기 때문에 커패시터와는 상관이 없으나 이 숫자 3은 커패시터에서 유래합니다. 이 숫자가 커질수록 커패시터의 전하 저장 능력이 높아진다고 볼 수 있습니다. 동일한 전압을 인가하더라도 저장되는 총전하량이 커지기 때문입니다.

이렇게 숫자 3 안에 커패시터의 고유 특성이 들어 있음을 염두에 두고 3을 보편적인 기호로 대치해서 이 식을 보다 일반적인 것으로 바꾸면 다음과 같이 쓸 수 있습니다.

$$Q = CV$$

이 식에서 C가 바로 커패시터가 전하를 저장할 수 있는 능력의 표현으로서 커패시터의 '전기 용량', 영어로는 'capacitance'입니다.

커패시터의 모양과 전기 용량과의 관계

DRAM은 '1 트랜지스터 + 1 커패시터'의 배열로 이루어져 있고, MOS 트랜지스터의 드레인이 커패시터의 전극에 연결되어 있습니다. 트랜지스터가 전기의 흐름을 제어함으로써 커패시터에 전하를 선택적으로 공급하여 전하 저장 여부로 정보를 기록합니다. 오류 없이 정확한 정보가 저장되기 위해서는 커패시터의 충·방전 상태의 구분이 뚜렷해야 합니다. 따라서 커패시터에 저장되는 총전하량이 충분히 커야 하는데, 인가되는 전압 V는 DRAM 회로 설계에 의해서 고정되므로 총전하량 Q를 높이기 위해서는 전기 용량 C를 크게 해야 합니다.

이번에는 커패시터의 전기 용량을 어떻게 조절할 수 있는지 생각해 보겠습니다. 우선 커패시터의 모양을 변경하면 됩니다. 결론부터 말하면 커패시터의 면적을 늘릴수록, 두 전극 간의 간격을 좁힐수록 전기 용량 C가 커집니다. 그럼 전기 용량과 전극의 면적, 그리고 전기 용량과 전극 간 간격, 이렇게 두 가지 관계를 하나의 수식으로 나타내봅시다. 그러려면 분수를 동원해야 하는데, 비례 관계에 있는 것은 분수의 위쪽(분자)에, 반비례 관계에 있는 것은 분수의 아래쪽(분모)에 표기하면 됩니다. 이번에는 비례식을 거치지 말고 '='로 연결된 수식으로 바로 갑시다. 이렇게 하려면 '='의 좌변과 우변을 동일하게 만들어주는 비례 상수가 들어가야 합니다. 이를 수식으로 쓰면 다음과 같습니다.

$$C = \varepsilon_0 \frac{A}{t}$$

여기서, 커패시터의 면적은 A로, 두 전극 간의 간격은 t로 나타내었습니다. 그리고 ε_0가 비례 상수입니다. 보다 구체적으로는 커패시터의 두 전극 사이에 아무것도 없을 때의 비례 상수를 말하는데, 이렇게 비어있는 공간을 자유 공간(free space)이라고 하고 이 상수를 '자유 공간에서의 유전율'이라고 부릅니다. 이 상수는 고정된 값을 지니며 원주율을 π로 표기하는 것처럼 단순히 숫자 하나를 기호로 대신 나타낸 것입니다. 이는 매우 작은 값을 가지는데, 지수 형식으로 표기해야 하고 복잡한 단위도 들어 있어 제시하지는 않겠습니다. 다만, 이 상수는 전기와 광학적 자연법칙을 기술하는 수식에 자주 등장하는 기본 상수라는 정도로만 기억하면 되겠습니다.

커패시터 안에 유전체 끼워 넣기

커패시터의 전기 용량을 변화시킬 유효한 방법이 하나 더 있습니다. 위에서는 두 전극판 사이에 아무것도 없는 커패시터를 논했습니다만, 그

친절한 반도체

사이에 어떤 물질을 채울 수도 있습니다. 단, 그 물질은 반드시 부도체여야 합니다. 만약 두 전극판 사이에 전도체가 들어오면 음으로 대전된 전극판의 잉여 전자가 이 물질을 가로질러 반대편 전극판으로 건너감으로써 충전된 전하가 다 없어지기 때문입니다. 한편 삽입된 물체는 양 극판 간 인가된 전압의 영향을 받습니다. 따라서 앞장에서 살펴보았듯이 재료 내부에 분극이 발생합니다. 이렇게 어떤 재료가 부도체이면서 분극 관점에서 다루어질 때 이를 '유전체(dielectric)'라고 부릅니다.

그럼 두 극판 사이에 물체를 채워 넣으면 어떻게 전기 용량이 커지는지 알아보겠습니다. 우선 다음의 좌측 그림처럼 유전체를 삽입하기 전 커패시터를 비교 대상으로 설정해봅시다. 유전체가 없더라도 전압 V에 의해 전하가 저장될 것입니다. 이 경우 전자 5개가 위에서 아래쪽 전극판으로 이동하여 위 극판에는 양전하 5개만큼, 아래 극판은 전자 5개만큼 전하가 저장되었다고 가정합시다.

유전체 삽입 전(좌)과 유전체 삽입 후(우) 커패시터의 전하 저장 상태

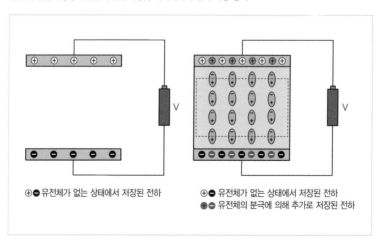

⊕● 유전체가 없는 상태에서 저장된 전하

⊕● 유전체가 없는 상태에서 저장된 전하
●● 유전체의 분극에 의해 추가로 저장된 전하

우측 그림과 같이 유전체를 두 극판 사이에 넣으면 이 유전체에 전압이 인가된 형국이 됩니다. 이에 따라 유전체 내부에서는 분극이 일어납니다. 이 그림에서는 편의상 전기 쌍극자를 길쭉한 타원으로 단순하게 표현했습니다. 그런데 이들은 동일한 방향으로 정렬하여 하나의 전기 쌍극자 (+)극과 인접한 전기 쌍극자 (-)극이 맞닿게 됨으로써 점선 네모 상자 내부의 양전하와 음전하는 전부 상쇄되고 유전체 상하부 표면의 전하만 남는 상태가 됩니다. 이 그림에서는 유전체 위 표면은 음전하 4개, 아래 표면은 양전하 4개로 대전되어 있습니다. 이렇게 되면 이 표면 전하를 상쇄시키기 위하여 전자 4개가 위 판에서 아래 판으로 이동합니다. 각 전극판에 저장되어 있던 기존의 5개 전하에 더해서 4개가 추가됨으로써 총 9개의 전하가 저장됩니다. 이런 방식으로 유전체의 분극에 의해 커패시터의 전하 저장 능력이 증가합니다.

그럼 이 상황을 전기 용량식에 표현해봅시다. 유전체가 없을 때 전기 용량을 나타내는 식을 다시 쓰면 다음과 같습니다.

$$C = \varepsilon_0 \, \frac{A}{t}$$

그런데 이 식에는 유전체와 관련한 항목이 없어서 이를 변형시킬 필요가 있습니다. 우선 고려해야 할 점은 유전체를 커패시터에 넣으면 무조건 전기 용량이 증가한다는 사실입니다. 유전체에 전압이 걸리면 제아무리 작은 값이라도 분극이 일어나기 때문에 그렇게 될 수밖에 없습니다. 그러면 위의 식을 전기 용량이 늘어날 수 있도록 변형시켜야 합니다. 새 항목을 k로 표시하고 이를 수식에 덧붙이면 다음과 같습니다.

$$C = \varepsilon_0 \frac{A}{t} k$$

여기서 항목 k를 '유전 상수(dielectric constant)'라 부르는데, 이것이 바로 유전체의 분극 특성을 나타내는 지표입니다. k를 분수 앞쪽으로 옮겨와서 보기 좋게 만들면 다음과 같이 전기 용량을 표현하는 최종 식이 완성됩니다.

$$C = \varepsilon_0 k \frac{A}{t}$$

유전체가 커패시터 안에 들어가면 무조건 전기 용량이 늘어나기 때문에 유전 상수 k는 1과 같거나 그보다 큰 값을 가지며 k 값이 클수록 유전체가 분극이 잘 된다는 것을 의미합니다. 특별히 유전체가 아예 없는 경우는 $k=1$에 해당되어 위의 식에서 k가 모습을 감추고 이전 식으로 환원됩니다.

DRAM에서 정보를 저장하는 장소가 바로 커패시터입니다. 만약 이곳의 전기 용량이 충분치 않으면 전하가 제대로 충전되어 있는지, 그렇지 않은지 판단하기가 어렵고, 이는 저장된 정보의 오류를 의미합니다. 유전체에는 유전 상수 값이 수백에 이르는 물질이 있을 정도로 다양한 재료들이 존재합니다. 유전 상수가 100인 유전체를 사용하면 이론적으로 전기 용량을 100배 늘릴 수 있습니다. 그래서 DRAM에서는 커패시터의 모양을 전기 용량이 커지는 방향으로 변형시키는 것과 더불어 유전 상수가 큰 물질을 유전체로 적용하려는 시도를 끊임없이 합니다.

이렇게 해서 지난 장의 MOS 트랜지스터에 이어 DRAM의 정보 저장소인 커패시터를 살펴보았습니다. 전자 소자의 원리에 관한 내용이었기 때문에 이해하기 까다로웠을 것입니다. 그래도 이 부분을 극복해야 집적 회로의 진짜 이해에 다가갈 수 있습니다. 앞으로 수고한 보람이 있을 것입니다.

이로써 집적 회로 최종 목적지 도상에 있는 주요 거점을 모두 통과했습니다. 반도체를 만드는 방법, 즉 직접 회로 제조 공정을 본격적으로 논의할 준비를 마쳤으니 기대를 가지고 다음 파트로 넘어갑시다.

친절한 반도체

Part 2

반도체와 건축

DRAM의 건축학

●
●
●
●

어떤 기술 또는 학문 분야든 그 분야를 체계적으로 공부하는 데는 두 가지 접근법이 있습니다. 하나는 개개의 세부 지식을 학습하고 쌓아가면서 전체 틀에 대한 이해로 접근해 가는 상향식(bottom-up)이고, 다른 하나는 이와 반대 방향으로 우선 전체적인 윤곽을 잡고 세세한 내용을 하나하나 공부해 가는 하향식(top-down)입니다. 물론 두 방법 중 어느 하나가 정답일 수는 없으며, 두 방식이 잘 어우러지는 것이 바람직합니다.

집적 회로 제조 공정에는 엄청난 정밀도가 요구되는 미세 공정들이 많이 있고, 이들이 상호 유기적으로 연결되어 집적 회로가 만들어집니다. 그 많은 공정들을 10가지 이내의 큰 틀로 단순화하여 분류할 수 있기는 하지만 여전히 각 공정의 복잡성을 피할 수 없습니다. 이 때문에 집적 회로 제조 공정을 개별 공정 위주로만 고찰하면 시야가 좁아져 전체를 이해하지 못하게 될 가능성이 있습니다. 집적 회로 명칭의 '집적'은 영어로 integration입니다. 이 단어가 '쌓다'의 의미를 내포하고 있는 것에서 유추할 수 있듯이 쌓여 올라간 집적 회로의 전체 구조를 먼저 파

친절한 반도체

악하지 않으면 반도체 공정의 이해는 불완전하게 되기 쉽습니다. 이러한 이유로 이 책에서는 개별 단위 공정을 소개하기 앞서 집적 회로의 구조와 적층 방법을 살펴보려 합니다.

집적 회로는 건축물이다

DRAM은 정보를 저장하는 전자 소자로서 '1 트랜지스터 + 1 커패시터'의 배열로 구성된다고 했습니다. 단순히 MOS 트랜지스터 위에 커패시터를 얹어보면 대략 다음의 그림과 같이 됩니다.

DRAM 셀의 '1 트랜지스터 + 1 커패시터' 모식도

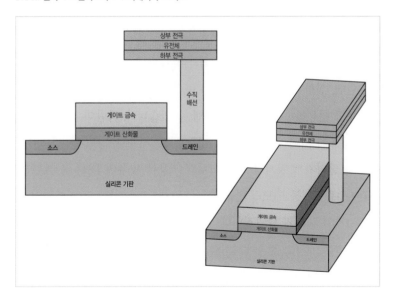

왼쪽 그림은 2차원 단면 모식도이고, 오른쪽은 3차원 조감도입니다. 3차원 조감도가 실제 소자의 모습을 더 잘 표현해주고 있습니다. 이 그림에서 하나 언급하고 넘어가야 할 것이 있는데, 단면 모식도에서는 인식하기 어렵지만, 게이트 전극이 지면에 수직 방향으로 길게 뻗은 선형이라는 것입니다. 뻗어나간 선 끝부분에 전원이 연결되어 있어 이곳으로부터 게이트 전압이 인가됩니다.

이게 바로 DRAM의 모습입니다. 보다 정확하게는 DRAM에서 정보를 저장하는 한 단위의 생김새이고, 이 단위들이 무수히 반복적으로 연결되어 DRAM 셀이 구성됩니다. 셀 이외에도 주변 회로 등 다른 부위들이 있습니다만, DRAM 칩 대부분의 면적을 셀이 차지하고 있기 때문에 DRAM에서는 주로 이 부분만 이야기합니다.

오른편 3차원 그림을 보면 어떤 느낌이 드나요? 커패시터는 전망대이고 트랜지스터는 입장권을 파는 판매소 같지 않습니까? 관람객이 티켓 판매소를 거쳐 전망대로 올라가는 것이 마치 전자가 트랜지스터 게이트를 통과하여 커패시터로 가는 것과 비슷합니다. 집적 회로는 전자, 보다 넓게는 전하의 움직임을 제어하여 특수한 기능을 발휘하는 전자 회로인데, 전하가 모이고 이동하는 공간을 제공하는 측면에서 사람이 거주하고 활동하는 건축물에 비유할 수 있습니다. 사람이 건물을 사용하는 용도에 따라 주택, 상가, 오피스 빌딩, 체육관, 강당 등 건축물의 구조가 달라지는 것처럼 전자 회로의 기능에 맞추어 DRAM, NAND 플래시 메모리 등 메모리 반도체의 구조와 CPU, GPU 등 시스템 반도체의 3차원 구조가 달라집니다.

집적 회로에서도 건축에서처럼 아키텍처(architecture), 즉 건축 양식이 중요합니다. 실제로 반도체 엔지니어들은 실무에서 아키텍처 용어를 많이 사용합니다. 차세대 집적 회로를 구현하기 위해서 신공정 개발이 필수적이긴 하지만 이보다 어떤 아키텍처를 적용하느냐가 더 중요할 때가 많습니다. 강조하면 집적 회로 제조의 성패는 아키텍처에 달려 있다고 말해도 과언이 아닙니다. 따라서 극초미세 공정의 발전은 아키텍처의 진보와 궤를 같이합니다.

DRAM의 건축법

앞의 DRAM 모식도를 보고 얼핏 생각하면 MOS 트랜지스터는 실리콘 기판 위에 게이트 산화물과 전극을 선형으로 쌓아서 만들고, 커패시터는 판상으로 제작하여 MOS 트랜지스터의 드레인 부분에 붙이는 것을 상상할 수 있습니다. 그러나 집적 회로에서 이렇게 소자를 별도로 만들어 연결하는 방법은 가능하지 않습니다.

패턴이 미소한 것들은 나노미터 정도로 엄청나게 작기 때문에 단위 소자를 개별적으로 만드는 것 자체가 불가능합니다. 1나노미터는 실리콘 원자 4개 정도를 늘어놓은 크기밖에 되지 않습니다. 어떤 물질을 특정한 형태로 이 정도로 작게 제작하여 필요한 위치에 반복적으로 가져다 놓을 수 있는 기술은 현재까지 없으며 앞으로도 나타나지 않을 것으로 생각됩니다.

그럼 어떻게 만들어야 할까요? 다음 쪽의 DRAM 셀 단면 모식도를 봅시다. 이 그림의 특징은 앞에서 제시한 '1 트랜지스터 + 1 커패시터'만의 단면 모습에서 각 부위의 경계면에 해당하는 실선을 수평 점선으로 연장한 것입니다. 그리고 집적화 관점에서 필수적인 몇 부위를 추가했으며, 각 층을 구분하기 위한 숫자와 문자를 기입했습니다. 추가한 부분의 명칭은 처음 볼 텐데 곧 설명할 예정입니다.

그림을 잘 살펴보면 각 소자의 기본 구성 성분이 얇은 막임을 알 수 있습니다. 그리고 하나의 막 또는 몇 개의 막이 층을 구성합니다. 이 얇은 막을 집적 회로 공정에서는 박막이라고 하고 영어로는 thin film으로 표기합니다. 그리고 '박막을 입힌다'는 것을 '박막을 증착한다'라고 표현합니다.

이렇게 각 개별 소자를 별도로 제작하는 것이 아니라 실리콘 기판 표면을 기준으로 필요한 물질을 박막의 형태로 겹겹이 쌓아서 집적 회로

박막의 적층으로 이루어진 DRAM 셀의 단면 모식도

로 만듭니다. 다양한 종류의 박막을 쌓아 올리고 소정의 패턴을 만들어가다 보면 어느 곳에는 트랜지스터가, 어느 곳에는 커패시터가 생기는 방식입니다.

박막으로 층을 올려 특정한 구조물을 만드는 방법은 건축물을 구축하는 것과 비슷합니다만, 한 가지 결정적으로 다른 점이 있습니다. 건축물의 경우 바닥 공사를 한 후에 벽과 기둥에 해당하는 부분만 철근과 콘크리트를 사용하여 세우고 나머지 공간은 비워 놓습니다. 이어서 천장을 덮어 한 층을 완성합니다. 이 과정을 반복하여 층층이 쌓아 올라갑니다.

반면 집적 회로에서는 완전히 비효율적인 방법을 사용합니다. 한 층에 필요한 재료들을 한 개 또는 몇 개의 박막으로 모두 채운 후 필요한 부분만 남기고 나머지는 모두 제거합니다. 이를 건축에 비유하면 콘크리트를 한 층 두께만큼 완전히 덮어 채운 후 벽체에 해당하는 부분만 빼고 나머지는 제거하는 식입니다.

왜 이런 이상한 방법을 사용하는 것일까요? 그렇게밖에 할 수 없기 때문입니다. 원하는 위치에만 선택적으로 재료를 쌓아서 구조물을 만드는 기술이 있기는 합니다. 바로 3D 프린팅입니다. 그러나 이 방식으로 구현할 수 있는 최소 선폭은 집적 회로에서 요구되는 것에 비하면 비교 자체가 무의미합니다. 하지만 우리는 다른 수단을 가지고 있습니다. 최소 수나노미터 정도 크기의 필요한 부분만 남기고 나머지는 제거하는 기술입니다. 이 기술은 빛을 이용해서 남기고 싶은 미세 부분에 가림막을 설치하는 방법을 사용하는데, 기본 개념을 곧 소개하겠습니다.

집적 회로 건축법의 기초

앞의 단면 모식도에 해당하는 DRAM 셀을 건축해볼 예정입니다. 그
전에 집적 회로 건축법의 기초를 먼저 알아야 합니다. 건축에 참여하기
위해서는 거푸집 만드는 법, 콘크리트 타설법, 기초 목공법 등을 익혀야
하는 것과 마찬가지입니다.

집적 회로에는 다음과 같이 라인(line), 섬(island), 도랑(trench), 홀(hole),
이렇게 4종류의 패턴이 있습니다.

집적 회로를 구성하는 라인, 섬, 도랑, 홀 패턴

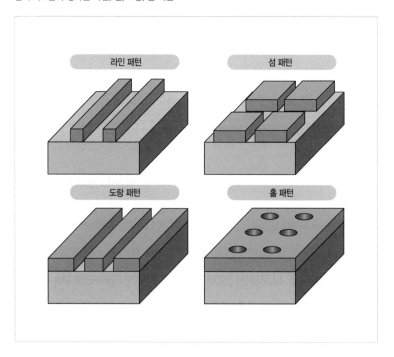

라인과 섬은 볼록이고 도랑과 홀은 오목 형상을 띱니다. 기본적으로 패턴을 만드는 방법은 동일한데, 볼록 패턴은 제거되고 남는 부분이, 오목 패턴은 제거된 부분이 특별한 역할을 한다는 점만 다릅니다. 섬은 짧은 라인이라 할 수 있고, 홀은 짧은 도랑이라고 볼 수 있기 때문에 라인과 도랑 패턴 두 가지에 대해 만드는 법을 살펴보겠습니다. 이 방법은 모든 집적 회로 건축의 기초가 됩니다. 다음 쪽의 그림에 패턴 형성 과정을 도시했으니 이 그림의 흐름을 따라가면서 생각해봅시다.

사실 이는 예전 아날로그 흑백 사진을 인화하는 과정과 동일합니다. 이 때문에 대부분의 반도체 소개 문헌에서 패턴 형성 방법을 사진 인화에 비유하는 경우가 많습니다. 요즘은 디지털카메라가 대세가 되어 아날로그 사진을 경험해보지 못한 분이 많겠지만, 사진 인화 과정에 쓰이는 용어들이 여기에도 사용된다는 것을 참고하기 바랍니다.

라인이든 도랑이든 만드는 과정의 주요 단계만 도시하면 6단계로 구분할 수 있습니다. 우선 그림 왼편에 도시되어 있는 라인 패턴 생성 과정을 따라가 봅시다. 1단계는 기판 위에 원하는 박막을 조성하는 것입니다. 앞서 언급한 것처럼 소정 부위에만 라인이 필요할지라도 기판 전체를 박막으로 덮습니다.

다음 2단계로 '감광막' 또는 '포토레지스트(photoresist)'라는 것을 도포합니다. 감광막은 말 그대로 '빛에 감응하는 막'이며 빛에 노출되면 물성이 변하는 성질을 가지고 있습니다. 감광막은 적당한 점도를 지니는 감광액을 기판 전체 표면에 균일한 두께로 펼쳐서 만들어줍니다.

3단계는 그림과 같이 감광막에 선택적으로 빛을 쪼여줄 차례입니다. 이를 위해 광원과 기판 사이에 빛의 통과 부위를 구분해주는 '빛가림판'을 설치합니다. 이 가림판은 투명한 세라믹 재질로 되어 있지만, 한

라인과 도랑 패턴 형성 과정

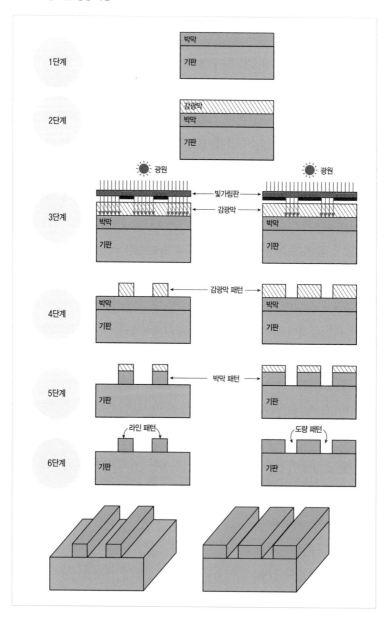

쪽 면에는 빛을 차단하는 금속막이 부분적으로 코팅되어 있습니다. '빛 가림판' 아랫면의 검정색 부분이 이 금속막입니다. 광원을 켜주면 금속 막이 가로막고 있지 않는 감광막 부분만 빛에 노출되어 변성됩니다. 이를 바꾸어 말하면 금속막 배치 형상대로 변성되지 않은 감광막의 영역이 만들어진다고 할 수 있습니다. 이 단계는 빛에 노출시키는 과정이어서 '노광(expose)'이라고 합니다.

다음은 4단계입니다. 노광된 기판 표면을 특수한 액체로 씻어내면 빛에 노출되어 변성된 부분만 선택적으로 녹아 나옵니다. 이렇게 되면 감광막 자체의 패턴이 만들어집니다. 이 과정을 '현상(develop)'이라고 합니다.

5단계는 감광막 패턴 형상을 하지막에 전사시키는 공정입니다. 박막 재료와 결합하여 기화되는 특수 가스를 기판 표면으로 보내주어 '식각(etch)'이 일어나게 합니다. 감광막에 덮인 부위의 박막은 식각 가스로부터 보호되나 나머지는 모두 제거됩니다. 이 공정을 통해 박막 패턴이 조성됩니다.

6단계는 마무리입니다. 식각이 완료되어도 감광막의 일부가 남습니다. 이 잔류물은 더이상 필요치 않기 때문에 제거해줍니다. 그러면 최종적으로 왼쪽 맨 아래 그림과 같은 라인 형상이 완성됩니다.

그림의 오른쪽 일련 과정에 도시되어 있는 도랑을 만드는 방법 역시 라인을 제조하는 것과 개념은 동일합니다. 다만, 이 경우는 감광막의 열린 곳이 식각된 형상, 즉 음각 패턴이 공정의 목적이 됩니다. 이 과정의 설명은 동일 내용의 반복이니 생략하겠습니다. 여러분이 직접 그림을 따라가며 생각해보기 바랍니다.

감광막 도포부터 노광을 거쳐 현상까지 진행하면 감광막 자체의 패턴이 형성됩니다. 이 2, 3, 4단계의 일련 과정을 '포토리소그래피(photoli-thography)' 공정이라고 부릅니다. 'photo'는 빛이고, 'lithography'는 '돌판에 새긴다'는 뜻이므로 '빛으로 패턴을 새긴다'는 의미입니다. 그리고 이어서 수행되는 식각과 감광막 제거 과정인 5, 6단계를 통칭하여 '식각(etch)' 공정이라고 합니다.

집적 회로의 제조 공정에서 모든 단계가 다 잘 수행되어야 하지만, 최우선으로 중요한 것이 포토리소그래피입니다. 이 공정에서 감광막의 미세 패턴이 뚜렷하고 견고하게 형성되어야 하지층 패턴으로 정교하게 전사될 수 있습니다. 그런데 집적 회로 패턴이 초고미세화 방향으로 가면 갈수록 포토리소그래피 공정이 어려워집니다. 패턴이 선명하게 드러나지 않기도 하고, 라인 일부가 뭉개지거나 끊어지기 쉽습니다. 따라서 포토리소그래피는 초미세 패턴의 형상을 규정짓는 핵심 공정이라 할 수 있습니다. 물론 이어지는 식각 공정의 중요도와 난이도도 높기는 마찬가지입니다만, 중요도 순서 측면에서는 포토리소그래피가 먼저입니다. 포토리소그래피와 식각 공정의 자세한 내용은 이 책 후반부의 별도의 장에서 다룰 예정이니 조금만 기다려주기 바랍니다.

이 정도로 집적 회로 건축의 기초 교육을 마무리하겠습니다. 익힌 지식을 바탕으로 곧 이어지는 DRAM 셀의 건축에 참여해봅시다. 2차원 그림을 많이 동원할 텐데, 머리로는 3차원 형상을 상상하며 따라오기 바랍니다. 조금은 어렵게 느껴질 수 있으나 이해하고 나면 보람될 것입니다. 어쩌면 머리가 좋아지는 덤을 누릴 수도 있습니다.

DRAM 건축하기

이제부터 DRAM 셀의 축조 과정을 아래부터 위층으로 올라가며 각 단계의 그림과 함께 자세히 안내할 예정입니다. 그런데 그 전에 미리 밝힐 두 가지 사항이 있습니다.

하나는 각 층을 이루는 박막의 재료와 성막법에 대해서는 자세히 언급하지 않겠다는 것입니다. 나중에 별도의 장에서 상세히 설명할 예정이기도 하고, 그 많은 내용을 이곳에서 함께 소개하면 설명이 너무 장황해져서 오히려 축조법 이해에 방해가 될 수 있기 때문입니다.

다른 하나는 각 층의 패턴을 형성하기 위한 포토리소그래피와 식각 공정의 구체적인 단계도 생략하겠다는 것입니다. 층층이 집적해 나가는 과정에서 각 층마다 이 공정들이 계속 등장해야 하는데, 이미 앞에서 패턴 형성 과정을 알아보았기 때문에 동일한 내용을 반복해서 다룰 필요는 없습니다. '포토리소그래피와 식각 공정을 이용하여 만들었다'는 식으로만 언급하겠습니다. 물론 이렇게 하는 이유도 설명의 복잡함을 피하기 위함입니다. 이번 장에서는 층이 쌓여서 소자의 모양이 갖추어져 가는 과정에만 집중하며, 현재의 목적은 집적 회로의 큰 틀을 이해하기 위함임을 상기하기 바랍니다.

자, 그럼 DRAM 셀 건축을 시작하겠습니다. 앞 절(130쪽)의 DRAM 셀 단면 모식도에 표기된 ⓑ, ❶, ❷, ❸은 각 층을 나타냅니다. 이를 염두에 두고 전개되는 내용을 따라가 봅시다. 우선 기준이 되는 지점은 아무 공정도 수행되지 않은 상태의 초기 실리콘 기판 표면입니다. 건축에 비유하면 건축물이 놓일 지표면입니다. 기판 표면을 기준으로 ⓑ는

지하층을 ❶, ❷, ❸은 지상층을 의미합니다. 지하층부터 위층으로 올라가며 각 층이 어떻게 만들어지는지 설명하겠습니다.

지하층 만들기

여태까지 MOS 트랜지스터를 다룰 때 하나의 트랜지스터만 예시하여 언급했습니다만, 당연히 DRAM 셀 안에는 무수히 많은 트랜지스터들이 일정한 간격으로 정렬되어 있습니다. 그런데 이것들이 매우 촘촘하게 배열되어 있기 때문에 특별한 조치를 취하지 않으면 이웃하는 두 트랜지스터가 전기적으로 연결됩니다. 즉, 앞 트랜지스터의 드레인과 뒤 트랜지스터의 소스가 붙는 지경이 됩니다. 이 문제가 발생하지 않도록 다음 그림의 네모 점선에 그려 넣은 것과 같이 MOS 트랜지스터 사이 경계 지역을 만들어 서로 구분합니다.

여기서의 구분은 전기적인 분리를 의미하는데, 각 트랜지스터 간 일정 부위를 기판 표면으로부터 수직으로 파내고 그곳에 절연체를 매립

이웃하는 두 개의 MOS 트랜지스터

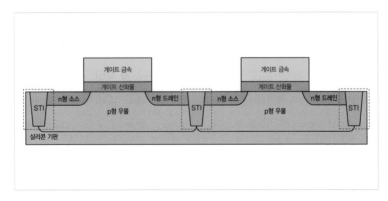

하는 방법을 사용합니다. 이러한 작업을 분리(isolation) 공정이라고 합니다. 좀 더 구체적으로는 네모 점선 안에 표기한 것과 같이 'STI(Shallow Trench Isolation)' 공정이라고 부릅니다. 이 이름이 의미하는 바는 얇은 도랑을 파고 거기에 절연체를 채움으로써 각 트랜지스터를 전기적으로 분리 고립시킨다는 것입니다.

ⓑ층은 실리콘 기판 표면 밑에 있습니다. 건축물로 치면 지하층에 해당합니다. STI 공정을 포함한 ⓑ층 조성을 설명하기 위해 다음 쪽 그림의 순서를 따라가겠습니다. 여기서부터는 동일한 그림의 중복이기에 굳이 두 개의 트랜지스터를 나타내지 않고 하나만 표기하겠습니다. 그렇더라도 기판 좌우에 배치된 STI 너머에 동일한 트랜지스터가 있다고 여기기 바랍니다.

STI 공정은 MOS 트랜지스터를 만들기 전에 시행합니다. 즉, 초기 실리콘 기판에 가장 먼저 실시하는 공정입니다. STI를 만들기 위해서는 실리콘 기판을 파내야 하는데, 이는 건축물을 올리기 전 땅을 파서 지하실을 만드는 행위와 유사합니다.

우선 그림(a) 상태의 초기 실리콘 기판에서 그림(b)와 같이 MOS 트랜지스터가 놓일 자리 양 끝부분에 포토리소그래피와 식각 공정을 이용하여 도랑을 만듭니다. 그림에서는 구멍처럼 보이나 도랑의 형태를 지닙니다. 그런 후에 그림(c)와 같이 절연체로 실리콘 산화물(SiO_2) 박막을 증착하여 도랑 안에 채워 넣습니다. 이때 도랑에만 절연체가 들어가는 것이 아니라 기판 표면에도 박막이 올라갑니다.

도랑과 도랑 사이는 MOS 트랜지스터가 놓일 자리이기 때문에 덮여 있는 절연체를 제거하여 실리콘 기판 표면이 다시 드러나게 해야 합니다. 기판 표면을 정밀하게 연마하는 방식을 사용하여 절연체를 도랑 부

STI 형성 과정

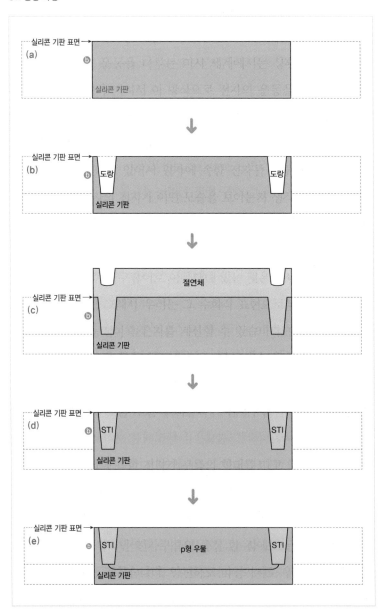

위만 남기고 기판 표면으로부터 모두 제거합니다. 이 과정을 통해 트랜지스터 간 전기적 분리 역할을 하는 STI가 그림(d)와 같이 완성됩니다. 참고로, STI 사이의 실리콘 부위를 '활성 영역(active area)'이라고 부릅니다. MOS 트랜지스터가 위치하고 이를 통해 능동적 기능이 발휘되는 부위라서 그런 이름이 붙었습니다.

지하층 공사에 아직 한 공정이 더 남았습니다. 활성 영역 아래 부분의 실리콘을 그림(e)처럼 p형 반도체로 만드는 작업입니다. 앞장에서 MOS 트랜지스터의 원리를 설명할 때 실리콘 기판 자체가 이미 p형 반도체라고 설정했는데, 이는 MOS 트랜지스터 설명을 단순하게 하기 위해 그렇게 했던 것이고, 실제로는 p형 반도체를 만들기 위한 공정을 별도로 실시해야 합니다. 이를 위해서 p형 불순물에 해당하는 붕소(B)를 주입하고 적절한 온도와 시간 동안 열을 가하여 기존의 기판 실리콘을 p형으로 변화시킵니다. 양쪽 STI 사이에 걸쳐서 깊은 위치까지 p형 반도체 영역이 만들어지는데, 이 부위가 우물 같다고 해서 'p형 우물(well)'이라고 부릅니다. 이 공정까지 마치면 지하층이 완성됩니다.

1층 만들기

❶층은 실리콘 기판, 즉 지표면 위로 건축물이 올라가기 시작하는 첫 층입니다. 이번 층에 집적 회로에서 가장 중요한 소자인 MOS 트랜지스터가 위치하게 됩니다. 우선 게이트 산화물로 실리콘 산화물인 SiO_2 박막을 아주 얇게 만들어야 합니다. 직접 박막을 증착하는 방법을 사용할 수도 있고, 실리콘 기판 표면에 이미 실리콘이 있기 때문에 이를 활용하기도 합니다. 후자의 경우 열을 가한 채 산소만 표면으로 보내주어

실리콘과 산소를 반응시킴으로써 실리콘 산화물인 SiO_2가 형성되게 하는데, 이러한 방법을 산화 공정이라고 합니다.

다음은 실리콘 산화막 위에 게이트 전극을 올릴 차례입니다. 게이트 전극 물질로는 주로 텅스텐(W)이 사용되는데, 박막 증착 기술을 사용하여 게이트 산화막 위에 입혀줍니다. 이로써 그림(f)처럼 일단 ❶층에

MOS 트랜지스터 축조 과정

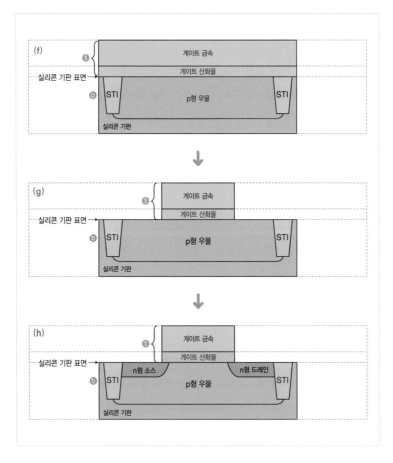

                                                  친절한 반도체

해당하는 물질은 다 올라간 상태가 됩니다. 이제 게이트 전극 라인 패턴을 만들 순서인데, 이 역시 포토리소그래피와 식각 공정을 사용하여 필요한 부분만 남기고 나머지 부분은 모두 제거하여 그림(g)와 같이 게이트 라인을 완성합니다.

마지막으로 소스와 드레인을 만들 차례입니다. 이들은 게이트 선을 중심으로 좌우 대칭 형태를 띠고 있습니다. 실리콘 기판 표면 아래에 있기 때문에 지하층으로 볼 수 있으나 게이트 선 형성 이후에 수행하는 공정이기에 1층에 해당하는 것으로 간주하겠습니다. 소스와 드레인 형성은 그림(h)처럼 기판 표면 얇은 부위를 n형으로 변성시키는 방법을 사용합니다. 소스와 드레인 부위만 n형 불순물에 해당하는 비소(As)를 과량으로 주입해서 만듭니다. 이렇게 p형 우물에 국부적으로 n형 실리콘을 만들어 줌으로써 p-n 접합이 형성되고, 그 덕분에 n형 실리콘인 소스와 드레인 부위에 이동 전자를 가두어 놓을 수 있습니다. 여기까지 건축을 진행하면 MOS 트랜지스터가 완성됩니다.

2층 만들기

이번 층은 MOS 트랜지스터 위로 커패시터가 올라갈 자리를 마련해줌과 동시에 트랜지스터와 커패시터 사이의 전기적 절연을 확보해주는 역할을 합니다. 이 때문에 절연체인 실리콘 산화물을 이곳에도 적용합니다.

여기서 잠깐, 앞에서 지하층 STI 절연체도 실리콘 산화물이고 게이트 산화물도 마찬가지였습니다. 이렇게 집적 회로에서 전기적 절연이 필요한 곳에는 거의 예외 없이 실리콘 산화물을 적용합니다. 다른 좋은 절연 재료들이 존재하지만 특별히 실리콘 산화물을 선택하는 이유는, 기판 물질인 실리콘과의 정합성이 우수하고 박막으로 구현이 비교적 쉽기 때문입니다. 실리콘 산화물을 곳곳에 사용하는 것이 얼핏 생각하면 단순해 보이지만 그렇지 않습니다. 적용하는 위치에 따라 하지 패턴의 형상이 다르기 때문에 이에 대응하기 위한 증착 방식도 제각각으로 복잡한 양상을 띱니다.

❶층에 비하여 ❷층을 만드는 상황은 다른 점이 있습니다. ❶층을 만들 때는 바닥면이 평평했습니다만, ❷층을 만들려니 게이트 라인 패턴 때문에 바닥이 울퉁불퉁합니다. 패턴이 그대로 남아 있는 바닥에 층을 쌓으면 아래층으로부터 전사된 굴곡이 생기고, 층이 계속 쌓여갈수록 굴곡이 증폭되어 구조물을 올리는 것이 불가능해집니다. 그래서 층을 만든 이후에 굴곡을 없애주는 평탄화 작업을 꼭 해야 합니다.

이와 같은 층을 만들 때는 다음의 그림(i)처럼 후속 평탄화 작업을 감안하여 실리콘 산화물 박막을 다른 층보다 훨씬 두껍게 증착합니다. ❶층의 게이트 라인 패턴 이외의 빈 곳을 다 채우고도 한참 넘치게 막을 입힙니다. 그래도 실리콘 산화물 상부 표면에는 아래층으로부터 전사된 굴곡이 남습니다. 이를 제거하기 위해서 ❷층의 일부를 평평하게 갈아내어 그림(j)와 같이 층을 완성합니다.

사실 ❷층은 '1 트랜지스터 + 1 커패시터' 기능 관점에서는 없어도 됩니다. 그래서 이 장의 맨 앞에 제시한 단순 '1 트랜지스터 + 1 커패시터' 연결 구조물 그림에서는 이 부분을 표기하지 않았습니다. 하지만 집적 회로를 만드는 과정에서 개별 소자와 소자 사이를 빈 공간으로 남겨둘 수도 없는 노릇이고, 이러한 절연층이 없으면 후속 층을 올리는 것이 불가능합니다. 따라서 박막의 적층과 패턴 형성의 반복을 통해 집적 회

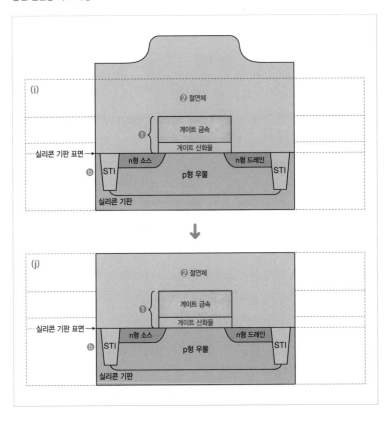

로가 구축되는 과정에서 각 단위 소자들과 전기 도선을 제외한 나머지 부분은 절연체인 실리콘 산화물로 채웁니다.

수직 배선 만들기

다음으로 ❸층에 해당하는 커패시터를 올려야 하는데 그 전에 할 일이 있습니다. 커패시터의 하부 전극과 MOS 트랜지스터의 드레인이 전

수직 배선 형성 과정

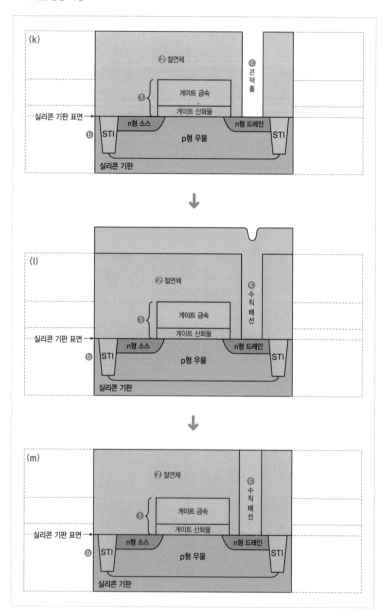

기적으로 연결되도록 수직 금속선을 미리 만드는 것입니다. 이것 없이 커패시터를 만들면 MOS 트랜지스터와 커패시터 사이가 전기적으로 단절되어 회로가 구성되지 않습니다.

수직의 금속선이 위치할 곳은 앞 그림의 ⓒ 부분입니다. ⓒ는 층을 지칭하는 것이 아니라 ❶층과 ❷층을 관통하는 구멍입니다. 이러한 구멍을 '콘택홀(contact hole)'이라고 부릅니다. 이 또한 패턴의 일종이기 때문에 포토리소그래피와 식각 공정을 사용하여 그림(k)처럼 구멍을 만듭니다.

콘택홀 형성 이후에 그림(l)과 같이 수직 배선용 금속 박막을 증착합니다. 이때도 텅스텐(W)을 사용하는데, 콘택홀 내부가 텅스텐으로 꽉 채워지도록 공정을 수행합니다. 콘택홀 안에 매립된 금속만 필요하므로 ❷층 절연체 윗부분의 금속막은 모두 제거해야 합니다. 이 경우에도 연마법이 사용되는데, 금속막의 제거와 동시에 평탄화가 이루어져 그림(m)과 같은 기둥형 수직 배선이 완성됩니다.

3층 만들기

건축물의 마지막 층입니다. 우선 다음 쪽의 그림(n)과 같이 하부 전극, 유전체, 상부 전극 박막을 차례로 증착합니다. 상하부 전극 재료로는 티타늄 질화물(TiN)이, 유전체로는 지르코늄 산화물(ZrO_2)이 주로 사용됩니다. 이 역시 포토리소그래피와 식각 공정을 적용하여 그림(o)처럼 양각의 패턴으로 커패시터를 제작합니다. 여기까지 공정을 마치면 '1 트랜지스터 + 1 커패시터'의 건축물이 완성됩니다.

사실 트랜지스터와 커패시터 사이에도 층이 더 있고, 이후에도 여러

커패시터 축조 과정

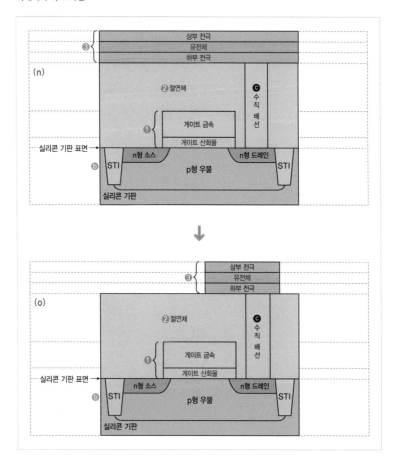

금속 배선층들이 있습니다만, 논의를 간단하게 하기 위해 '1 트랜지스터 + 1 커패시터' 구조로만 한정하고 축약해서 건축법을 살펴보았습니다. 생략된 층들도 앞의 예시에서 설명한 것과 같이 박막 적층 그리고 포토리소그래피와 식각 공정을 반복 시행하여 만들기 때문에 기본적인 구축 방법은 동일합니다.

친절한 반도체

DRAM 건축 양식의 변천사

앞장에서 DRAM 셀의 최소 구성 요소인 '1 트랜지스터 + 1 커패시터' 축조를 예시로 집적 회로 건축법을 설명했습니다. 여기서 다룬 DRAM 셀의 구조는 집적도 측면에서 가장 기본적인 것이며, 적용된 박막 재료도 최소한도로 제시했습니다.

하지만 현재 양산되거나 개발 중인 DRAM의 모습은 앞장의 것과 사뭇 다릅니다. MOS 트랜지스터에서 커패시터로 연결되는 기본 구성은 동일하지만 패턴 크기의 감소와 각 소자의 형태 변화가 상당합니다. 이는 칩 면적을 감소시켜 기판당 생산되는 칩의 수를 극대화함으로써 높은 생산성을 달성하려는 의도와 깊게 연결되어 있습니다.

칩 면적을 감소시키기 위해서는 우선 각 구성 소자의 패턴 크기를 줄일 수 있는 신기술이 필요합니다. 하지만 미세 패턴 기술에 의한 단순 크기 감소만으로 칩 축소를 온전히 달성하기는 어렵습니다. 각 개별 소자는 크기 감소에 따라 특성의 열화가 필연적으로 수반되기 때문입니다. 소자 크기의 감소에도 불구하고 요구되는 특성을 유지하기 위해서는 재료와 공정, 그리고 아키텍처의 변경이 필요합니다.

신소재 공정과 새로운 아키텍처의 적용은 상호 보완적이며 어느 하나도 소홀히 할 수 없습니다. 신소재의 적용만으로 돌파하기 어려운 문제를 아키텍처의 변경으로 해결할 수 있기도 하고, 새로운 아키텍처 구현이 성공하려면 신공정이 전제되어야 하는 경우가 대부분이기 때문입니다.

초고집적화 기술의 발전과 더불어 MOS 트랜지스터와 커패시터 모두 아키텍처가 변화되어 왔습니다. 이는 건축물의 건축 양식이 시대를 거치며 진보해온 것에 비유할 수 있습니다. 주거 기능과 아름다움을 추구하는 건축과는 달리 반도체 소자의 아키텍처 변화는 칩 축소를 위한 처절한 노력의 산물입니다. 이 과정에서 소자의 기능 저하 문제를 어떻게 극복해 왔는지 알아보겠습니다.

셀 트랜지스터 건축 양식의 변천사

우선 MOS 트랜지스터부터 이야기해 보겠습니다. MOS 트랜지스터는 게이트 전압 인가 여부로 소스와 드레인 간 전자의 이동을 제어하는 기능을 합니다. 다음의 그림을 봅시다. 왼편 그림이 기존 MOS 트랜지스터인데, 게이트 전극 선폭을 줄이고 소스와 드레인의 크기도 낮추어서 오른편 그림과 같이 축소된 트랜지스터를 만들었다고 합시다. 왼편에서 게이트 라인과 소스 또는 드레인이 겹치는 부분인 점선 원을 주목하기 바랍니다.

친절한 반도체

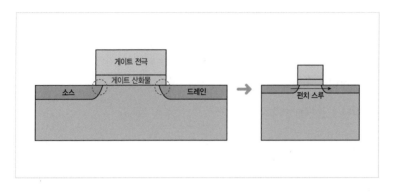

MOS 트랜지스터 게이트 선폭의 축소에 의한 단채널 효과와 펀치 스루 현상

소스와 드레인은 게이트 라인 패턴을 조성한 후에 실리콘 기판 표면을 n형으로 변성시켜 만듭니다. n형 불순물인 비소(As)를 주입하고 열을 가하여 적절한 깊이까지 퍼져 나가게 하는데, 이때 비소는 깊이 방향으로만 확산하는 것이 아니라 수평 방향인 게이트의 채널 쪽으로도 일정 부분 침투합니다. 이 수평 방향 확산은 바람직하지 않은 현상이지만, 이를 완벽하게 막을 방법은 없으며 최대한 줄이는 수밖에 없습니다.

게이트 전압 인가 시 채널이 잘 형성되어 소스와 드레인 간 원활한 통전이 일어나는 것만큼이나 게이트 전압이 없을 때 두 극 간 단전도 중요합니다. 즉, MOS 트랜지스터의 켜짐과 꺼짐이 확실히 구분되어야 한다는 말입니다. 이를 위해 소스와 드레인 간 거리, 즉 채널의 길이를 최소치 이상으로 확보하는 것이 필수적입니다.

MOS 트랜지스터를 축소하면 게이트 라인의 폭이 줄어들기 때문에 채널 길이의 감소는 원천적으로 피할 수 없습니다. 더욱이 소스와 드레인이 작아져도 측면 퍼짐은 어느 정도 발생하기 마련입니다. 게이트 라인 폭을 줄여가다 보면 소스와 드레인이 너무 가까워져서 게이트 전압이 인가되어 있지 않음에도 불구하고 양단 간에 상당한 전기 흐름이 발생하는 상황에 이릅니다. 이는 전혀 원치 않는 현상으로, '단채널 효과(short-channel effect)'라고 하고, 심한 경우에 '펀치 스루(punch-through)'가 발생합니다. 말 그대로 전기가 소스와 드레인 사이를 뚫고 통해버린다는 의미입니다. 이렇게 되면 MOS 트랜지스터는 켜짐과 꺼짐 동작의 구분이 불분명해져서 전자 소자로서 기능을 상실합니다.

그럼 어떻게 이 문제를 극복하면 좋을까요? 게이트 라인 폭의 감소를 수용하면서 채널의 길이를 늘리는 방법을 찾는 수밖에 없습니다. 바로 이런 지점에서 아키텍처의 변경을 고심하게 됩니다. 게이트 구조를 바꾸어 문제를 해결했는데, 구조의 변화 과정은 다음의 그림과 같습니다.

두 번째와 세 번째 그림에서 알 수 있듯이 게이트가 놓일 실리콘 부분을 도랑처럼 파내어 채널의 길이를 충분히 확보하는 방법을 사용합니다. 게이트 산화막은 도랑 모양의 실리콘 표면을 따라 균일한 두께로 형성시키고 전극은 매립하여 게이트를 만듭니다. 이렇게 되면 소스와 드레인 간 길이가 충분히 늘어나는 효과가 있습니다. 혹시 전자가 지나

게이트 구조의 변화 과정

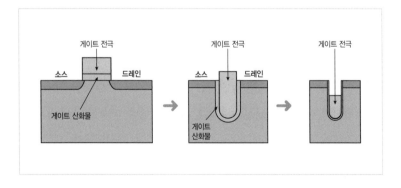

갈 길이 아래로 내려갔다 위로 올라가는 형국이 되어 전자의 움직임이 어려워질까 봐 걱정하는 분이 계실지 모르겠는데, 전자는 중력의 영향을 받지 않기 때문에 걱정하지 않아도 됩니다.

두 번째 그림과 세 번째 그림에는 차이점이 있는데, 그것은 게이트 전극의 높이입니다. 두 번째 그림에서는 전극이 아래로 묻힘과 동시에 위쪽으로도 어느 정도 솟아 있습니다만, 세 번째 그림에서는 게이트 전극이 통째로 실리콘 기판 밑으로 매립되어 있습니다. 이렇게 되면 두 번째 그림에 비해 게이트 전극의 단면적이 훨씬 줄어들어 전기 저항이 높아지고, 이에 따라 MOS 트랜지스터의 동작 속도에 부정적 영향을 끼칩니다. 그럼에도 불구하고 이 책의 기술적 범위를 넘어서는 어떤 이유로 전극을 소스와 드레인보다 낮게 형성시킵니다. 이러한 게이트 형상을 '매립형 게이트(buried gate)'라고 부르며, 현재 양산되는 DRAM은 이 구조를 채택하고 있습니다. 게이트 모양이 수평에서 수직 방향으로 변경되었기 때문에 2차원에서 3차원 구조로 변화되었다고도 표현합니다.

여기서 한 가지 추가로 언급하고 싶은 것이 있는데, DRAM뿐만 아니라 시스템 반도체에서도 MOS 트랜지스터가 2차원 평면에서 3차원의 복잡한 구조로 진화되어 왔다는 것입니다. DRAM에서는 아래 방향 3차원 모양으로 변화되었지만 시스템 반도체에서는 위 방향 3차원 구조로 발전되어 온 것에 차이가 있으며, 문제 해결을 위한 전략 또한 다릅니다. 특히 시스템 반도체에서는 MOS 트랜지스터 아키텍처의 진화가 집적 회로 성능을 대변할 정도로 중요한데, 이에 대한 이야기는 별도의 장에서 할 예정입니다.

셀 커패시터 건축 양식의 변천사

MOS 트랜지스터는 전하 공급을 제어하는 스위치 기능을 하고, 커패시터는 전하 저장소 역할을 합니다. 커패시터의 전기 용량이 클수록 DRAM의 정보 저장 능력이 좋아지는 셈이기 때문에 전기 용량을 최대한 늘릴 필요가 있습니다. 커패시터의 전기 용량을 논하기 위해 기본 식을 다시 소환하겠습니다.

$$C = \varepsilon_0 k \frac{A}{t}$$

여기서 C는 전기 용량, ε_0는 자유 공간에서의 유전율, k는 유전 상수, A는 전극의 면적, t는 전극 간의 거리를 나타냅니다. 이 식을 우리말로 번역하면 "전기 용량은 커패시터의 전극 면적에 비례하고, 전극 간 거리에 반비례하며, 유전체의 유전 상수에 비례한다."입니다.

이 문장을 주의 깊게 살펴보면 DRAM 커패시터의 전기 용량을 늘리기 위한 방법이 암시되어 있는 것을 알 수 있습니다. 바꾸어 표현하면 이렇게 됩니다. "커패시터의 전기 용량을 늘리려면 ❶ 커패시터 전극의 면적을 늘리거나 ❷ 전극 간의 간격, 즉 유전체 박막의 두께를 줄이거나 ❸ 유전 상수가 큰 물질을 유전체로 사용하면 된다."입니다. ❶번은 커패시터의 모양과 관련이 있고 ❸번은 유전체 물질의 선택에 달려 있으며 ❷번은 두 가지 모두와 상관있습니다. 물론 어느 방법 하나만 추구하는 것이 아니라 세 가지를 모두 동원합니다.

한편 이제까지 커패시터의 성능은 전기 용량의 확보 관점에서만 기술

친절한 반도체

했습니다만, 이와 더불어 중요시되는 요구 특성이 하나 더 있습니다. 그것은 '누설 전류의 최소화'인데, 여기서 말하는 '누설 전류'가 무엇인지, 그리고 이것이 커패시터에 어떤 영향을 끼치는지 설명을 좀 하겠습니다. 우선 다음의 그림을 봅시다.

이 그림은 박막형 커패시터를 단순하게 표현한 모식도입니다. 우리는 여태까지 암암리에 유전체가 완벽한 절연체인 것으로 가정했습니다만, 사실 그렇지 않습니다. 제아무리 우수한 절연체라도 미약하게나마 전기가 통합니다. 이에 따라 그림과 같이 커패시터에 전하를 저장해 놓아도 유전체를 가로질러 약간의 전류가 발생하여 시간이 경과하면 저장된 전하가 커패시터 내부에서 소실되는 현상이 생깁니다. 이러한 전류를 '누설 전류'라고 합니다. 명칭은 같지만 트랜지스터의 소스와 드레인에서 발생하는 누설 전류와는 다른 것이니 구별하기 바랍니다.

DRAM 커패시터에 전하를 저장해 놓아도 이 누설 전류 때문에

박막형 커패시터의 누설 전류

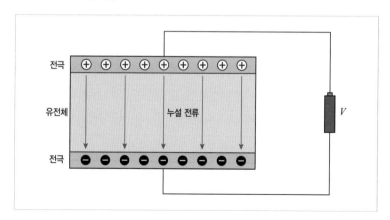

전하가 금방 사라집니다. 그래서 DRAM에서는 짧은 시간 간격을 두고 충전되어 있는 커패시터를 반복해서 충전해주는 기능이 있습니다. 이를 '커패시터를 회복시켜준다'는 의미에서 '리프레시(refresh)'라고 합니다. 따라서 커패시터에 요구되는 최소 전기 용량은 리프레시 이전까지 남아 있는 전하에 의한 정보 인식이 가능할 정도는 되어야 합니다. 커패시터의 이러한 성질 때문에 컴퓨터의 전원이 꺼지면 리프레시를 할 수 없어서 DRAM에 들어 있던 모든 정보가 사라집니다. 그래서 DRAM을 휘발성 메모리라고 하는 것입니다.

누설 전류 이야기는 이 정도로 하고 이번 장에서는 DRAM 아키텍처의 발전을 다루고 있으므로 커패시터의 면적 확보 측면에서 나머지 이야기를 이어 나가겠습니다.

DRAM 칩 축소와 함께 커패시터의 면적은 필연적으로 줄어들기 때문에 전기 용량의 감소는 피할 수 없습니다. 앞의 MOS 트랜지스터의 경우와 마찬가지로 이 경우에도 커패시터의 수평 크기 축소를 수용하면서 아키텍처 변경으로 돌파구를 찾게 됩니다. 결론부터 말하면, 이번에도 답은 바로 3차원 커패시터로 전환하는 전략을 추구하는 것입니다.

2차원에서 3차원으로의 구조 변화를 다음의 그림에 나타내었습니다. 커패시터의 모양은 하부 전극 구조에 의해 결정되고 유전체와 상부 전극 박막은 그 형상을 따라가기 때문에 커패시터의 면적은 하부 전극에 좌우됩니다. 여기서는 면적 변화에 중점을 두려 하기에 하부 전극만 도시했습니다. 또한 커패시터 간 간격도 고려할 필요가 있어 이웃하는 두 개의 하부 전극을 한 그림에 같이 그려 넣었습니다.

DRAM 셀 면적이 줄어든다 함은 커패시터의 크기와 간격이 동시에 감소한다는 것을 의미합니다. 왼편 그림은 2차원 평판형 구조인데, 이

2차원에서 3차원으로 캐피시터 하부 전극의 구조 변화

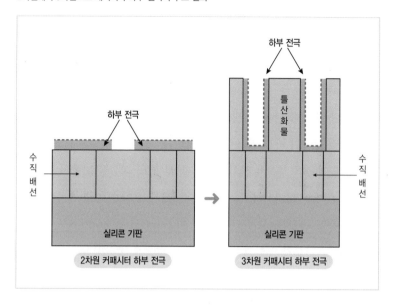

우하는 전극이 맞닿지 않도록 수평 면적이 제한되므로 근본적으로 전극 면적을 확대시킬 수 있는 방법이 없습니다.

오른편 그림은 3차원 커패시터로서 컵과 같은 모양입니다. 그림을 지면에 나타내었기 때문에 U자 형태로 보이지만 실제로는 컵 모양입니다. 이 그림에서 이해를 돕기 위해 커패시터 면적으로 작용하는 부위를 점선으로 표시했습니다. 2차원에 비하여 3차원에서는 컵 모양의 내부 전체 표면을 사용하기 때문에 커패시터의 면적이 획기적으로 증가합니다. 더욱이 컵의 높이를 높일수록 면적은 더 확대됩니다.

2차원 커패시터는 앞장에서 소개한 것과 같이 MOS 트랜지스터를 덮고 있는 절연막 바로 위층에 만들지만, 3차원 구조는 컵 모양의 커패시터가 위치할 절연층이 하나 더 필요하고 이에 따른 추가 공정이 소요

됩니다. 이번에도 절연체로 실리콘 산화물이 사용됩니다. 실리콘 산화물을 컵형 커패시터의 높이에 해당하는 두께만큼 증착한 후 이를 관통하여 수직 배선 바로 위로 원형 구멍을 뚫습니다. 앞장에서 포토리소그래피와 식각 공정을 사용하여 콘택홀을 형성하는 과정과 동일합니다. 다만, 콘택홀보다는 직경이 큰 구멍을 형성시킵니다. 구멍 형상을 따라 하부 전극 박막을 증착하고 산화물 상부 표면의 전극만 선택적으로 제거하여 컵 모양의 하부 전극을 완성합니다.

이렇게 적용된 실리콘 산화물층은 하부 전극 형상을 만들기 위한 틀 역할을 한다는 의미에서 '틀산화물'이라고 부릅니다. 또는 3차원 커패시터가 놓일 산화물이라는 뜻으로 '커패시터 산화물'이라고도 합니다. 그림에는 표기하지 않았지만 하부 전극 위에 유전체 박막과 상부 전극 박막을 연속적으로 증착하여 커패시터를 완성합니다.

그런데 컵형 구조가 3차원 구조의 마지막이 아닙니다. 칩 축소에도 불구하고 최소한도 이상의 전기 용량을 확보하기 위해 커패시터의 높이를 점점 더 높여가다가 어느 상황에 이르면 한계에 부딪치게 됩니다. 틀산화막이 과도하게 두꺼워지면 이에 따라 뚫어야 할 커패시터 홀이 너무 깊어져서 제대로 된 구멍 형상을 만들기 어렵습니다. 그래서 생각해낸 것이 틀산화물을 제거하고 컵의 외부 면이 드러나게 하여 이 부분도 커패시터의 면적으로 사용하는 방안입니다. 이러한 형태를 '실린더형'이라고 하는데, 다음의 두 번째 그림과 같습니다.

이 방법을 사용하면 커패시터의 높이를 제한하면서도 면적을 큰 폭으로 증가시킬 수 있습니다. 그런데 이 구조의 치명적인 단점이 있습니다. 커패시터가 수직 방향으로 서 있으면서 의지할 곳이라고는 실린더 바닥의 좁은 면적뿐입니다. 구조적으로 매우 불안정하여 실린더가 쉽

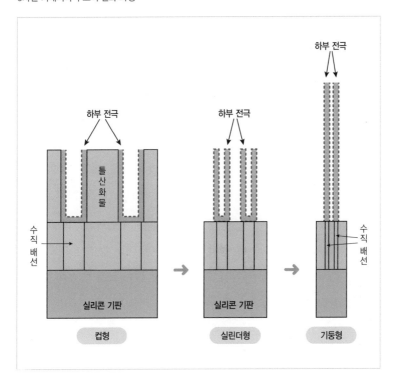

하부 전극

하부 전극

하부 전극

틀산화물

수직배선

실리콘 기판

실리콘 기판

수직배선

컵형

실린더형

기둥형

게 떨어져 나옵니다. 그래도 이를 방지하는 기술이 있는데, 각 실린더 사이에 구름다리 같은 것을 만들어 서로 붙잡아줌으로써 구조적 불안 정성 문제를 해결했습니다.(그림에서 이 부분은 표기하지 않았습니다.)

칩 축소가 더 극한적으로 줄어들면 실린더형 구조에도 문제가 발생 합니다. 이 구조가 커패시터 면적 확대에 유리하지만 다른 측면에서 장 애 요인이 나타납니다. 하부 전극 형상을 따라 유전체와 상부 전극 박 막을 연속으로 증착해야 하는데, 실린더 내부 폭이 너무 좁아져서 유전 체와 상부 전극 박막을 넣기 어려울 정도가 됩니다. 이를 피하고자 하부 전극 모양을 실린더형에서 세 번째 그림처럼 좁고 긴 기둥형으로 변경했습니다. 이렇게 하면 기둥 사이에 유전체와 상부 전극 박막 설치가 가능할 정도로 간격이 확보됩니다. 다만, 실린더형에 비하면 면적 측면에서 불리한 구조이지만 어쩔 수 없습니다. 아이러니하게도 2차원 평판형 구조에서 시작하여 이를 수직 방향으로 길게 늘인 단순 기둥형으로 되돌아온 셈이며, 어떤 면에서 이 구조는 3차원이라기보다 1차원 선형이라고 볼 수 있습니다.

기둥형 구조에 이르러 커패시터 전기 용량 확대를 위한 3가지 방법 중 가장 유용했던 면적 확대 전략의 지위가 약화됩니다. 따라서 나머지 전략인 고유전체 박막의 적용과 이를 매우 얇게 구현하는 것이 상대적으로 중요해졌습니다. 좀 더 정확히 표현하면, 어느 방법 하나가 주된 역할을 할 수 있는 상황은 아니고, 가용할 수 있는 모든 방법을 동원해서 필요한 전기 용량을 조금씩 긁어모으는 방향으로 커패시터의 요구 특성을 맞추고 있다고 말하는 것이 더 적절합니다.

DRAM 건축 완공하기

이제까지 하나의 MOS 트랜지스터와 하나의 커패시터 관점에서만 DRAM 셀의 아키텍처와 건축법을 소개했습니다. 하지만 이들이 정보 저장 기능을 제대로 수행하려면 전기 배선 등 몇 가지 필수 요소들이 추가되어야 합니다. 더욱이 칩 축소가 극한을 향하면서 층과 층 사이에 적층이 가능하도록 미세한 공정들이 많이 도입되어 실제 DRAM의 구조는 매우 복잡한 양상을 띠고 있습니다. DRAM에는 셀만 있는 것이 아닙니다. 대부분의 면적을 셀이 차지하고 있지만 셀과 연계되어 중요한 역할을 수행하는 주변 회로도 한 부분을 담당합니다. 그리고 두 영역의 상부에는 이들을 유기적으로 연결하는 여러 층의 금속 배선이 설치되어 DRAM 전체 구조가 완성됩니다.

이번 장에서는 보다 온전한 DRAM 셀과 전체 칩으로 논의를 확장하려 합니다. 다만, 세세한 공정들을 다 소개할 수는 없기에 꼭 필요한 부분만 추가하여 DRAM을 완성하겠습니다. 비유하면 DRAM 건축의 완공이라 할 수 있습니다.

기회가 있을 때마다 칩 축소에 의한 제품의 생산성 증대가 반도체 기업의 경쟁력 제고에 중요하다는 말을 했습니다. 이는 비단 DRAM에서만 그런 것이 아니며 NAND 플래시 메모리에서도 동일합니다. 또한 시스템 반도체에서도 무시 못할 사안입니다. 이러한 칩 생산성 향상의 연장선상에는 반도체 제조의 기반이 되는 실리콘 기판의 크기도 중요한 위치를 차지합니다. 이에 대한 이야기도 이 장 마지막 부분에서 하겠습니다.

DRAM 셀 구축하기

다음의 그림에 집적도가 낮은 수준의 DRAM 셀을 이에 상응하는 회로도와 함께 도시했습니다. 회로도는 DRAM의 정보 저장 원리에서 트랜지스터와 커패시터의 심벌만 소개했던 것을 배선을 추가하여 확장한 것입니다.

앞장에서 제시한 '1 트랜지스터 + 1 커패시터' 중심의 구조에서 달라지거나 추가된 부분은 세 가지입니다. 우선 가장 단순한 변경부터 이야기하겠습니다. 커패시터를 유심히 들여다보면 두 커패시터의 유전체 박막과 상부 전극 박막이 끊김없이 서로 연결되어 있음을 알 수 있습니다. 각 커패시터의 하부 전극 또는 상부 전극 둘 중 하나만 분리되어도 전기적으로 개별 커패시터로 작동합니다. 이전 장의 그림에서는 둘 다 분리되어 있었지만 하부 전극이 이미 나누어져 있기 때문에 굳이 추가 공정을 들여 유전체와 상부 전극 박막의 분리 패턴을 만들 필요는 없습니다.

두 번째는 추가된 부분입니다. 그림에 두 개의 MOS 트랜지스터를 동시에 그려 넣었습니다. 그런데 이들 사이에는 분리 절연체인 STI가 위치

친절한 반도체

저집적도 DRAM 셀의 단면 모식도(상)와 이에 상응하는 회로도(하)

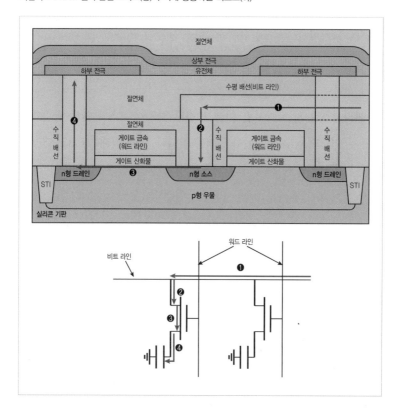

하지 않고 심지어 소스가 하나로 공유되어 있습니다. MOS 트랜지스터
는 게이트 라인을 중심으로 기능적으로 좌우 대칭이기 때문에 소스와
드레인이 어느 편에 있든지 상관없습니다. 왼편 트랜지스터는 게이트를
기준으로 오른쪽에 소스가 있고 오른편 트랜지스터는 왼쪽에 있으면서
두 소스가 하나로 묶여 있습니다. 두 트랜지스터가 소스를 공유하면 칩
의 면적을 줄일 수 있기 때문에 그렇게 합니다. 이런 식으로 실제
DRAM 셀에서 트랜지스터의 구조는 두 개가 한 단위로 반복된 형태를

보입니다. 그렇더라도 이들은 각각 개별적으로 작동합니다.

세 번째 달라진 부분은 공유 소스 쪽으로 연결된 수직 배선과 수평 배선의 추가입니다. 앞에서 커패시터에 정보를 저장할 때 전자가 게이트 밑의 채널을 통과하여 드레인에 연결된 수직 배선을 타고 커패시터 하부 전극에 도달한다고 이야기했습니다. 그런데 소스에 공급하는 전자가 어디서 오는지는 아무런 언급을 하지 않았습니다. 당연히 전원에서 소스로 연결되는 전기 도선이 있어야 합니다. 이를 위해 MOS 트랜지스터와 커패시터층 사이에 이 도선을 수용하는 층이 추가되었습니다. 이렇게 해서 소스쪽 전자 공급 라인이 연결되었으므로 좀 더 온전하게 DRAM 셀의 정보 저장 과정을 전자의 흐름을 따라 설명할 수 있게 되었습니다.

우선 MOS 트랜지스터의 게이트 전극에 양의 전압을 인가합니다. 그러면 게이트에 전자 채널이 형성되고 이 채널 덕분에 소스와 드레인 간 통전이 일어납니다. 이러한 역할을 수행하는 게이트 라인을 '워드 라인 (word line)'이라고 부릅니다. 워드 라인이 트랜지스터의 켜짐과 꺼짐을 제어함으로써 정보를 쓰는, 즉 글을 쓰는 것이기에 이를 비유해 그런 이름이 붙었습니다.

게이트가 열리면 앞쪽 그림에서 숫자가 표기된 화살표 순서를 따라 전자의 흐름이 만들어집니다. 전원으로부터 '비트 라인(bit line)'을 타고 MOS 트랜지스터의 소스에 도달한 전자는 채널을 거쳐 드레인으로 전달되고, 수직 배선을 타고 위로 올라가 커패시터 하부 전극에 분포함으로써 한 단위의 정보가 저장됩니다. '0'과 '1'로 구분되는 정보 단위가 비트(bit)이므로, 정보를 저장하기 위한 전하를 제공하는 배선이라는 뜻에서 이를 비트 라인이라고 부릅니다. 또한 정보를 저장하는 하나의 마

　　　　　　　　　　　　　　　　　　　　　　　친절한 반도체

디라는 뜻에서 커패시터를 '스토리지 노드(storage node)'라고 합니다.

여기서 하나 추가 언급할 사항은 그림 아래쪽 회로도에서 볼 수 있는 바와 같이 워드 라인과 비트 라인이 상호 수직으로 배치되어 있다는 것입니다. 이는 위편 단면 모식도에서 워드 라인은 지면을 뚫고 들어가는 방향으로 뻗어 있고 비트 라인은 지면과 수평하게 좌우 방향으로 연결되어 있는 것에서 확인할 수 있습니다. 한편 그림에서는 좌측 트랜지스터에 한정하여 전자의 흐름을 설명했습니다만, 우측 트랜지스터의 게이트에 전압을 인가한 경우에도 동일한 방식으로 오른편 커패시터에 정보가 기록됩니다.

이렇게 해서 실제에 가까운 DRAM 셀을 인용하여 구체적인 정보 저장 순서를 설명했습니다. 이 과정에서 주요 부위의 전문 용어를 소개했으므로 이들을 사용해서 정보 저장 원리를 간결하게 다시 표현해보겠습니다. 그러면 "워드 라인에 전압을 인가하여 게이트를 켜면(turn-on) 비트 라인으로부터 전자가 공급되어 게이트를 거쳐 스토리지 노드에 충전됨으로써 한 비트의 정보가 저장된다."가 됩니다. 이 한 문장을 이해했다면 여러분은 어느덧 상당한 반도체 지식을 가지게 되었다고 볼 수 있습니다.

위에서 낮은 집적도의 DRAM 셀을 소개했습니다만, 이제 더 현실적인 집적도를 지니는 셀의 모습을 볼 차례가 되었습니다. 다음 쪽 그림에 저집적도와 고집적도의 셀을 비교하여 나타내었습니다. 고집적도 셀에는 각 부위의 면적이 작아 그 명칭을 표기하지 않았습니다만, 저집적도 셀로부터 유추할 수 있습니다. 어떻습니까? 한눈에 보기에도 개별 소자를 3차원 구조로 변경하고 선폭을 줄임으로써 수평 면적을 크게 감소시켰음을 알 수 있습니다.

저집적도와 고집적도 DRAM 셀의 구조 비교

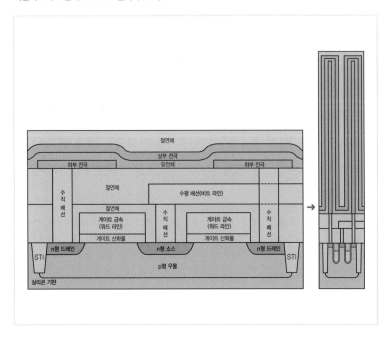

DRAM 건축 완공하기

DRAM의 전체 구조

한 걸음 더 들어가서 DRAM 셀로부터 시야를 넓혀 전체 생김새를
보도록 합시다. 전자 현미경으로 찍은 실제 DRAM 단면 사진을 다음
에 실었습니다. 각 부위의 모습이 일부 선명하지는 않지만 셀, 주변 회
로, 다층 배선의 모든 DRAM 영역이 나타나 있습니다.

DRAM의 각 영역

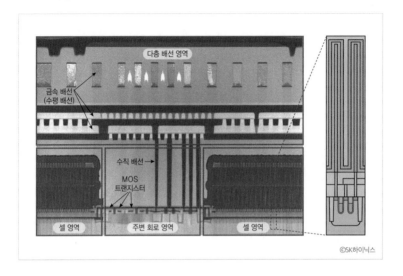

다층 배선 영역

금속 배선
(수평 배선)

수직 배선 →

MOS
트랜지스터

셀 영역   주변 회로 영역   셀 영역

©SK하이닉스

셀에 대한 설명은 앞에서 충분히 했으니 잠시 주변 회로 지역을 살펴
봅시다. 정보를 저장하는 부분이 아니기 때문에 이곳에 커패시터는 없
고 MOS 트랜지스터와 배선만 있습니다. 주변 회로를 달리 표현하면
DRAM에 달려 있는 작은 시스템 반도체라고 할 수 있습니다. 그렇기
때문에 n-MOS와 p-MOS 트랜지스터가 모두 들어 있는 CMOS로 구
성됩니다.

한편 앞에서 셀을 다룰 때 특별히 이야기하지 않았지만 셀에 속한 트
랜지스터는 모두 n-MOS입니다. 셀에서 트랜지스터는 단순히 커패시터
로 흐르는 전자를 단속하는 스위치 역할을 합니다. 스위치의 동작 속도
를 빠르게 하려면 p-MOS보다 n-MOS 트랜지스터가 더 좋은 선택이
됩니다. 양공보다 전자의 이동도가 크기 때문에 n-MOS를 채용합니다.

마지막으로 언급할 부분은 다층 금속 배선입니다. 사진 위쪽 영역에 표기되어 있는 것과 같이 다층 배선은 셀과 주변 회로를 모두 아우릅니다. 당연히 DRAM이 메모리로서 제 기능을 발휘하기 위해서는 셀과 주변 회로가 유기적으로 연결되어야 합니다. 최신 DRAM의 경우 다층 배선은 3층으로 구성됩니다.

여기까지 여러 장에 걸쳐서 DRAM의 건축 양식과 기능을 살펴보았습니다. 그런데 앞쪽에 실린 DRAM 단면 사진을 다시 봅시다. 이는 1장에서 제시했던 것과 동일한 사진입니다. 그때는 이 그림을 전혀 이해할 수 없었을 것입니다. 그렇지만 지금은 어떤가요? 축하합니다! 이제 이 그림이 눈에 들어온다면 여러분의 반도체 실력은 크게 발전했다고 말할 수 있습니다. 이 말은 진심입니다. 반도체 관련 기업에 취업한 분들도 전체 아키텍처를 이해하는 데까지 시간이 꽤 걸립니다. 다양한 업무를 통해 체득한 종합적인 반도체 지식이 필요하기 때문입니다.

세상 모든 전문 분야가 다 그런 속성을 가지고 있듯이, 새로운 것을 처음 접하면 잘 모르겠지만, 관련 지식을 습득하고 나면 그것이 의미하는 바를 알게 됩니다. 이는 마치 우리가 병원에 가서 초음파나 엑스레이(X-ray) 사진을 보면 그림의 형체가 무엇인지 인지하기 어렵지만, 의사 선생님의 설명을 듣고 나면 어느 신체 부위인지 그리고 어떤 상태인지 이해할 수 있게 되는 것과 마찬가지입니다. 이제 여러분이 그렇게 된 것입니다.

웨이퍼의 크기와 생산성

여러 장에 걸쳐 DRAM 건축법을 알아보았으며 완성된 DRAM의 모습을 맛보기도 했습니다. 그런데 여기까지 오면서 하나 빠트린 것이 있

직경에 따른 웨이퍼의 구분

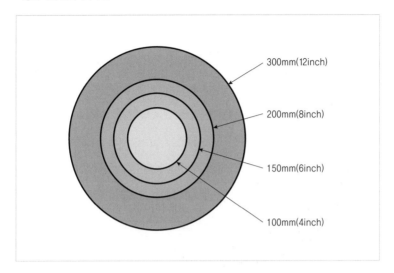

습니다. 집적 회로 건축물이 놓이는 토지에 해당하는 웨이퍼와 칩의 생산성 간의 관계입니다.

웨이퍼는 직경에 따라 구분됩니다. 직경 100mm(4inch), 150mm(6inch), 200mm(8inch), 300mm(12inch) 등의 웨이퍼가 제품화되어 있습니다. 100mm와 150mm 기판은 주로 연구용으로 소모되고, 200mm와 300mm 웨이퍼는 반도체 제조 용도로 사용됩니다. 직경이 mm 단위로 제작되기 때문에 그 단위로 웨이퍼를 구별해야 하지만, 괄호 안에 표기된 것과 같이 각 웨이퍼의 크기와 가장 유사한 길이의 인치(inch) 단위로 호칭하기도 합니다. 부르는 어감이 편해서 인치가 선호됩니다만 정식 명칭은 아닙니다.

아무 것도 없는 초기 웨이퍼에 집적 회로 제조 공정이 수행되어야 비로소 일정한 패턴이 만들어집니다. 다음 쪽의 그림과 같이 모든 공정이

공정이 완료된 웨이퍼, 다이, 칩, 그리고 모듈

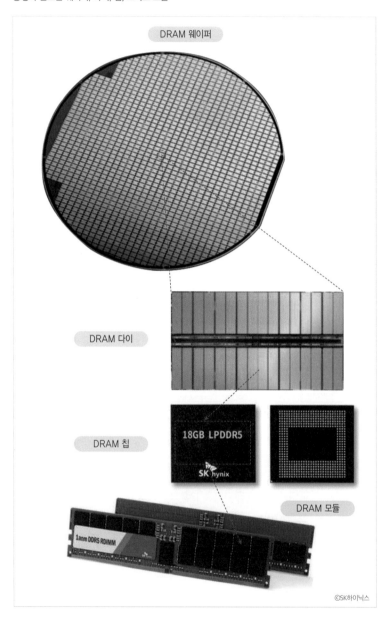

DRAM 웨이퍼

DRAM 다이

DRAM 칩

18GB LPDDR5
SK hynix

DRAM 모듈

1anm DDR5 RDIMM

©SK하이닉스

친절한 반도체

완료된 웨이퍼를 보면 동일한 사각형 패턴이 반복되어 전체 기판을 채우고 있는 것을 알 수 있습니다. 하나의 패턴을 다이(die)라고 부르며, 이 다이를 잘라내어 PCB(Printed Circuit Board)에 장착할 수 있게 패키지(package)를 하면 칩(chip)이 됩니다. 그리고 이 칩들을 소정의 용량에 맞게 모아 한 묶음으로 만들면 메인 보드에 꽂을 수 있는 모듈(module)이 됩니다.

기술이 발전할수록 사용되는 웨이퍼는 커져왔습니다. 원의 면적은 반경의 제곱에 비례하기 때문에 웨이퍼 한 장에 만들어지는 다이 수는 대구경으로 갈수록 가파르게 증가합니다. 직경이 150mm, 200mm, 300mm 순으로 커지더라도 하나의 공정을 진행할 때 소요되는 공정 원가는 비슷합니다. 물론 웨이퍼가 커지면 이를 수용하는 장비도 대형화되고 공정에 들어가는 소재의 양도 많아지기는 하지만, 다이 수 증가분만큼 비용이 더 들어가지는 않습니다. 따라서 대구경 기판을 사용할수록 칩 하나당 소요되는 공정 단가를 낮출 수 있습니다. 현재 양산에 적용되는 가장 큰 웨이퍼의 크기는 300mm(12inch)이며 집적 회로의 종류에 따라 다르지만 DRAM을 기준으로 300mm 웨이퍼 한 장에는 1,000개 이상의 다이가 생성됩니다.

앞장에서 한 다이의 크기를 줄이는 것이 생산성 측면에서 매우 중요하며 이를 위해 아키텍처가 어떻게 변화되어 왔는지 그 과정을 살펴보았습니다. 이는 동일한 크기의 웨이퍼를 기준으로 따진 경쟁력을 의미하는데, 이와 더불어 칩의 생산 단가를 낮추기 위한 방안이 지금 언급한 대구경 웨이퍼의 적용입니다.

따라서 300mm를 넘어 더 큰 웨이퍼를 사용하고자 하는 욕구가 있으며, 실제로 450mm 웨이퍼가 오래전부터 거론되어 왔습니다. 하지만

450mm로 가기 위해서는 모든 공정 장비가 이를 수용할 수 있게 새로 개발되어야 합니다. 이는 어마어마한 자본이 들어가는 일로써 개별 기업이 감당하는 것이 불가능하기에 450mm로의 이행은 답보 상태에 있습니다.

칩 하나의 면적과 웨이퍼의 크기가 반도체 제조 기업의 생산성, 이에 따른 매출과 이익에 큰 영향을 끼칩니다. 특히 DRAM과 NAND 플래시 메모리를 주로 생산하는 메모리 반도체 전문 기업에는 더없이 중요합니다. 당연히 이 기업들은 300mm 웨이퍼를 주력으로 삼고 있으며, 칩 축소 기술 개발에 많은 노력을 기울이고 있습니다.

친절한 반도체

NAND 플래시 메모리의 기억법

비휘발성인 NAND 플래시 메모리의 역사는 DRAM보다 짧습니다. 이전에도 비휘발성 메모리가 있기는 했지만 쓰기와 읽기 횟수에 제약이 많아 한 번 기록해 놓고 읽기만 하는 메모리여서 아쉬움이 많았습니다. 데이터를 수시로 바꾸어 기록해놓고 장기간 보관할 수 있는 집적 회로 형태의 메모리가 필요했는데, 이에 부응하여 등장한 것이 플래시 메모리입니다. 앞으로 보겠지만 NAND 플래시 메모리는 초고집적화가 가능한 형태로 진보하며 비약적으로 발전했으며 현재에 이르러서는 DRAM에 필적할 만큼 비중 있는 메모리로 등극했습니다. 이렇게 중요한 반도체를 지금부터 알아보려 합니다.

NAND 플래시의 'NAND'는 논리 회로에서 사용되는 용어이고, '플래시(flash)'는 빛을 번쩍 비추는 것에서 유래되었습니다. 처음 발명한 분이 카메라 플래시를 연상해서 이름 지었다고 하지만 번갯불의 섬광과 좀 더 유사하지 않을까 생각됩니다. 물론 NAND 플래시 메모리 안에서 진짜 번개가 치는 것이 아닙니다. 정보를 기억시킬 때 전자의 무리가 어떤 위치에서 다른 위치로 순간적으로 지나가는 일이 생기는데, 이 현상이 번

개 치는 원리와 비슷합니다. 번개도 비구름과 지표면 사이에 대량의 전하가 순간적으로 이동하면서 나타나는 현상이기 때문에 그렇습니다.

이번 장에서는 NAND 플래시 메모리를 이해하는 데 가장 기본인 셀 트랜지스터의 구조와 기능, 그리고 정보 저장 원리를 살펴보겠습니다.

셀 트랜지스터의 구조

NAND 플래시 메모리 역시 DRAM과 유사하게 변형된 MOS 트랜지스터를 중심으로 셀이 구성되어 있습니다. 정보를 기억하는 것도 전하를 특정한 부위에 저장하는 방식을 채택하고 있습니다. 그렇지만 DRAM과는 많이 다릅니다. DRAM의 경우에는 별도로 커패시터를 설치하여 전하를 저장하지만, NAND 플래시 메모리에서는 트랜지스터와 전하 저장소가 일체화되어 있고 충전이 유지되는 기간도 상당히 길어서 비휘발성 메모리로 기능합니다. 한마디로 요약하면 "전하 저장소가 내장되어 있는 MOS 트랜지스터들의 연결로 셀이 구성된다."고 말할 수 있습니다.

그럼 이 변형된 MOS 트랜지스터의 구조를 알아봅시다. 우선 각 부분의 명칭과 이들의 의미를 기술하겠습니다. 다음의 트랜지스터 단면 모식도를 봅시다.

이 그림을 한눈에 봐도 알 수 있듯이 앞선 장에서 고찰한 MOS 트랜지스터와 생김새가 유사합니다. 실리콘 단결정 기판에 게이트를 중심으로 좌우에 각각 소스와 드레인이 배치되어 있습니다. 다른 점은 게이트의 형상과 기능입니다.

친절한 반도체

NAND 플래시 메모리의 셀 트랜지스터 단면 모식도

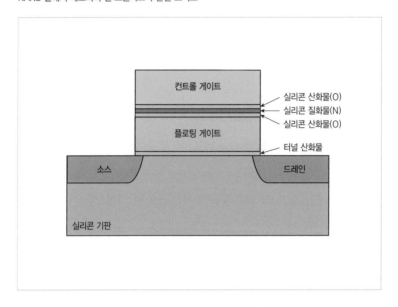

게이트는 위에서부터 아래로 4부분으로 나눌 수 있습니다. 맨 위층은 컨트롤 게이트(control gate)라고 부릅니다. 그 아래층은 실리콘 산화물/실리콘 질화물/실리콘 산화물 3개의 얇은 막으로 이루어져 있는데, 이들이 합쳐져 하나의 절연층으로 기능하기 때문에 한 층으로 여겨도 됩니다. 세 층의 이름을 전부 나열하면 너무 길기 때문에 ONO(Oxide-Nitride-Oxide)층이라고 짧게 표기합니다. 그 아래에는 플로팅 게이트(floating gate)가 있고, 맨 아래에는 터널 산화물(tunnel oxide)이 위치합니다. 하지만 이렇게 이름만 봐서는 왜 그런 이름이 붙어있는지 알 길이 없기 때문에 각 층의 기능을 부연 설명하겠습니다.

우선 컨트롤 게이트입니다. 좀 더 정확히는 컨트롤 게이트 전극이라고 할 수 있습니다. 전형적인 MOS 트랜지스터의 게이트 전극처럼 소정의 전압으로 소스와 드레인 간 통전, 즉 트랜지스터의 켜짐과 꺼짐을 제어하는 역할을 합니다. 이와 더불어 고전압을 인가하여 플래시 메모리만의 특징인 플로팅 게이트에 데이터를 저장하기 위한 전자의 충·방전을 수행하기도 합니다. 이 두 기능 간의 구분은 인가해주는 전압 수준의 차이에 있습니다. 컨트롤 게이트 전극의 재질로는 다결정 실리콘이 쓰입니다.

다음은 플로팅 게이트입니다. 바로 이 부분이 전자가 저장되어 정보가 새겨지는 곳입니다. 플로팅(floating)은 '부유'라는 뜻인데, 선박이 동력을 잃고 홀로 바다에 부유하는 것처럼 플로팅 게이트는 어떤 배선에도 연결됨 없이 전기적으로 고립되어 있다는 의미를 지닙니다. 이를 위해 플로팅 게이트 위아래가 모두 절연체로 막혀 있습니다. 플로팅 게이트의 재질 역시 다결정 실리콘입니다.

플로팅 게이트의 위쪽 ONO 층은 $SiO_2/Si_3N_4/SiO_2$ 박막의 복층이며, 아래쪽 터널 산화물은 SiO_2 박막입니다. ONO층은 컨트롤 게이트와 플로팅 게이트 사이에서 견고한 절연체로 작용합니다. 그런데 터널 산화물은 정보를 유지하고 있는 동안에는 절연체 역할을 하지만, 정보를 기록할 때는 이곳을 통하여 전자가 출입할 수 있습니다.

정보 저장 원리

NAND 플래시 메모리에서 정보를 저장하는 방식을 다음의 그림과 함께 살펴봅시다. 앞에서도 이야기한 것과 같이 플로팅 게이트에 전자

친절한 반도체

플로팅 게이트에서 전자의 주입(상)과 배출(하)

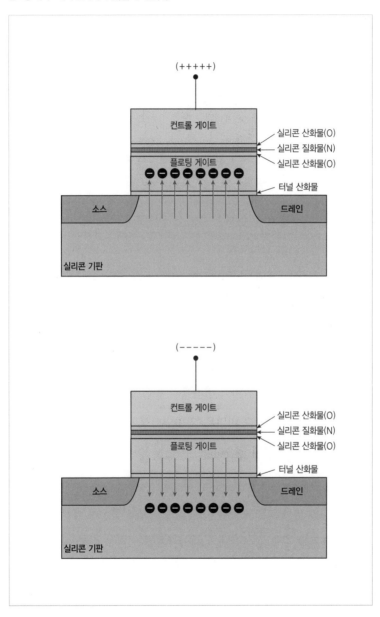

저장 여부로 정보를 기록합니다. 다시 말해 플로팅 게이트에 전자가 저장되면 논리 상태 '1'에, 그렇지 않으면 '0'에 대응되는 정보가 새겨진다는 것입니다.

전자 저장은 컨트롤 게이트에 강한 양의 전압을 인가하여 달성합니다. 그림에서는 편의상 이 고전압을 (++++)로 표기했습니다. 이는 트랜지스터의 소스와 드레인 간 통전을 유도하기 위한 전압보다 훨씬 큰 전압을 의미합니다. 이 정도의 고전압에서는 그림처럼 하지 기판으로부터 전자가 터널 산화물을 통과하여 플로팅 게이트에 주입됩니다. 반대로 플로팅 게이트로부터 전자를 내보내기 위해서는 컨트롤 게이트에 음의 고전압인 (−−−−−)를 인가합니다. NAND 플래시 메모리 작동의 특성상 전자를 주입하는 행위를 '프로그램한다(program)'라고 하고, 배출하는 것을 '지운다(erase)'라고 표현합니다.

그런데 신기한 점이 있습니다. 이는 질량을 지닌 전자가 높은 에너지로 터널 산화물을 관통하더라도 이 산화막의 절연성이 파괴되지 않는다는 것입니다. 전자가 산화막 원자들과 충돌하여 막을 망가뜨릴 것 같은데 그렇지 않습니다. 그 비밀은 '양자역학적 터널링(quantum mechanical tunneling)'이라는 현상에 있습니다.

플로팅 게이트와 하지 실리콘 기판 사이에 위치한 터널 산화물은 전자 입장에서 양쪽 영역 사이에 놓인 에너지 장벽으로 작용합니다. 이 에너지 장벽을 그림으로 제대로 묘사하려면 어려운 전문 지식과 복잡한 그림을 동원해야 합니다. 하지만 여기서는 다음의 그림과 같이 양편 간에 단순한 벽이 서 있는 것으로 생각하겠습니다.

친절한 반도체

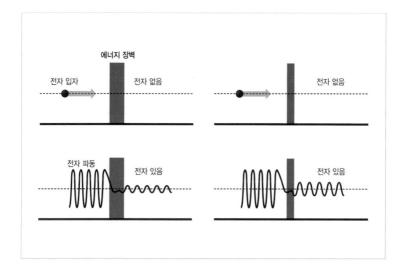

이 장벽을 기준으로 좌측은 실리콘 기판, 우측은 플로팅 게이트 영역이라고 합시다. 그리고 바닥부터 위로 올라갈수록 전자의 에너지가 높은 상태입니다. 우선 위쪽 두 그림처럼 전자를 질량이 있는 작은 입자라고 여기고 좌측에서 우측으로 에너지를 받아 이동하고 있다고 생각합시다. 이때 전자가 지니고 있는 에너지는 바닥에서부터 전자까지의 수직 높이에 해당하는데, 이는 컨트롤 게이트에 인가된 전압에 기인합니다.

위쪽 두 그림처럼 전자가 움직이다 보면 자신의 에너지보다 높은 장벽을 만나게 되고 이 장애물에 막혀 넘어갈 수 없습니다. 장벽이 얇든 두껍든 전자가 이를 넘어가게 하려면 전자의 에너지가 장벽보다 높아지도록 에너지를 가해주어야 하는데, 그럴 상황은 되지 않습니다. 따라서 실리콘 기판에서 플로팅 게이트로 전자가 주입되는 것이 불가능합니다.

그런데 전자를 파동이라고 여기면 상황이 달라집니다. 앞의 커패시터를 소개한 장에서 원자에 속한 전자가 전자구름으로 묘사됨을 설명할 때 질량을 지닌 전자가 어느 특정한 시점에 여기에도 저기에도 있을 수 있다는 이야기를 한 적이 있습니다. 그때는 언급하지 않았는데, 이 현상은 양자역학적 해석으로서 전자가 파동의 성질을 지니고 있는 것과 관련이 있습니다. 복잡한 내용을 다시 꺼내어 더 이상 진전시키지는 않겠습니다. 여기서는 질량이 있는 입자인 전자가 파동의 성질도 동시에 가지고 있다는 것만 받아들이고, 파동으로 전자의 거동을 표현할 수도 있다는 것만 염두에 두기 바랍니다.

아래쪽 두 그림은 전자를 파동으로 묘사한 것입니다. 파동에는 무엇인가 오르락내리락하는 것이 있는데, 산과 골의 차이가 크면 그 입자가 거기에 있을 확률이 높다고 해석합니다. 좀 이상하지만 그렇게 됩니다. 그런데 이 파동이 에너지 장벽에 부딪치면 그 장벽 너머에 파동을 발견할 확률이 생길 수 있습니다. 즉, 장벽을 해치지 않고도 전자가 부분적으로 지나갈 수 있다는 것입니다.

특히 컨트롤 게이트에 인가된 전압이 커지면 이에 따라 장벽의 두께도 얇아지는데, 그러면 건너가는 전자의 확률이 높아져서 터널 산화물을 통과하는 전자가 많아집니다. 이런 식으로 컨트롤 게이트에 고전압을 인가하여 플로팅 게이트에 전자를 주입할 수 있습니다.

전자 파동의 에너지가 장벽의 그것보다 낮음에도 불구하고 전자가 벽을 뚫고 지나가는 것처럼 생각되어 이 현상을 '양자역학적 터널링', 구체적으로는 '파울러-노드하임 터널링(Fowler-Nordheim tunneling)'이라고 합니다. 이렇게 터널링이 일어나는 산화막이기에 이 산화물 명칭에 '터널'이 붙었습니다.

다중 비트 저장하기

앞에서 전개한 이야기는 하나의 트랜지스터에 1비트(bit), 그러니까 플로팅 게이트에 전자 주입 여부로 '1'과 '0' 둘 중 하나의 논리 상태를 기록하는 것에 관한 것이었습니다. 그런데 이 정도에서 멈추지 않습니다. 플로팅 게이트 전자 주입 조건을 다변화하면 전자 충전량을 다단계로 조절할 수 있습니다. 만약 3단계로 차별화하여 충전시키면 방전 상태 하나와 각기 다른 충전 단계 3개로 총 4개의 상태를 만들어낼 수 있습니다. 이것이 무엇을 의미할까요? 트랜지스터 하나에 4(2^2)가지 논리 상태를 구현한 것이니 2비트를 저장한 셈입니다.

더 나가 봅시다. 충전을 7단계로 나누면 방전 상태 하나를 포함하여 총 8(2^3)개의 상태가 되어 3비트를 저장할 수 있고, 15단계로 나누어 충전하면 방전 상태 포함하여 16(2^4)개가 되어 4비트를 저장하게 됩니다. 이들을 명칭으로 구분하기 위하여 1비트 구현 셀을 SLC(Single Level Cell)라고 하고 2, 3, 4비트 셀을 각각 MLC(Multi-Level Cell), TLC(Triple Level Cell), QLC(Quadruple Level Cell)라고 부릅니다. 현재의 기술로 플로팅 게이트를 뚜렷이 구분되게 15단계로 충전할 수 있어 4비트까지 정보를 저장할 수 있습니다. 어떻게 이런 미세한 기능을 구현할 수 있는지 경이로울 따름입니다.

한편 각 형태의 셀 사이에는 장기 신뢰성 관점에서 약간의 구분은 필요합니다. 트랜지스터당 1비트를 저장하는 SLC가 정보를 견고히 새기기 때문에 데이터 보유 기간이 가장 깁니다. 반면에 MLC, TLC, QLC로 갈수록 최대 저장 기간이 짧아지고 고온 등 가혹한 환경에서 문제가 생길 가능성이 증가합니다. 하나의 트랜지스터에 저장된 비트 수가 클수록 플로팅 게이트의 충전 단계가 많아집니다. 그런데 단계가 많으면 각 단계 간 충전 수준의 차이가 작아져서 잘못하면 단계의 구분이 모호해질 수 있습니다. 이렇게 되면 기억에 오류가 생겨 그 메모리는 망가집니다.

SLC는 장기 사용과 데이터 보관의 신뢰성이 높은 반면 낮은 집적도로 생산 단가가 높기 때문에 비싸고, TLC, QLC로 갈수록 신뢰성은 줄어드나 가격이 좋아집니다. 하지만 QLC라도 보통의 사용자가 이용하는 기간 내에서 별 문제가 발생하지는 않습니다. 다만, 가혹한 환경 또는 데이터 보관에 높은 신뢰도가 필요한 경우에는 MLC 또는 SLC를 선택하는 것이 좋습니다.

NAND 플래시 메모리의 건축학

앞 장에서 NAND 플래시 메모리 셀 트랜지스터의 기본 구조와 정보 저장 방식을 알아보았습니다. 여기서 얻은 지식을 바탕으로 아키텍처의 발전 과정을 살펴보겠습니다. DRAM의 경우에는 구조적 진화가 점진적으로 이루어진 편인 반면, NAND 플래시 메모리는 그 발전 과정에서 매우 극적인 변화를 겪게 됩니다. 이에 대한 흥미로운 이야기가 전개됩니다.

기본 셀의 구조

다음 쪽의 사진은 NAND 플래시 메모리 셀의 단면입니다. 그런데 앞 장에 나와 있는 트랜지스터의 모습과 많이 달라 보입니다. 거기에는 이유가 있습니다.

NAND 플래시 메모리 셀 단면의 전자 현미경 사진

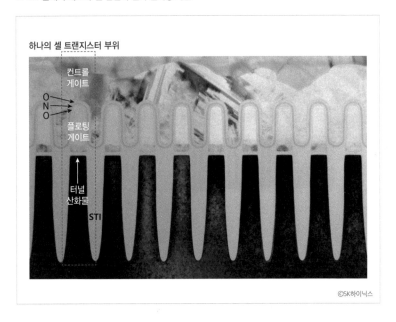

하나의 셀 트랜지스터 부위

컨트롤
게이트

O
N
O

플로팅
게이트

터널
산화물

STI

©SK하이닉스

NAND 플래시 메모리에서 트랜지스터의 연결은 DRAM의 경우와 다릅니다. 다음 쪽 그림의 왼편처럼 좌우 방향으로 이웃하는 트랜지스터가 각각의 소스와 드레인을 공유하며 열을 이룹니다. 그런데 이 상태에서 게이트 중앙을 지나는 수직면으로 잘라 단면을 보면 오른쪽 그림과 같은 모양새가 나옵니다. 이런 식으로 관찰한 것이 바로 위 전자 현미경 사진입니다. 즉, 두 그림은 동일한 트랜지스터로서 서로 방향이 다를 뿐입니다. NAND 플래시 메모리는 이 방향으로 웨이퍼를 잘라야 STI(Shallow Trench Isolation)를 볼 수 있고 동시에 셀의 각 층을 모두 관찰할 수 있습니다. 그래서 보통 이 방법으로 미세 구조를 분석합니다.

다시 위의 전자 현미경 사진으로 돌아갑시다. 점선 상자 부위가 하나

친절한 반도체

트랜지스터 열 방향의 단면 모식도(좌)와 그에 수직 방향의 단면 모식도(우)

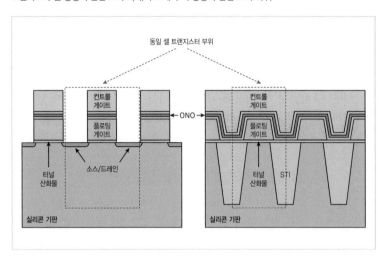

의 셀 트랜지스터에 해당합니다. 트랜지스터 맨 위쪽에 컨트롤 게이트가 있으며, 아래로 내려가면서 차례로 ONO, 플로팅 게이트, 터널 산화막, 그리고 실리콘 기판이 위치합니다. 플로팅 게이트의 재료인 다결정 실리콘은 반도체로서 전기 전도성을 지니고 있기 때문에 전기적 고립을 위해서는 3차원 6면을 모두 절연체로 감싸주어야 합니다. 이 사진에서는 ONO와 터널 산화막, 그리고 STI 일부가 서로 연결되어 플로팅 게이트를 둘러싸고 있습니다. 단면 사진이라서 보이지 않지만 플로팅 게이트 앞뒷면도 산화막으로 감싸져 있습니다. 어떻습니까? DRAM의 커패시터와 같은 별도의 정보 저장소가 필요치 않기 때문에 셀의 구조가 단순합니다.

　NAND 플래시 메모리 역시 셀 크기의 감소가 생산성 향상에 지대한 영향을 끼치기 때문에 셀 축소 지향으로 제조 기술이 발전해왔습니다.

하지만 트랜지스터들이 한 방향으로 열지어 있는 구조를 지니고 있기 때문에 수평 방향의 패턴 크기 감소 이외에는 특별한 아키텍처의 변화를 꾀하기 어렵습니다. 그래서 완전히 다른 셀 아키텍처의 적용을 고민하게 됩니다.

셀 트랜지스터 수직으로 세우기

NAND 플래시 메모리 트랜지스터에서 전자 보관소는 꼭 필요합니다. 그런데 예전부터 실리콘 질화막(Si_3N_4)이 전자를 포획하여 붙잡아 둘 수 있다고 알려져 있습니다. 이 사실에 착안하여 플로팅 게이트를 과감히 없애고 ONO의 실리콘 질화막에 전자를 저장하는 시도를 하여 성공에 이릅니다.

이 구조에서는 ONO의 질화물(Si_3N_4)에 전자를 주입하여 정보를 입력하는데, 전자를 '덫에 잡아둔다'고 생각하여 이 질화물을 '전하 트랩 질화물(charge trap nitride)'이라고 부릅니다. 전하 트랩 질화물을 기준으로 위쪽 산화막(SiO_2)은 원래 ONO가 통째로 하던 절연체 역할을 홀로 수행하며, 아래쪽 산화물은 터널 산화막으로 작용합니다. 이러한 구조의 셀을 지니는 메모리를 '전하 트랩 플래시(CTF, Charge Trap Flash)'라고 칭하는데, 셀 구조를 기존의 플로팅 게이트 셀과 비교하여 다음의 그림 우편에 나타내었습니다.

구조 변경 결과, 점선 화살표로부터 알 수 있듯이 플로팅 게이트가 없어지면서 전하 저장소의 높이가 대폭 낮아졌습니다. 또한 트랜지스터

친절한 반도체

플로팅 게이트 셀(좌)과 전하 트랩 플래시 셀(우)의 비교

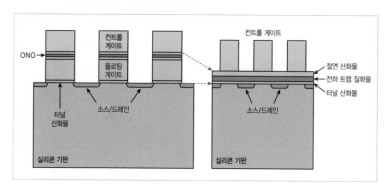

를 따라 전하 트랩 질화물이 연결되었습니다. 실리콘 질화물은 그 자체가 절연체이므로 특정 트랜지스터에 충전된 전자가 질화물을 통해 옆 트랜지스터로 도망가지 않기에 그렇게 놔두어도 괜찮습니다.

　이러한 전하 저장 재료의 변경을 통한 구조적 이점을 활용하여 획기적인 아키텍처의 변화가 일어납니다. 기판의 수평 방향으로 죽 늘어선 트랜지스터의 배열을 90도 돌려서 수직으로 세운 것입니다. 이런 아키텍처의 셀을 3D NAND 또는 수직(vertical)의 의미를 추가하여 V-NAND 셀이라고 부르는데, 대략적인 모습은 다음 쪽의 모식도와 같습니다. 각 부분의 자세한 내용은 곧 소개할 제조 공정에서 설명하겠습니다.

　이 아키텍처가 중요한 점은 수직 위 방향으로 공간이 열려 있기 때문에 이론적으로 트랜지스터의 수를 무한정 늘릴 수 있다는 것입니다. 집적화 측면에서 차원이 다른 새로운 플레이그라운드(playground)가 열린 것입니다. 이는 집적 회로 아키텍처의 발전 중 가장 혁신적인 것 중 하나라고 할 수 있습니다.

수평 배열 셀 트랜지스터(좌)와 수직 배열 셀 트랜지스터(우)

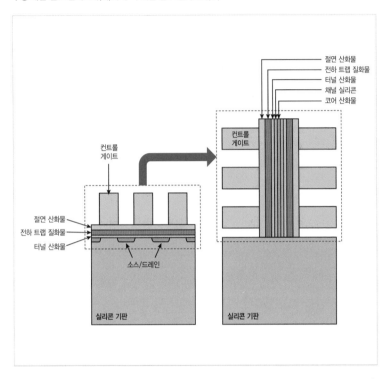

3D NAND 플래시 메모리 셀의 제조 과정

이 아키텍처는 너무나 아름다워서 그 제조 과정을 살펴보지 않을 수 없습니다. 아주 섬세한 공정들이 적용되지만 복잡함을 피하기 위해 셀 제조 과정에 국한해서 주요 단계만 알아보겠습니다. 공정의 순서는 다음의 모식도에 순차적으로 나타내었습니다.

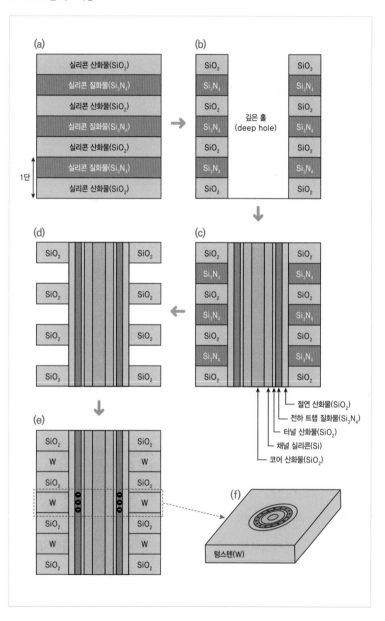

우선 그림(a)와 같이 실리콘 기판(그림에는 표기되어 있지 않음) 위에 실리콘 산화물(SiO_2)과 실리콘 질화물(Si_3N_4) 박막을 아주 얇은 두께로 번갈아 쌓아 올립니다. SiO_2/Si_3N_4 복층이 한 단인데, 적어도 100단 이상으로 쌓아 올립니다. 곧 알게 될 텐데 이 한 단이 하나의 트랜지스터 높이에 해당합니다. 그림에서는 편의상 3단만 표기했습니다.

다음으로 그림(b)처럼 전체 적층을 관통하는 깊은 홀(hole)을 뚫습니다. 이 홀 안으로 실리콘 산화막(SiO_2), 실리콘 질화막(Si_3N_4), 실리콘 산화막(SiO_2), 다결정 실리콘(poly Si) 박막을 순차적으로 증착하고, 홀의 남은 공간을 실리콘 산화물(SiO_2)로 완전히 채움으로써 그림(c)의 단면 모습처럼 만듭니다. 이 그림만 봐서는 어떻게 박막이 들어가 있는지 파악이 어려울 수 있으니 그림(f)의 3차원 모식도를 비교해가며 짚어보기 바랍니다. 각 박막은 홀 안에 증착된 것이기 때문에 그림(f)같이 홀 둘레를 돌아가며 성막됨을 인지하기 바랍니다.

이 상태에서 그림(d)와 같이 처음 수평 적층에 동원된 실리콘 질화막들을 선택적으로 제거합니다. 다음으로 그림(e)처럼 실리콘 질화막이 제거되어 비어 있는 공간에 텅스텐을 채워 넣습니다. 이 과정은 매우 섬세하고 난이도가 높지만 진보된 공정 기술 덕분에 가능합니다.

간단하게 핵심 공정만 기술했지만, 이러한 과정을 거쳐 트랜지스터들이 수직 방향으로 연결된 NAND 플래시 메모리 셀이 만들어집니다. 그런데 위의 셀 구조가 아직 이해되지 않을 수 있습니다. 그래서 추가 설명을 위해 그림(f)의 확대도를 다음의 그림에 다시 제시하겠습니다.

이 그림이 트랜지스터로 보입니까? 아직도 이해가 잘 안 되면 점선 박스 부분만 집중해보기 바랍니다. 좌에서 우편으로 가면서 각 부위를 따져봅시다. 우선 맨 왼편에 컨트롤 게이트가 있습니다. 앞에서는 그 재

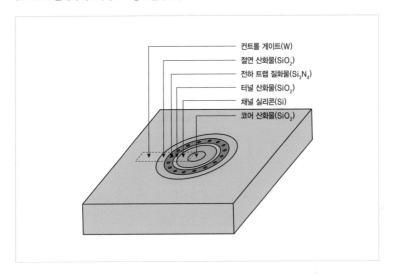

컨트롤 게이트(W)
절연 산화물(SiO_2)
전하 트랩 질화물(Si_3N_4)
터널 산화물(SiO_2)
채널 실리콘(Si)
코어 산화물(SiO_2)

질이 다결정 실리콘이었지만 수직 셀 형태로 넘어오면서 텅스텐(W)으로 바뀌었습니다. 그 다음에는 절연 산화막(SiO_2), 전하 트랩 질화막(Si_3N_4), 터널 산화막(SiO_2)이 차례로 등장합니다. 이것들의 역할은 이미 알고 있습니다. 그리고 이어서 '채널 실리콘(channel Si)'이 나오는데, 채널 실리콘은 여기에 처음 등장하기에 부가 설명을 좀 하겠습니다.

수평형 트랜지스터는 단결정 실리콘 기판 위에 형성됩니다. 이는 실리콘 표면의 일부를 채널로 활용하기 위해서 그렇습니다. 그런데 지금 다루고 있는 수직형 트랜지스터는 아예 실리콘 기판 표면을 떠나 있습니다. 따라서 채널 공간을 제공할 수 있는 실리콘이 별도로 필요하기에 터널 산화막 다음에 박막 형태로 실리콘을 조성해 줍니다. 어차피 실리콘 기판의 경우에도 기판 표면으로부터 아주 얕은 부위만 채널로 활용되기 때문에 얇은 실리콘 막에서도 채널 형성이 가능합니다.

채널 실리콘 이후에는 코어 산화물이 마지막으로 위치합니다. 코어 산화물은 없어도 트랜지스터 형성에 별 문제가 없지만 빈 공간으로 놔두기에 적절치 않고 산화물을 채워 넣으면 트랜지스터의 성능이 향상되는 효과도 있기에 깊은 홀 내부를 코어 산화물로 마무리합니다

이렇게 해서 점선 네모 상자 안에 전하 트랩 방식의 NAND 플래시 메모리 셀의 모든 구성 요소가 들어가 있음을 알았습니다. 적어도 이 부분만은 트랜지스터로 보이리라 생각합니다. 그럼 이 점선 박스 양 끝단을 두 손으로 잡아 죽 늘이고 원형으로 돌려서 붙인다고 상상해봅시다. 그럼 바로 그림과 같은 모양이 만들어집니다. 이상하게 생각될지 모르지만 이렇게 생겨도 트랜지스터입니다. 이런 식으로 게이트가 채널을 원형으로 둘러싼 구조를 'GAA(Gate-All-Around)'라고 부릅니다.

그런데 이 트랜지스터를 다룰 때 두 가지 주의할 점이 있습니다. 첫 번째는 채널 전자가 흐르는 경로가 원을 돌아가는 방향이 아니라 수직 방향이라는 것입니다. 이에 따라 채널의 길이는 채널 실리콘 원의 둘레가 아니라 수직 높이가 됩니다.

두 번째 주의점은 이 형태가 하나의 트랜지스터라는 것입니다. 단면 그림으로 잘못 판단하면 좌우에 두 개의 트랜지스터가 대칭으로 배치되어 있는 것처럼 보이지만 원형으로 빙 둘러져 있는 하나의 트랜지스터임을 기억하기 바랍니다. 이런 트랜지스터의 특징은 채널 길이는 짧지만 게이트가 채널을 360도 돌아가며 맞닿아 있어서 전자의 흐름을 제어할 면적이 넓다는 것입니다. 이에 따라 채널이 짧음에도 불구하고 세밀한 트랜지스터 동작이 가능한 장점이 있습니다.

이제 3D NAND 플래시 메모리의 셀을 알았으니 진짜 모습을 감상할 때가 되었습니다. 다음의 그림에 3차원 조감도와 실제 집적 회로의

3D NAND 플래시 메모리 셀의 3차원 조감도(좌)와 실제 셀의 단면 전자 현미경 사진(우)

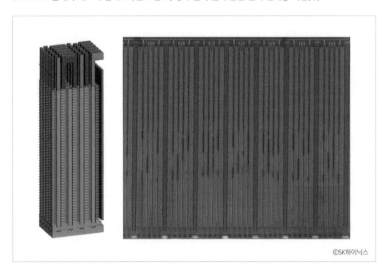

©SK하이닉스

단면 전자 현미경 사진을 실었습니다. 어떻습니까? 수직으로 세워진 트랜지스터들이 규칙적으로 배열된 모습이 마치 초고층 빌딩 같지 않습니까? 이 책에서 집적 회로 제조를 건축에 비유한 것은 괜히 그런 것이 아닙니다.

앞에서도 언급했듯이 수직형 3D NAND 플래시 메모리는 윗방향으로 공간이 열려 있기 때문에 주어진 면적에 트랜지스터의 개수를 늘리는 것에 제한이 없습니다. 즉, 집적도의 이론적 한계가 사라졌다는 말입니다. 다만, 실리콘 산화물과 실리콘 질화물의 단 수가 많아질수록 적층 과정에서 여러 문제들이 발생하며, 성공적인 적층 이후에도 좁고 엄청나게 깊은 수직 홀을 일관되게 뚫어야 하는 어려움에 의한 한계는 존재합니다. 그렇지만 공정 기술의 발달로 쌓아 올릴 수 있는 단 수가 점차 증가하고 있으며, 이에 따라 집적도가 지속적으로 높아지고 있습니다.

이렇게 NAND 플래시 메모리의 집적화 경쟁은 한정된 수평 면적에 넣을 수 있는 트랜지스터의 개수에서 수직형 트랜지스터의 단수를 늘리는 것으로 변환되었습니다. 이 책을 집필하고 있는 시점에 주요 메모리 반도체 기업들은 200단 이상의 제품을 양산하고 있으며 300단이 넘는 메모리 개발에 성공하고 있습니다. 앞으로도 단 수 경쟁은 계속될 것입니다.

한편 수직형 플래시 메모리에 적용된 얇은 전하 트랩 질화물에도 다단계 전자 충천이 가능하게 됨으로써 MLC와 TLC의 다중 비트 메모리가 구현되었습니다. 3차원으로 확장된 트랜지스터의 수 증가와 다중 비트에 의해 플래시 메모리의 집적도는 짧은 기간에 획기적으로 증대되었습니다.

새로운 아키텍처는 연구자들의 번득이는 영감에서 탄생하며, 이 아이디어를 실제 집적 회로에 구현하는 공정 기술은 엔지니어들의 땀과 끈기로 실현됩니다. 다음 장에서는 시스템 반도체 MOS 트랜지스터의 아키텍처 발전을 살펴볼 텐데 이러한 개발자 정신은 그곳에서도 빛납니다.

시스템 반도체의 건축학

메모리 반도체에 비해 CPU(Central Process Unit), GPU(Graphic Process Unit), 모바일 AP(Mobile Application Processor)와 같은 주요 시스템 반도체는 크게 두 가지 측면에서 차별성을 가지고 있습니다.

하나는 고성능 MOS 트랜지스터를 추구한다는 것입니다. 주로 개인용 컴퓨터와 서버 등에 사용되는 CPU와 GPU는 항상 전원에 연결되어 있는 사용 환경을 가정하기 때문에 고성능이 강조되며 배터리로 구동되는 모바일 AP는 상대적으로 저전력 소모가 우선시되는 경향이 있습니다. 이 때문에 집적도를 높이는 것이 지상 과제인 메모리 반도체와는 결이 다른 발전 전략을 취해왔습니다.

다른 하나는 다층 배선의 복잡성입니다. 시스템 반도체는 무수히 많은 MOS 트랜지스터의 조합으로 이루어지며, 수많은 트랜지스터가 금속 배선을 통해 복잡하게 연결되어 있습니다. 전체 배선 길이가 메모리 반도체에 비해 훨씬 길며 이를 수용하는 데 많은 층이 동원됩니다. 이에 따라 원활한 배선의 구성을 위해 높은 수준의 다층 배선 기술이 요구됩니다. 이번 장에서는 위의 두 가지 측면에서 시스템 반도체의 특징과 변화 과정을 살펴보겠습니다.

MOS 트랜지스터의 동작 속도를 높이고 전력 소모를 낮추기 위한 가장 단순한 방법은 트랜지스터의 크기를 줄이는 것입니다. 전하는 이동해야 할 거리가 짧아지면 보다 쉽게 움직일 수 있기 때문입니다. 하지만 앞선 장에서 언급했듯이 단채널 효과(short-channel effect) 때문에 크기를 줄이는 데 제약이 따릅니다. 따라서 트랜지스터의 단순 축소 한계 이후에는 다른 방법을 찾아야 합니다.

시스템 반도체에는 다양한 종류가 있기 때문에 트랜지스터가 추구하는 성능의 방향을 한 가지로 통일해서 이야기하기 어렵습니다. 따라서 대표 선수라 여길 수 있는 CPU와 모바일 AP를 대상으로 MOS 트랜지스터가 한계를 극복해온 과정을 살펴보겠습니다. 발전 단계를 3단계로 나눌 수 있는데, 처음 두 국면은 신소재의 채택과 관련이 있고 세 번째는 아키텍처의 변화를 수반합니다.

변형된 Si 게이트 MOSFET

MOS 트랜지스터(MOSFET)가 고속으로 작동하려면 소스와 드레인 간 전하가 빠르게 움직일 수 있어야 합니다. 이를 바꾸어 표현하면 채널의 전기 전도도가 좋아야 한다는 말입니다. 트랜지스터의 기본 구조는 그대로 놔둔 채 어떻게 하면 채널의 도전성을 높일 수 있을지 생각해봅시다.

이를 다루기 위해서는 앞선 장에 기재되어 있는 전기 전도도 식을 다시 볼 필요가 있는데, 책 이쪽저쪽을 왔다 갔다 하는 수고를 덜기 위해 다시 표기하겠습니다.

$$\sigma = |q| \cdot n \cdot \mu$$

여기서 q는 이동 전하의 전하량, n은 단위 부피당 개수, μ는 이동도입니다. 이 식이 의미하는 바로부터 전기 전도도를 향상시키려면 이동 전하의 수를 늘리든지 개별 전하의 이동도를 높이든지 해야 한다는 것을

n-MOS 트랜지스터와 p-MOS 트랜지스터

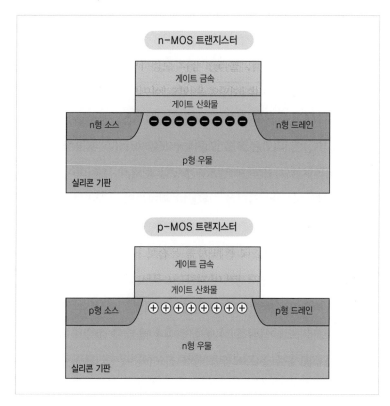

알 수 있습니다.

가장 먼저 출현한 아이디어는 채널 부위의 전하 이동도(μ)를 높이는 방안이었습니다. 어려운 이론이어서 여기에 밝힐 수는 없지만 Si 결정에 압력을 가해 변형을 일으키면 전하의 이동도가 달라집니다. Si 결정을 잡아당기면 전자의 이동도가 증가하고, 반대로 압력을 가해 누르면 양공의 이동도가 상승합니다. 이러한 성질을 MOS 트랜지스터 채널 부위의 Si에 응용하면 동작 속도 향상을 꾀할 수 있습니다.

n-MOS와 p-MOS 트랜지스터는 앞쪽의 그림과 같이 각각 전자와 양공으로 채널을 형성하기에 이 둘을 다른 방식으로 변형시켜야 합니다. n-MOS 트랜지스터에서는 전자의 이동도를 높이기 위해 채널 부위를 수평 방향으로 잡아당겨야 하고, p-MOS 트랜지스터는 양공의 이동도를 증가시키기 위해 채널을 눌러줘야 합니다. 그런데 문제는 '어떻게 그렇게 할 수 있느냐'입니다.

n-MOS 트랜지스터부터 알아보겠습니다. 비교적 단순한 방법을 사용하는데, 다음에 나오는 상부 그림같이 트랜지스터를 완성한 후 그 위에 Si_3N_4(실리콘 질화물) 박막을 덮어주면 됩니다. Si_3N_4 막의 특성을 잘 조절하여 증착하면 하지 실리콘 기판보다 팽창하려는 성질을 가지게 됩니다. 이로 인해 n-MOS 트랜지스터의 상부 표면과 딱 달라붙어 있는 Si_3N_4 막이 트랜지스터를 수평 방향으로 잡아 늘이는 효과를 발휘합니다. 따라서 채널 부위가 확장되며 전자의 이동도가 증가합니다.

그럼 p-MOS 트랜지스터에서는 어떤 방법을 사용할까요? 이는 n-MOS 트랜지스터에 비해 꽤 복잡합니다. 채널에 압력을 가하는 용도로 SiGe(silicon germanium)라는 화합물을 이용하는데, 우선 이 재료가 어떤 것인지 알아야 합니다.

친절한 반도체

변형된 Si 게이트를 지니는 n-MOS와 p-MOS 트랜지스터

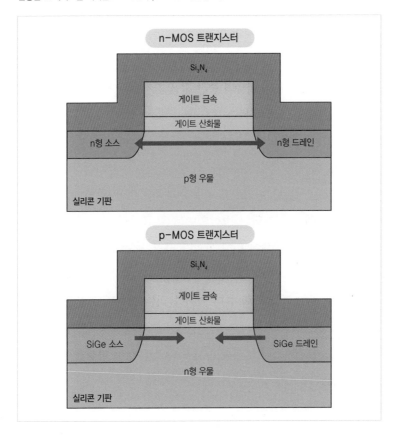

원소의 주기율표를 보면 동일한 4족에 속하면서 Si 바로 아래에 Ge(germanium)가 있습니다. Ge도 반도체이며, Si와 화학적 성질이 유사합니다. 또한 Si와 동일하게 다이아몬드 결정 구조를 지니고 있습니다. 이러한 Si와 Ge의 유사성 때문에 둘은 잘 섞여 화합물을 이룰 수 있습니다. 두 원소의 상대량에 따라 여러 조성의 화합물이 가능하지만 이를 통칭해서 SiGe이라고 부릅니다.

다음의 그림에 Si 또는 Ge의 3차원 결정 구조와 Si, SiGe, Ge의 구조를 2차원으로 단순화한 그림을 나타내었습니다.

Si와 Ge의 결정 구조는 같지만 동일한 수의 원자가 들어 있는 특정 부분끼리 비교하면 크기는 서로 약간 다릅니다. 원자 번호가 높은 Ge가 Si보다 크며 SiGe는 이들의 중간 값을 가지는데, Ge의 양이 많아질수록 상대적으로 커집니다.

p-MOS 트랜지스터에서는 앞쪽의 하부 그림처럼 소스와 드레인 부위의 Si를 파내고 대신 SiGe를 집어넣습니다. 에피 성장법(epitaxial growth)이라는 특별한 공정법을 사용하면 파여 드러난 Si 표면의 결정 생김새가 그대로 연장되는 방식으로 SiGe를 성장시킬 수 있습니다. SiGe는 원래 있었던 Si에 비해 부피가 크기 때문에 채널 부위의 Si에 압박을 가합니다. p-MOS 트랜지스터 상부에도 팽창하려는 Si_3N_4 막이 덮여있지만 SiGe의 압축력이 더 커서 눌리는 방향으로 변형됨으로써 채널을 형성한 양공의 이동도가 증가합니다. 이러한 방식으로 n-MOS와 p-MOS 트랜지스터 크기를 줄이지 않고도 성능 향상을 이끌어 낼 수 있었습니다.

Si 또는 Ge의 3차원 결정 구조와 2차원으로 단순화시킨 Si, SiGe, Ge의 결정 구조

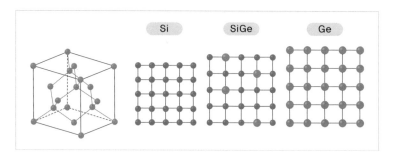

친절한 반도체

고유전 상수 게이트 MOSFET

변형된 Si 게이트 구조에서 발휘되는 성능만으로 만족할 수 없어 다른 방법을 함께 강구합니다. 이번에는 채널 부위의 전하 수(n)를 증가시켜 전기 전도도를 향상시키는 방안입니다. 여기서는 n-MOS 트랜지스터만 가지고 이야기를 전개하겠습니다. 이를 위해 게이트 전극에 양의 전압을 인가하여 양공을 주입하고 전자 채널을 형성한 그림을 다음에 나타내었습니다. 점선 상자 부분을 주목하기 바랍니다.

이 상자가 무엇으로 보이나요? 그렇습니다. 이 부분만 떼어 놓으면 커패시터입니다. 게이트 산화물이 유전체이며, 위쪽의 게이트 금속이 상부 전극, 아래쪽 p형 우물이 하부 전극 역할을 합니다. 트랜지스터 안에 커패시터가 숨어 있는 형국입니다.

---

n-MOS 트랜지스터

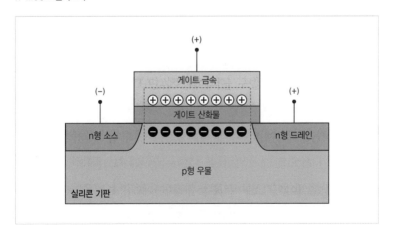

채널의 통전성을 높이려면 채널 부위로 전자를 많이 끌어와야 하는데, 이를 커패시터 관점에서 보면 전하 충전량을 늘리는 것과 동일합니다. 설명의 편의를 위해 커패시터의 전기 용량식을 다시 불러오겠습니다.

$$C = \varepsilon_0 k \frac{A}{t}$$

여기서, ε_0는 진공에서의 유전율이고, k는 유전체의 유전 상수, t는 두 전극 간의 간격, 즉 유전체의 두께에 해당합니다. 그리고 A는 커패시터의 면적입니다.

이 식의 의미로부터 커패시터에 전하를 더 많이 저장하려면, 다시 말해, 하부 전극 부위 채널의 전자 수를 늘리기 위해서는 3가지 방법을 취할 수 있습니다. 이는 DRAM 셀 커패시터를 논의한 장의 내용과 동일한데, 현 상황에 맞게 다시 표현하면 "유전체인 게이트 산화막의 두께를 낮추거나 유전 상수가 높은 물질로 대치하거나 점선 박스 부위의 면적을 늘려야 한다."가 됩니다.

가장 먼저 생각할 수 있고, 그래서 우선 추진된 성능 개선 방향은 게이트 산화막인 SiO_2의 두께를 낮추는 것입니다. 이에 관한 수많은 연구가 수행되었으며 실질적 성과를 많이 거두었으나 한계에 다다르게 됩니다. 게이트 산화막의 두께가 너무 낮아지면 앞 장의 NAND 플래시 메모리에서 나왔던 양자역학적 터널링에 의해 산화막 위아래에 쌓여 있는 전하가 서로 만나 소멸되는 현상이 심해집니다. 이러한 전류도 누설 전류의 한 형태인데, 이 때문에 채널에서 통전에 사용되어야 할 전자를 잃게 되어 트랜지스터가 제 기능을 발휘하지 못합니다. 플래시 메모리의 트랜지스터는 터널링을 이용하지만 시스템 반도체에서는 게이트 산화막의 절연성이 보장되어야 불량을 면할 수 있습니다.

이 문제를 극복하기 위한 방안은 SiO_2를 고유전 상수를 지닌 물질로 바꾸는 것입니다. 여러 물질을 대상으로 많은 연구가 수행되었는데, 최종적으로 낙점된 물질이 HfO_2입니다. Hf는 원자 번호 72번으로 하프늄(hafnium)이라 불리는 금속입니다. HfO_2는 하프늄 산화물로 SiO_2에 비해 5배 정도 높은 유전 상수를 지니고 있습니다. 덕분에 HfO_2를 게이트 산화물로 적용하면 이론적으로 SiO_2의 5배 두께에서도 동일한 채널 전자 수를 지킬 수 있습니다. 이 점을 활용하면 HfO_2 박막의 두께를 일정 수준으로 유지하거나 줄이면서 양자역학적 터널링을 방지하고 채널 전자의 수를 늘릴 수 있습니다.

한편 HfO_2가 적용된 게이트에는 특정 금속 전극을 조합하여 사용해야 합니다. 이러한 구조의 게이트를 'HKMG(High-k/Metal Gate)'라고 부르는데, 이 기술은 누설 전류 감소와 고속 동작이 함께 필요한 모바일 디바이스의 등장에 결정적인 역할을 합니다.

FinFET과 GAAFET

집적 회로의 진보가 한계에 부딪치면 새로운 아키텍처와 신소재의 채용으로 돌파구를 마련하곤 했습니다. CPU의 트랜지스터에서도 변형된 Si와 고유전 상수 게이트로 성능을 개선해 왔으나 그 너머로 가기 위해서는 구조의 혁신이 필요하게 되었습니다. 특히 모바일 AP의 급성장이 그 필요성을 가속시켰습니다. 이를 위한 아키텍처의 변경은 앞의 커패시터 전기 용량식에서 아직 고려하지 않은 면적(A)의 증대와 관련이 있습니다.

저전압 고속 동작을 지향하는 MOS 트랜지스터에서 단채널 효과 (short-channel effect)의 벽은 숙명과도 같습니다. 이미 DRAM 셀 트랜지스터를 다룬 장에서 단채널 효과에 의한 문제가 무엇이며, 매립게이트 구조를 채용하여 어떻게 이를 해결했는지 설명한 적이 있습니다.

CPU나 모바일 AP는 DRAM과 다른 전략을 취합니다. DRAM 셀 트랜지스터에서는 실리콘 기판을 아래쪽으로 파내어 채널 길이를 늘였는데, 시스템 반도체에서는 이와 반대로 채널이 위로 솟게 만들었습니다. 사실 두 집적 회로가 취한 기술적 의미는 다른데, DRAM 셀에서는 채널의 길이를 늘인 것이지만 CPU나 모바일 AP의 경우에는 채널을 감싸고 있는 게이트의 면적을 증대시켜 채널 길이가 짧음에도 불구하고 켜짐과 꺼짐, 즉 스위칭에 필요한 전류를 확보함과 동시에 제어 능력을 잃지 않게 했습니다. 이게 무슨 말인지 이해하기 위해 다음의 그림 안으로 들어가 봅시다. 이해에 다가가기 위해서는 3차원 그림이 필요합니다.

왼편 그림은 기존의 MOS 트랜지스터(MOSFET)입니다. 트랜지스터를 90도 돌려서 3차원으로 표현했고 절연을 위한 STI도 표기했습니다. 이에 따라 소스와 드레인이 지면 앞뒤에 배치되어 있고, 게이트 라인이 좌우로 뻗어 있는 것으로 묘사되어 있습니다. 점선으로 표시된 면으로 트랜지스터를 잘라 단면을 취하면 이제까지 보아왔던 2차원 트랜지스터의 모습이 나옵니다.

이제 오른편 그림을 봅시다. 무엇이 달라졌나요? 소스와 드레인으로 연결되는 Si 부위가 위로 솟았으며 폭도 좁아졌습니다. 사실 제조 공정 측면에서는 Si를 위로 올린 것이 아니라 이 부분만 빼고 나머지 부위를

기존 평면형 MOSFET과 FinFET의 3차원 조감도

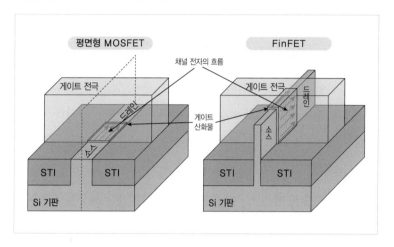

파낸 것입니다. 어쨌든 결과적으로 소스, 채널, 드레인 부위가 솟았습니다. 그리고 소스와 드레인 사이 올려진 Si 부위에 게이트 산화막을 입히고, 그 위로 게이트 금속이 감싸게 만들었습니다.

　우측 그림을 잘 들여다보면 소스에서 드레인으로 전하가 지나갈 채널이 3면에 형성되어 있음을 알 수 있습니다. 3개의 게이트를 뭉쳐 놓은 형상으로 볼 수 있기에 '트라이 게이트(trigate)'라고 부르며, 튀어나온 모양이 물고기의 지느러미 같다고 해서 이런 형태의 트랜지스터를 'FinFET(Fin Field Effect Transistor)'이라고 합니다.

　기존 게이트의 모양과 비교해 보면 FinFET의 경우, 윗면 게이트의 면적은 작지만 좌우 측면으로 확대된 면적 때문에 채널 전류를 증가시킴과 동시에 흐름을 통제하기 쉬워져 스위칭 제어 능력이 향상됩니다. 이에 따라 기존 게이트에 비해 더 낮은 전압으로 더 빠른 구동이 가능합니다. FinFET의 등장은 가히 MOS 트랜지스터의 혁명이라 할 수 있으

며, 그 덕분에 우리는 진보된 CPU와 모바일 AP를 만날 수 있었습니다.

기술 발전의 속성이 그렇듯이 FinFET에 머물러 있지 않고 앞으로 더 나아갑니다. 어떤 일이 일어났는지 다음의 그림으로 알아봅시다.

첫 번째 그림은 전형적인 FinFET의 모습이고, 두 번째가 진보된 형태입니다. 이 그림을 FinFET과 비교해 보면 솟아 있는 한 몸체의 핀(fin)이 3개의 가는 선으로 쪼개졌다는 것을 알 수 있습니다. 갈라진 선의 형상 때문에 'Si 나노와이어(nanowire) 채널'이라고 표현하기도 합니다. 여기서 중요한 점은 각 와이어의 4면을 둘러가며 게이트가 형성되어 있다는 것입니다. 이러한 형태의 트랜지스터를 'GAAFET(Gate-All-Around Field Effect Transistor)'이라고 합니다. FinFET에 비하여 4면에서 채널 전류를 제어할 수 있어 스위칭 성능이 향상됩니다.

그런데 이 나노와이어 형태는 채널 전류가 흘러갈 면적이 작아 불리한 점이 있습니다. 그래서 세 번째 그림처럼 나노와이어를 수평으로 넓혀 널빤지처럼 만들었습니다. 이렇게 하면 GAA 형태는 유지되면서 채널 전류가 증가하여 더 명확한 트랜지스터 동작이 가능합니다. 이 구조

FinFET, GAAFET, MBCFET의 3차원 조감도

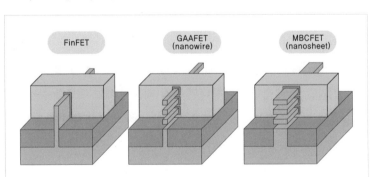

친절한 반도체

를 최초로 발표한 IBM은 '나노시트(nanosheet)를 채용한 FET'라고 표현하며 삼성전자는 'MBCFET(Multi Bridge Channel Field Effect Transistor)'라고 부릅니다. 이러한 구조의 트랜지스터를 만드는 데는 매우 섬세한 공정 기술이 요구되기에 양품 칩의 수율 확보가 쉽지 않습니다. 그럼에도 불구하고 MOS 트랜지스터의 진화는 계속되고 있습니다.

다층 배선의 특징

CPU와 같은 시스템 반도체는 여러 층에 걸쳐 얽혀 있는 엄청나게 긴 배선을 지니고 있습니다. 우선 이 다층 배선이 어떤 모습을 하고 있는지 다음의 그림에서 관찰해봅시다.

시스템 반도체의 다층 배선

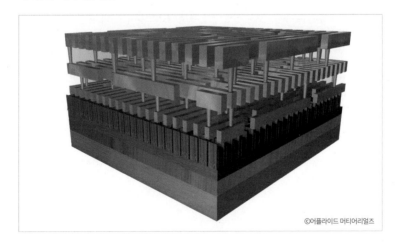

©어플라이드 머티어리얼즈

이 그림은 배선 사이에 위치한 절연체인 SiO_2를 모두 무시하고 금속선만 표기한 것입니다. 여기서는 3층 배선만 그려져 있지만 CPU에는 훨씬 더 많은 층이 존재합니다. 이렇게 많은 금속선 때문에 발생하는 문제가 있습니다. 신호 전달 속도 지연과 발열입니다. 특히 전자가 전기 도선을 흘러갈 때 도선을 구성하는 원자 등과 계속 충돌하며 열이 발생하는데 배선의 단면이 줄어들고 길이가 커질수록 더 심해집니다.

그런데 문제는 칩의 온도가 너무 올라가면 트랜지스터가 오동작을 일으킨다는 것입니다. 이를 방지하고자 회로 설계 측면에서 열이 덜 나게 하는 방안을 강구하며, 칩을 감싸고 보호하는 패키지(package)에서 열이 잘 빠지도록 열전도율이 좋은 재료를 사용합니다.

또 다른 문제는 전기 배선의 신뢰성입니다. 도선을 구성하는 원자들이 이동하는 전자들과 충돌하여 원래의 자리에서 조금씩 밀려날 수 있습니다. 쏠림이 누적되면 어느 순간에 배선이 끊어지는 단락이 발생합니다. 이 현상을 '전자에 의한 질량 이동'이라는 의미에서 '일렉트로마이그레이션(electromigration)' 또는 줄여서 'EM'이라고 합니다.

CPU의 주 배선 재료는 구리인데, 배선의 길이가 긴 경우 단락이 일어날 자리가 많기 때문에 EM에 취약합니다. 게다가 열 발생으로 칩의 온도가 높아지면 물질 이동이 가속되어 단락이 더 쉽게 일어날 수 있습니다. 구리의 EM을 늦추는 현행 기술 덕분에 아직까지는 별 문제없이 CPU를 사용할 수 있습니다만 향후 배선의 미세화가 진행될수록 배선의 EM 문제는 점점 더 심각해질 것으로 예측되어 이를 개선하기 위한 심도 있는 연구들이 진행되고 있습니다.

집적 회로 건축학을 마무리하며

여러 장에 걸쳐 DRAM과 NAND 플래시 메모리와 같은 메모리 반도체, CPU와 모바일 AP로 대표되는 시스템 반도체가 어떤 것인지 소개했습니다. 설명을 마친 이 시점에서 잠시 각 반도체의 기술 수준을 대변하는 수치의 의미를 짚어볼 필요가 있습니다. 최신 칩을 기준으로 DRAM은 십수 나노미터로, NAND 플래시 메모리는 삼백 몇십 단으로, CPU는 수나노미터로 각종 기사에서 언급되는 것을 볼 수 있습니다. 이렇게 표기가 다른 것은 각 집적 회로가 추구하는 기술과 생산성의 방향이 다르기 때문입니다.

우선 DRAM부터 따져봅시다. DRAM도 고성능을 추구하지만 칩 하나의 생산 단가를 최대한 낮추어 가격 경쟁력을 극대화하는 것이 무엇보다 중요합니다. 이를 위해서는 웨이퍼 한 장으로 가능한 한 많은 칩을 생산해야 하기에 다이(die) 크기를 줄이는 것이 필수적임을 이미 여러 곳에서 언급했습니다.

DRAM은 정보를 담는 셀 부위가 가장 큰 면적을 차지하기에 이곳의 크기를 줄이는 것이 칩 축소의 관건이 됩니다. 셀을 축소하려면 각 층의 패턴 크기를 모두 낮추어야 하는데, 그중에서 제일 작은 패턴을 줄이는 것이 가장 어렵습니다. 게다가 크기 감소에도 불구하고 구성 소자가 제 기능을 유지하도록 아키텍처의 변경과 신소재의 적용이 수반되어야 합니다. DRAM에서는 셀 트랜지스터의 게이트 라인이 최소 패턴의 대표성을 띠며, 이 선폭의 수치가 그 DRAM에 적용된 모든 기술을 대변합니다. 더 정확한 다른 표현이 있지만 게이트 라인의 폭으로 판단해도 큰 무리는 없습니다.

예를 들어, 12nm 기술의 DRAM이라 함은 셀 트랜지스터의 게이트 선폭이 12nm 정도되며, 이에 연동되어 트랜지스터와 커패시터가 놓일 수평 크기가 정해지고, 그에 걸맞는 아키텍처와 신소재 기술이 구사되어 있다는 것을 의미합니다. 이 수치가 작을수록 최신 기술이 적용된 것이며 칩의 생산성이 뛰어납니다. 동일한 집적도를 지니는 DRAM을 더 낮은 수치의 기술로 양산하는 기업은 시장 경쟁에서 승리하게 되므로 이 기술 지표에 각 회사의 명운이 달려 있다고 해도 과언이 아닙니다.

NAND 플래시 메모리도 예전에는 DRAM과 유사한 방식의 기술적 수치를 사용했으나 수직형 구조로 전환된 이후에는 완전히 다른 게임의 룰(rule)을 적용받게 되었습니다. 메모리 반도체이기 때문에 칩의 집적도를 높이는 것이 지상 과제인 것은 변함이 없으며, 수직으로 연결하여 올릴 수 있는 트랜지스터의 수, 바꾸어 표현하면 하나의 트랜지스터 높이에 해당하는 SiO_2/Si_3N_4의 단 수를 증가시키는 것이 기술적 진보를 의미하게 되었습니다. 이미 300단이 넘는 NAND 플래시 메모리들이 등장했으며, 이 단 수는 점점 더 늘어나는 추세입니다.

CPU와 같은 시스템 반도체도 초기 2차원 단순형 트랜지스터에서는 게이트 라인 폭으로 기술 수준을 표현했지만, 변형된 Si와 고유전 상수 게이트 적용 이후에는 이 방식이 적절치 않게 되었습니다. 그 이유는 게이트 라인 폭의 물리적 크기는 바뀌지 않았음에도 구조와 소재의 변경으로 성능이 개선되는 방향으로 트랜지스터가 진화했기 때문입니다. 더욱이 FinFET의 등장으로 아키텍처가 완전히 바뀌었기 때문에 기존 척도를 사용하는 것 차체가 불가능해졌습니다.

이에 따라 기존 방식에서 탈피하여 MOS 트랜지스터의 성능을 대변하는 방식으로 수치가 제시됩니다. 즉, 그 트랜지스터의 성능에 상응하는 크기로 기본형 트랜지스터를 계산상 축소시켜 얻어진 게이트 라인 폭을 표기하는 것입니다. 예를 들어, GAAFET 구조로 2nm 기술의 CPU를 개발했다는 것은 트랜지스터 게이트 라인의 물리적 너비가 2nm라는 것이 아니라 그 수준에 상응하는 성능의 트랜지스터를 확보했다는 것을 의미합니다. 그런데 사실 엄밀히 말하면 각 제조사마다 지향하는 트랜지스터 기술이 다르고, 자사의 기술 수준을 과시하기 위한 마케팅 의도 때문에 이 값의 산출과 표기 방식에는 차이가 있습니다. 따라서 각 사의 기술 수준을 이 수치만으로 직접 비교하기 어려운 측면이 있습니다.

이상으로 각 집적 회로가 추구하는 기술적 방향을 기술 수준 수치로 비교 정리해 보았습니다. 의도적으로 차이점을 드러내기는 했으나 오히려 기술적 영감을 서로 주고받으며 상대의 발전에 기여해온 부분도 상당히 큽니다.

DRAM이 셀 트랜지스터를 중요시한다는 것은 이미 주지의 사실입니다. 그와 함께 메모리의 용량이 증가할수록 셀에 정보를 기록하고 읽는 작업을 수행하는 주변 회로의 성능도 향상될 필요가 있습니다. 주변 회로는 속도를 중시하는 로직 회로로 구성된 작은 시스템 반도체라고 할 수 있으므로 트랜지스터의 성능을 높이기 위해 CPU에서 개발된 변형된 Si와 고유전 상수 게이트가 도입되었습니다.

GAA 형태의 트랜지스터는 NAND 플래시 메모리에서도 등장했습니다만, 사실 진정한 GAAFET은 시스템 반도체의 것이라고 할 수 있습니다. 시스템 반도체를 위해 탄생한 GAA 개념이 NAND 플래시 메모리의 수직형 트랜지스터를 고안하는 데 영감을 주었을 가능성이 있습니다.

최근에는 수직형 NAND 플래시 메모리에 적용된 아이디어를 응용하여 DRAM에서도 트랜지스터를 90도 돌려서 세우는 연구를 진행 중에 있습니다. 이게 실현되면 DRAM에서도 새로운 집적화 개념이 열립니다. 기존 대비 완전히 다른 아키텍처가 등장할 텐데, 이 DRAM이 어떤 모습으로 나타날지 사뭇 궁금합니다.

반도체와 미술

이 책의 초반부터 앞장까지 두 파트에 걸쳐 집적 회로 구성 소자들의 작동 원리와 이를 이해하기 위한 기초 과학 지식, 그리고 아키텍처들을 소개했습니다. 하나의 국면이 마무리되었다고 볼 수 있습니다. 그동안 애 많이 썼습니다. 어떤 분은 공부하는 느낌을 받았을지도 모르겠습니다. 이후로는 세부 단위 공정에 대한 이야기를 전개할 텐데, 그 전에 잠시 머리를 식히는 시간을 가지겠습니다.

앞에서 집적 회로가 건축물과 비슷하다는 것 이외에 특별히 언급하지는 않았지만, 집적 회로 패턴은 거기서 풍기는 아름다움이 있습니다. 특히 3차원 아키텍처는 조형적 매력을 지니고 있는데 이에 대한 제 사견을 이야기해볼까 합니다.

집적 회로 아키텍처와 미술

집적 회로의 단면이나 평면을 찍은 전자 현미경 사진을 보면 패턴의 멋을 느낄 수 있습니다. 저는 개인적으로 반도체 공정 엔지니어는 어떤 면에서 예술가와 비슷하다고 생각합니다. 극초미세 구조 예술가라고 할까요?

집적 회로의 미술적 매력은 3차원 아키텍처에서 더 확실히 드러납니다. 앞에서 집적 회로 제조에 관한 여러 내용을 건축에 비유하여 설명했습니다. 건축은 미술의 한 분야라고 할 수 있을 정도로 미술과 깊게 연결되어 있습니다. 건물 축조에는 역학 등 공학적 요소가 우선 고려되지만, 사람들이 활동하는 공간이기 때문에 아름다움과 기능성도 그에 못지않게 중요시 여깁니다. 그런데 건축에서와 같이 집적 회로의 아키텍처도 상당한 조형미를 가지고 있습니다. 다만, 건축과 분명한 차이는 건축은 설계 단계부터 미적 요소를 감안하지만, 집적 회로는 오로지 기능과 생산성만 극한으로 추구한다는 것입니다. 그럼에도 불구하고 그 결과물에는 상당한 조형적 아름다움이 있습니다.

DRAM에서 트랜지스터와 커패시터는 반복적 패턴으로 정밀하게 배열해 있으면서도 주변 회로들의 변형된 구조와 정합성을 가지고 역동적으로 연결되어 있습니다. 사람들은 대칭적 패턴에서 아름다움을 느끼는 경향이 있는데, 어느 정도는 변형이 섞여 있어야 지루해 하지 않습니다. 집적 회로 아키텍처는 이러한 조형미적 요소를 두루 갖추고 있습니다. 다음의 그림을 한 번 감상해 봅시다.

DRAM 셀의 3차원 조감도

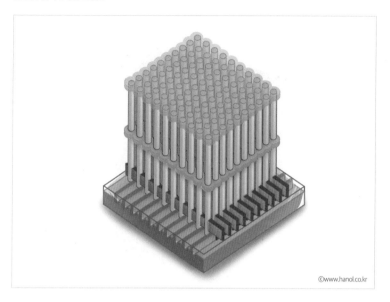

©www.hanol.co.kr

위 그림은 DRAM 셀의 3차원 조감도입니다. 좀 더 정확히 이야기하면 집적 회로에서 트랜지스터, 커패시터, 전기 도선 등 능동적 기능을 수행하는 부분만 남기고 이들 사이에서 전기 절연과 지지대 역할을 하는 실리콘 산화물은 모두 제거한 그림입니다.

어떻습니까? 앞에서는 DRAM의 축조 과정을 쉽게 설명하기 위해 단순한 2차원 그림을 사용하여 느끼기 어려웠겠지만 이 그림은 상당히 멋있지 않습니까? 규칙적 패턴과 적절한 변형이 섞여 있어 조형적 아름다움을 느낄 수 있습니다.

NAND 플래시 메모리의 경우도 마찬가지입니다. 다음 쪽의 그림은 상부 배선을 포함한 셀의 3차원 모형도입니다. 아키텍처는 DRAM과 다르지만 구조적 단순함에서 오는 매력은 더 있습니다.

NAND 플래시 메모리 셀의 3차원 조감도

©SK하이닉스

집적 회로의 이러한 점을 조형 미술에 응용해볼 만하다는 생각을 해 본 적이 있습니다. 다만, 반도체 제조 기업들은 자사의 회로 구조를 극도의 보안 사항으로 여기기 때문에 정보의 제약이 심하고, 미술 작업자가 기초적인 집적 회로 원리를 이해하고 있을 필요가 있기 때문에 조형 미술의 소재로 활용되기에는 어려움이 많을 것입니다. 그렇더라도 집적 회로에 대한 이해의 저변이 확대되면 작품 활동이 어느 정도 가능하지 않을까 생각합니다. 사람들이 자동차, 항공기, 밀리터리 모형이나 영화, 만화에 등장하는 인물의 피규어(figure)를 가지고 즐기는 것처럼 언젠가는 집적 회로 아키텍처의 모형을 소유하고 감상하는 유쾌한 상상을 해 봅니다.

친절한 반도체

수학과 추상화

물질의 전기 전도도를 설명한 장의 시작 부분에서 수학의 언어적 속성에 대해 이야기한 적이 있습니다. 그런데 이번에는 다른 측면에서 수학의 의미를 생각해볼까 합니다. 수학적 기호를 사용하여 수식을 유도하는 것은 추상화 과정이라 할 수 있는데 이에 대한 이야기입니다.

'추상(抽象)'은 영어로는 'abstract'라고 하는데, 그 의미를 네이버 영한사전에서 찾으면 크게 두 가지가 나옵니다. 형용사로는 '추상적인', '관념적인'이라는 의미가 있고, 명사로는 '초록(필요한 부분만을 뽑아서 적음)'이라는 의미가 나옵니다. 연구자들이 논문을 작성할 때 전체 내용을 요약해서 논문 맨 앞에 싣는 것도 초록이라고 합니다.

아마도 대부분의 사람들은 추상이라고 하면 추상 작품이 떠오를 텐데 여러분은 추상화(抽象畫) 하면 어떤 느낌이 드나요? 뭔가 복잡하고 난해한 그림으로 생각하는 분이 많을 것입니다. 그런데 특이하게도 추상의 요약이라는 뜻은 복잡함과는 반대되는 의미처럼 보입니다. 저는 추상화(抽象化, abstraction)란 주어진 사물, 현상, 시스템 등의 본질적 핵심만 취하고 나머지 군더더기는 제거하여 간결하게 하는 작업이라고 알고 있습니다.

그럼 이상하지 않습니까? 추상화(抽象化) 의미에 '난해하고 복잡하다'와 이와는 상반되게 느껴지는 '요약'이 동시에 들어 있습니다. 미국의 추상 표현주의 화가 잭슨 폴록(Paul Jackson Pollock)의 액션페인팅 작품들을 보면 추상화(抽象畫)로서 상당히 복잡하고 이해하기 어렵습니다. 반면 몬드리안(Piet Mondrian)이 그린 나무 그림들과 '빨강 파랑 노랑의

몬드리안의 추상화

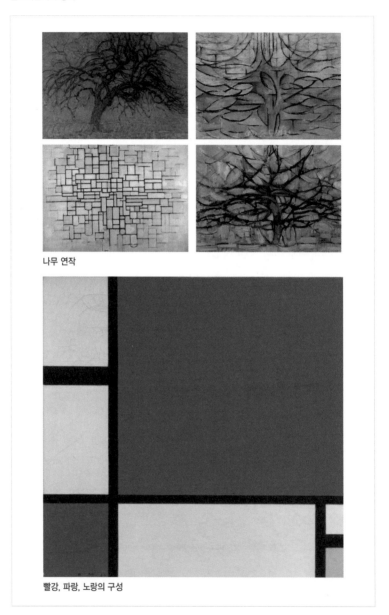

나무 연작

빨강, 파랑, 노랑의 구성

구성'은 그의 화풍 변화 단계를 보여주고 있으며, 단순화하는 방향으로 추상화(抽象化)의 의미를 잘 전달해줍니다. 나무의 본질적인 형상인 가지를 최소화시켜 종국에는 나무를 초월하여 격자 무늬와 색의 보편적인 아름다움에까지 이릅니다.

추상화(抽象畵)가 어렵게 느껴지는 이유는 사물이나 현상의 본질을 성찰하여 표현한 그림이 우리가 보는 피상적인 모습에서 많이 변형되었기 때문이라고 생각합니다. 작품이 복잡해 보이든 단순해 보이든 본질을 드러내려는 시도는 동일하기 때문에 추상화(抽象化)의 상반된 두 가지 사전적 의미는 상통한다고 볼 수 있습니다.

뜬금없이 추상화 이야기를 왜 하는지 의아해할지 모르겠습니다. 여러 가지 기호로 표현된 수식은 바로 이러한 추상화의 결과라는 것을 말하고 싶기 때문입니다. 수식은 글로 장황하게 기술되어 있는 것을 간결한 기호들로 본질만 표한 것입니다. 여러분은 학교에서 받은 교육과 사회에서 습득한 지식 덕분에 알게 모르게 대단한 추상화 능력을 가지고 있습니다. 그리고 이 능력을 이용하여 실생활에서 만나는 다양한 상황에 대처하고 사회적 현상들을 이해하고 판단하며 삶을 누리고 있습니다.

과학이 밝힌 자연의 작동 원리나 공학이 찾아낸 응용 기술은 물리량들 사이의 관계식, 즉 수식으로 표현됩니다. 이러한 원리를 밝히는 작업은 예술에서 사물이나 현상의 본질을 표현하는 것과 유사하다고 생각합니다. 좀 비약하자면 그런 면에서 반도체를 알고자 하는 것은 추상화된 작품을 이해하고자 하는 것과 비슷합니다. 다행히 추상 작품을 감상하는 것보다 수식을 이해하는 것이 더 쉬울 수 있습니다. 추상화(抽象畵)는 작가마다 주관적인 표현 방법을 사용하지만 수식은 모든 사람이 약속한 기호를 가지고 나타내기 때문입니다.

 삼성전자 반도체 팹 건물의 외관에 몬드리안 작품을 연상케 하는 그림이 그려져 있는 것을 본 적이 있을 겁니다. 삭막하게 보일 수 있는 공장 캠퍼스를 아름답게 하려는 의도로 그랬을 것으로 생각합니다만, 혹시 반도체를 설계하고 제조하는 활동이 자연의 법칙을 이해하고 응용하는 추상화 작업이라는 의미로 그렇게 한 것인지도 모르겠다는 생각을 해봅니다.

친절한 반도체

Part 3

반도체 제조법

열산화와 이온 주입

이제까지 우리는 반도체 집적 회로가 무엇이며 어떤 모습을 하고 있는지 윤곽을 잡기 위해 집적화 과정을 건축에 빗대어 살펴보았습니다. 지금부터는 이 개념을 염두에 두고 집적 회로의 각 층을 구성하는 재료와 제조법, 더 나아가 초미세 패턴을 만드는 방법을 알아보려고 합니다. 다시 말해 '반도체 제조 공정' 분야를 탐색하려는 것입니다. 또한 반도체 장비, 부품, 소재와 이와 관련된 기업들도 알아볼 예정입니다.

집적 회로는 반도체인 실리콘을 기반으로 실리콘 산화물 등 여러 종의 세라믹과 텅스텐이나 구리 등 몇몇 금속들로 구성되며 이들이 정교하게 어우러져 메모리 또는 시스템 반도체의 특별한 기능을 발휘합니다. 집적 회로에서 이들 소재들은 모두 막의 형태로 제조되어 층을 이루는데, 건축에 사용되는 건축 재료에 비유할 수 있습니다.

집적 회로 제조 과정에서 가장 먼저 등장하는 부위는 MOS 트랜지스터이며, 구성 재료들은 주로 실리콘 기판 표면에서 실시되는 공정을 통해 만들어집니다. 이들 공정의 이해를 돕기 위해 트랜지스터 그림을 다시 제시하겠습니다. 우선 그림의 각 부위를 되짚어 보기 바랍니다.

MOS 트랜지스터 각 부분의 명칭

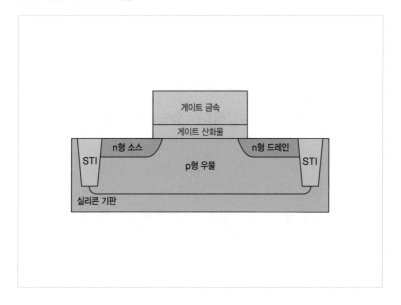

실리콘 기판 표면에서 이루어지는 공정에는 세 가지가 있습니다. 하나는 게이트 산화막을 형성하기 위한 실리콘의 열산화(thermal oxidation of silicon)이며, 다른 하나는 기판 표면의 일부분을 n형과 p형 반도체로 변성시켜 우물, 소스, 드레인을 조성하는 이온 주입(ion implantation)입니다. 이에 더해 이온 주입에 바늘과 실처럼 따라가는 급속 열처리(rapid thermal anneal)도 있습니다.

사실 주요 반도체에서 게이트 산화막의 열산화 공정은 박막 증착 방식으로 대체되었습니다. 하지만 열산화 공정은 MOS 트랜지스터의 탄생과 발전에 크게 기여한 전통적인 방식입니다. 비록 새로운 기술에 자리를 내어주었지만 반도체 산업에 큰 공을 세운 원로를 잊지 않는다는 의미에서 이 공정을 소개하겠습니다.

실리콘의 열산화

웨이퍼를 적절한 고온으로 가열시킨 상태에서 산소(O_2)나 수증기(H_2O)를 표면으로 보내주어 거기에 존재하는 실리콘(Si)과 반응케 함으로써 실리콘 산화물(SiO_2)을 만드는 방법을 '실리콘의 열산화(thermal oxidation of silicon)'라고 합니다. 보다 세분하면 산소를 사용하여 실리콘 산화물(SiO_2)을 만드는 방식을 '건식 산화(dry oxidation')', 수증기를 이용하는 경우를 '습식 산화(wet oxidation)'라고 합니다. 두 산화 공정은 성격이 달라서 서로 다른 목적의 실리콘 산화물(SiO_2) 막을 제조하는 데 각각 사용됩니다. 특히 열산화로 형성되는 대표적인 막이 게이트 산화막인데, 건식 산화법이 사용됩니다.

여기서 잠깐, 물질의 호칭 방식을 좀 정리해야 하겠습니다. 앞선 장들에서 느꼈을지 모르겠습니다만, 우리말과 영자로 된 화학식 사이를 왔다 갔다 하기도 하고 병행하여 명시하기도 했는데, 상당히 번거롭습니다. 따라서 이제부터는 전문성이 좀 쌓이는 느낌도 받을 겸 화학식 표기를 우선하겠습니다. 상기합시다! 기호와 수식이 글보다 더 쉽고 편할 수 있다는 것을.

일단 두 산화 과정에서 일어나는 화학 반응식을 표기하면 다음과 같습니다.

건식 산화 $\quad Si(s) + O_2(g) \rightarrow SiO_2(s)$

습식 산화 $\quad Si(s) + H_2O(g) \rightarrow SiO_2(s) + H_2(g)$

수식은 아니지만 원소 기호로 이루어진 다른 종류의 식이 나왔습니다.

친절한 반도체

하지만 이 또한 어렵게 생각할 필요는 없습니다. 우리가 수식을 대했던 것처럼 상식적인 수준에서 의미를 파악하고 이해하기만 하면 됩니다.

화살표(→) 좌측에는 반응물을, 우측에는 생성물을 기재합니다. 각 물질 옆 괄호 안의 기호는 그 물질의 상태를 구분하기 위한 것으로, s는 고체 (solid)를, g는 기체(gas)를 의미합니다. 그리고 여기에는 없지만 액체는 l(liq-uid)로 표기합니다. 이러한 반응식이 의미하는 바는 "좌측 물질의 구성 원소들이 화학 반응을 통해 헤쳐 모여 우측 물질로 변환된다."는 것입니다.

건식 산화 반응식을 풀어 설명하면 "실리콘 기판 표면에 위치한 고체 Si는 투입된 O_2 기체와 반응하여 SiO_2로 변환된다."이며, 습식 산화의 경우는 "기판 표면의 Si와 H_2O가 반응하여 O는 SiO_2를 형성하고 남은 H는 H_2(수소)가 되어 날아간다."의 의미가 됩니다.

그럼 건식 산화를 예로 SiO_2 막이 성장하는 과정과 공정 특징을 다음의 그림을 사용하여 설명하겠습니다.

건식 산화에 의한 SiO_2막의 성장 과정

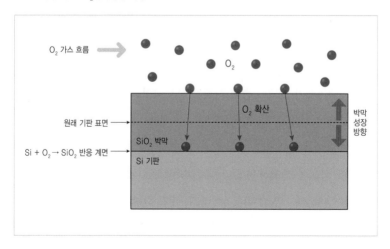

열산화를 일으키기 위해 800℃ 정도의 고온 환경을 조성한 후, 그림과 같이 O_2 가스를 웨이퍼로 이송합니다. 기판에 도달한 O_2 분자들은 표면에 이미 존재하고 있는 Si와 반응하여 SiO_2를 생성합니다. 박막 형성 초기에는 이 반응만 잘 일어나면 되지만 막이 성장해 가면 상황이 달라집니다. 지속적으로 SiO_2가 만들어지려면 그림과 같이 이미 자라난 SiO_2 막을 통해 O_2가 확산하여 Si와 SiO_2 계면에 도달하는 과정도 원활해야 합니다.

건식 산화에서 산화 반응은 빠르지만 확산 과정은 그에 비해 느립니다. 따라서 제아무리 산화 반응이 신속하더라도 Si와 SiO_2 계면으로 공급되는 O_2가 결핍되면 막이 잘 자라지 못하는 현상이 발생할 수 있습니다. 다시 말해, 성막 속도는 이미 성장된 SiO_2 내부에서 O_2의 이동 속도에 의해 제한된다는 말입니다. 하지만 느린 속도가 오히려 장점이 될 수도 있습니다. 게이트 산화막 같이 아주 얇은 막을 만들 때 박막의 성장 속도가 너무 빠르면 원하는 두께로 제어하는 것이 어렵기 때문입니다. 이런 이유로 게이트 산화막 공정에는 건식 산화법이 사용됩니다.

산화 가스로 H_2O(수증기)를 사용하는 습식 산화도 건식 산화와 유사합니다. 다만 산화 과정에서 SiO_2 안으로 스며들어갈 수 있는 H_2O의 양이 O_2에 비해 많기 때문에 성막 속도가 상당히 커서 두꺼운 막을 만드는 데 유리합니다. 예전에는 두꺼운 SiO_2 막을 조성하는 공정이 있었으나 요즘에는 그렇지 않기에 습식 산화가 사용되지는 않습니다.

한편, 열 산화막 공정에는 특이한 점이 하나 있는데, 원래의 실리콘 기판 표면을 기준으로 SiO_2 박막이 상하 방향으로 동시에 자란다는 것입니다. 기판 자체에 존재하는 Si가 아래 방향으로 소모되면서 SiO_2 성장이 일어나기 때문에 그렇습니다. 상방의 두께가 하방의 것보다 약간 더 두껍지만 대략 반반 정도라고 생각해도 됩니다.

친절한 반도체

건식 산화와 습식 산화의 차이를 우리 실생활에 비유하여 체감할 수 있는 예가 있습니다. 바로 사우나입니다. 사우나에도 건식이 있고 습식이 있습니다. 건식 사우나의 경우 단순히 사우나실 안에 있는 공기를 가열하여 우리 몸에 열을 공급합니다. 대기는 주로 N_2와 O_2로 구성되어 있기에 N_2도 그렇지만 O_2가 피부에 열을 전달하여 몸을 따뜻하게 해줍니다. 한편 습식의 경우에는 사우나실 안에서 수증기를 발생시키고 주로 H_2O 증기로 몸을 덥힙니다.

이러한 사우나 방식의 차이가 열산화 공정 간의 차별성을 연상시킵니다. 사우나 경험에서 알 수 있듯이 건식보다 습식 사우나 동안에 땀이 더 많이 나는 느낌이 들기에 습식이 더 효과적이라고 생각됩니다. 이는 열산화 공정에서 습식 산화로 더 두꺼운 SiO_2 막을 성장시키는 것에 비유할 수 있습니다. 어쨌든 사우나의 경험이 건식과 습식 산화의 차이를 이해하는 데 도움이 될 수 있습니다. 다행히도 사우나에서는 가열 온도가 높지 않아 우리 몸이 산화될 염려는 없습니다.

이온 주입

MOS 트랜지스터가 고유의 특성대로 잘 작동하려면 n형과 p형 실리콘이 각 위치에 정확히 조성되고 제 기능을 발휘해야 합니다. 반도체의 n형과 p형은 그 안에 들어 있는 불순물의 종류에 의해 결정되며 적절한 농도로 함유되어야 합니다. 이를 위해 필요한 불순물의 양을 정밀하게 조절하여 주입하는 공정법이 '이온 주입(ion implantation)'입니다.

이온 주입 과정 개념도

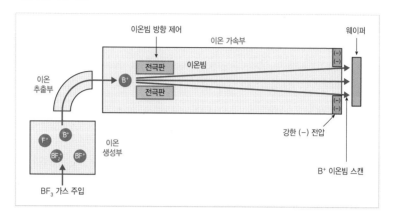

이온 주입의 원리와 과정을 위의 개념도를 이용하여 설명하겠습니다. 이 그림에서는 n형 MOS 트랜지스터의 p형 우물을 만들기 위한 B^+(붕소 이온) 주입을 예로 삼았습니다.

B(붕소)를 웨이퍼 안으로 넣어주기 위해서는 우선 B 원자가 개개로 분할되어 있는 기체가 있어야 하고, 이를 B^+로 이온화시킨 후 고전압을 인가하여 기판 표면으로 가속시켜야 합니다. 그런데 첫 단계부터 문제가

BF_3의 구조식과 분자 모형

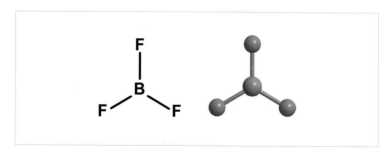

있습니다. B는 실온에서 단단한 고체로 뭉쳐져 있기 때문입니다. 그래서 그 대안으로 B가 함유되어 있으면서 기체인 어떤 분자를 활용합니다. 그 분자가 바로 BF_3인데, 이 분자가 어떻게 생겼는지 앞의 그림에서 관찰해봅시다.

BF_3는 중심에 B(붕소)가 위치하고 F(불소) 3개가 각각 결합을 이루고 있는 단순한 구조를 지니고 있습니다. 첫 번째 그림은 원소 기호로만 분자를 나타냈는데, 이런 표기를 분자의 구조식(structural formula)이라고 합니다. 두 번째는 원자를 구로 묘사한 모형으로서 원자 결합을 짧은 막대기로 표현했습니다. 둘 중 구조식이 '어떤 원소가 포함되어 있는지' 알 수 있기 때문에 주로 사용됩니다.

다시 이온 주입 개념도로 돌아가서, 우선 BF_3 가스를 이온 생성부로 주입합니다. 이곳에서 고전압을 기체에 인가하는데, 가해진 전기 에너지에 의해 BF_3 분자의 일부분이 여러 파생 형태로 깨어지면서 이온화됩니다. 그림에서는 B^+, F^+, BF^+, BF_2^+, 4종의 이온이 생성되는 것으로 예시했습니다. 기체 상태의 이온을 만드는 방법은 나중에 나올 장에서 설명할 예정으로, 여기서는 전기 에너지를 가하면 기체 상태에서 분자나 원자를 이온화시킬 수 있다는 정도로만 받아들이기 바랍니다.

BF_3 분자가 깨어지면서 여러 종의 이온이 생성되지만, 필요한 것은 오직 B^+입니다. 따라서 섞여 있는 이온들 중에서 이것만 추출해야 합니다. 여기서 생성된 이온들은 모두 양이온이기 때문에 어떤 특정한 방향으로 이것들을 보내려면 그곳에 음의 전압을 인가하면 됩니다. 양의 전하를 띤 입자는 음전기 쪽으로 끌리기 때문에 그렇습니다. 이 방법을 사용해서 이온 생성부에서 이온 추출부로 모든 양이온들을 이동시킵니다.

이온 추출부에는 자기장이 형성되어 있습니다. 자기장은 쉽게 표현하면 '자석이 철을 잡아당기는 힘의 영향력'이라고 할 수 있습니다. 이온들이 자기장이 형성된 곳에 수직으로 주입되면 이동 진로의 90도 방향으로 힘을 받아 곡선으로 휘어집니다. 그런데 그 휘어지는 정도가 분자의 질량에 따라 다릅니다. 질량이 크면 천천히 구부러지고, 작으면 짧게 돌아갑니다. 따라서 B^+는 자신의 질량에 해당되는 특정 경로를 가지게 되므로 이 궤적의 이온만 선택적으로 취할 수 있습니다. 이런 방식으로 B^+를 추출하여 이온 가속부로 보냅니다.

그럼 이제 기체 상태의 B^+가 준비되었습니다. 다음은 이 이온을 실리콘 웨이퍼에 넣어줄 차례입니다. 이 역시 기판이 위치한 방향에 강한 음(-) 전압을 걸어주어 양이온인 B^+가 기판으로 돌진하게 합니다. 표면을 뚫고 들어갈 정도로 이온이 충분히 가속되어야 하기 때문에 이온 가속부의 길이는 이온 주입 장치에서 가장 깁니다. 그리고 가속 중에는 다른 원자나 분자와 충돌하면 안 되기 때문에 이온이 지나가는 길은 모두 진공을 조성해 줍니다.

기판 표면을 향한 이온들은 많은 줄기를 이루어 돌진하기에 이온 빔(ion beam)이 기판에 조사된다고 표현하는 것이 적절합니다. 이온 빔의 충돌 면적은 작은 점 정도밖에 되지 않기 때문에 전체 기판 표면으로 이온을 골고루 보내주려면 빔을 흔들어 스캔해주어야 합니다. 이를 위해 이온 빔 방출이 시작되는 부분에 이온 줄기의 방향을 제어하는 장치가 달려 있습니다. 이와 동시에 기판도 회전시켜 줌으로써 전체적인 이온 농도를 균일하게 맞추어 줍니다.

이온 주입 공정에서 중요한 변수는 이온의 가속 에너지와 주입량입니다. 가속 에너지는 이온이 들어가는 깊이를 결정하고, 주입량은 이온

친절한 반도체

의 농도에 관여합니다. 경우에 따라 이온 빔이 조사되는 각도를 수직에서 약간 기울이기도 합니다. 이상과 같이 이온 주입 공정이 실시되며, B 이외에 다른 불순물의 이온 주입 개념도 동일합니다. 다만, 해당 이온을 추출하기 위한 가스 선택, 그리고 가속 에너지와 주입량이 다릅니다.

급속 열처리

이온 주입 공정이 성공적으로 수행되더라도 n형 또는 p형 반도체가 제 기능을 발휘하는 데는 갈 길이 남아 있습니다. 이온 주입은 높은 운동 에너지를 지니는 이온들이 기판 원자를 향해 돌진하여 박히는 과정이기 때문에 충돌당한 실리콘 원자들의 배열이 온전할 리 없습니다. 다시 말해, 우리가 알고 있는 실리콘의 결정 구조가 깨어지고 비정질 상태가 된다는 것입니다.

실리콘과 주입된 불순물 원자들이 무질서하게 뒤섞여 있는 상태에서는 앞선 장에서 알아본 실리콘 반도체의 특성이 나타나지 않습니다. 따라서 실리콘이 원래 지녀야 할 결정 구조로 되돌리는 후속 공정이 필요합니다. 이를 위한 방법은 적절한 온도로 기판을 가열하는 것입니다. 열에너지 덕분에 실리콘 원자들은 원래의 결정 구조로 회복되고 주입된 불순물도 실리콘 원자를 대치하여 제 위치를 잡을 수 있습니다.

그런데 후속 열공정 시 주의할 사항이 있습니다. 가열 온도가 너무 높거나 시간이 길어지면 주입된 불순물 원자들이 적정 범위를 넘어서기판 아래 방향으로 멀리 확산해 들어갑니다. 그렇게 되면 온전한 트랜지스터가 성립되지 않습니다.

따라서 확산이 최대한 억제되면서 충분한 열에너지가 공급되는 열처리 방법이 필요합니다. 이에 대응하기 위해 고안된 공정이 '급속 열처리(RTA, Rapid Thermal Annealing)'입니다. 일반적인 열처리법에서는 금속 또는 세라믹 발열체가 사용되는데 이 방식으로는 수십 분에서 수시간의 공정 시간이 소요되어 짧은 열처리가 불가능합니다. 하지만 RTA법에서는 열원으로 할로겐 램프(halogen lamp)를 이용하여 차원이 다른 고속 가열을 할 수 있습니다.

원래 할로겐 램프는 조명용으로 쓰이는 강력한 광원인데, 빛에 고열이 실려 나오는 덕분에 열원으로 사용할 수 있습니다. 또한 램프이기에 켜고 끄는 속도가 매우 빨라서 고열을 순식간에 기판으로 전달하고 금방 멈출 수 있습니다. 다음의 그림과 사진은 할로겐 램프를 열원으로 채택한 RTA 장비의 개념도와 실제 장비의 내부 모습입니다.

RTA 장비 안에는 그림과 같이 칸칸이 나누어진 반사판 안에 작은 램프 수백 개가 촘촘히 박혀 있습니다. 가열이 시작되면 모든 램프가 동시에 켜지며 빛에 실린 열에너지가 웨이퍼의 표면에 전달되어 빠르게 가열됩니다. 보통 1,000℃ 열처리도 1분 안에 이루어질 정도로 빠릅니다.

작은 램프 다수를 사용하는 장치가 큰 램프 몇 개만 장착한 장비보다 더 좋은 장점을 가지고 있습니다. 고열을 급속하게 웨이퍼에 전달하다 보면 면적 전체에 걸쳐 심한 온도 불균일이 발생할 수 있고, 이렇게 되면 웨이퍼가 휘거나 심지어 깨질 수도 있습니다. 이를 방지하려면 상당한 수의 램프를 장착하고 전력을 별도로 조절하여 기판의 온도가 최대한 균일하게 상승하도록 유도할 필요가 있습니다.

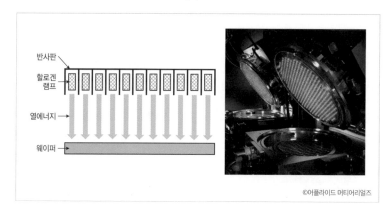

반사판

할로겐
램프

열에너지 →

웨이퍼

©어플라이드 머티어리얼즈

이온 주입 후 RTA 공정을 거치면 실리콘 원자와 불순물들이 제자리를 찾아가게 되므로 MOS 트랜지스터의 우물, 소스, 드레인이 목적한 기능을 수행할 수 있게 됩니다.

MOS 트랜지스터 제조 과정 되짚어보기

DRAM의 건축학을 소개한 장에서는 MOS 트랜지스터 제조 과정을 패턴 형성 관점에서만 기술했습니다. 그때는 단위 공정에 대한 이해가 없었기에 그렇게밖에 할 수 없었습니다. 이제는 실리콘의 열산화, 이온 주입, 급속 열처리 공정을 알게 되었으니 이 시점에서 트랜지스터의 제작 과정을 다시 짚어볼 필요가 있습니다. 이를 위해 n형 MOS 트랜지스터의 공정 흐름을 다음 쪽에 있는 개략도를 가지고 설명하겠습니다.

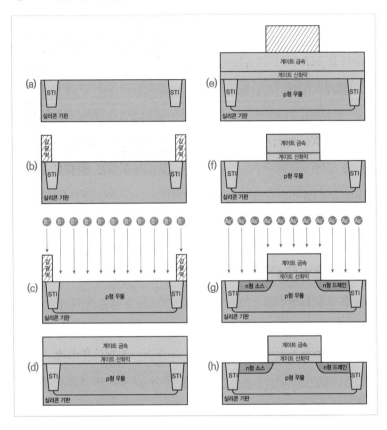

먼저 이웃하는 트랜지스터 간 절연체인 STI(Shallow Trench Isolation)를 준비합니다.[그림(a)] 다음 공정은 p형 우물을 조성하는 것인데, p형 우물 위치에만 선택적으로 이온 주입이 이루어져야 합니다. 이온 주입 장비는 웨이퍼 전면에 골고루 이온을 넣어줄 수 있을 뿐, 특정한 부분에만 주입하는 능력은 없습니다. 따라서 포토리소그래피 작업을 수행하여 p형 우물이 위치할 부위만 감광막을 제거하여 열어줍니다.[그림(b)]

그리고 앞에서 설명한 방법으로 p형 불순물인 B를 기판에 주입하고 잔류하는 감광막을 제거한 후, 급속 열처리를 실시하여 p형 우물을 조성합니다.[그림(c)]

다음은 게이트를 만들 차례입니다. 게이트 산화막을 건식 열산화법으로 성장시키고 이어서 게이트 금속 박막을 증착합니다.[그림(d)] 게이트는 라인 형상을 띠어야 하기 때문에 포토리소그래피법으로 선형 감광막 패턴을 만든 후 [그림(e)], 식각을 거쳐 게이트 라인을 형성시킵니다.[그림(f)]

이제 남은 것은 소스와 드레인입니다. 이것도 특정한 위치에 자리잡아야 하므로 포토리소그래피의 도움을 받아야 할 것 같지만, 그렇지 않습니다. 그냥 전면에 이온 주입을 실시합니다. 게이트 라인이 가림막 역할을 하고, STI에는 불순물이 좀 들어가더라도 별 상관이 없기에 감광막이 없어도 소스와 드레인이 들어설 부위에만 유효한 이온 주입이 가능합니다.

이번에는 n형 불순물을 주입해야 하는데, 대표적인 n형 불순물인 P(인)과 As(비소) 중에 As를 투입합니다. 소스와 드레인의 이온 주입에서 중요한 점은 기판 표면으로부터 얇게 고농도로 이온들이 들어가야 한다는 것입니다. 이렇게 되려면 이온의 크기가 커야 유리하기에 P보다 원자 번호가 큰 As가 더 좋은 선택이 됩니다. 따라서 As 이온을 주입합니다.[그림(g)] 이어서 급속 열처리를 실시하여 MOS 트랜지스터를 완성합니다.[그림(h)]

화학으로 박막 입히기

∙
∙
∙
∙

MOS 트랜지스터 공정을 완료한 이후에는 박막을 입히는 방식으로 집적 회로의 각 층에 해당하는 재료를 공급해 주어야 합니다. 이들은 반도체, 세라믹, 금속 중 하나인데, 박막을 만들기 위해서는 다양한 성막법을 동원해야 합니다. 박막 제조 공정이란 기판 위에 해당 소재를 얇은 막의 형상으로 펼쳐서 고체로 만드는 작업이라고 할 수 있습니다. 앞으로 몇 장에 걸쳐 '반도체 제조 공정'의 주요 분야 중 하나인 '박막 제조 공정'을 알아보겠습니다.

집적 회로를 제조하기 위한 박막 형성법 중 화학적 반응에 근간을 둔 것이 가장 중요한 위치를 차지하고 있습니다. 좀 더 강조해서 표현하면 '박막 제조 공정'은 화학으로 이루어진 세상이라고 볼 수 있습니다. 이번 장에서는 '화학 기상 증착(CVD, Chemical Vapor Deposition)'의 개념을 탐구하려 합니다.

화학 기상 증착 과정에는 화학적 합성법이 깊숙이 자리잡고 있습니다. 따라서 이를 이해하려면 몇 가지 화학적 지식이 필요합니다. 하지만

친절한 반도체

걱정하지 말기 바랍니다. 박막의 합성법을 하나하나 설명해 가면서 필요한 화학의 원리를 그때그때 쉽게 풀어서 곁들일 예정입니다.

화학 기상 증착

화학 기상 증착이란?

우선 화학 기상 증착 용어를 분해해서 의미를 생각해봅시다. 어떤 용어든 그 안에 정의가 함축되어 있기 때문에 이는 유용한 작업이라 할 수 있습니다. '화학 기상 증착'은 '화학', '기상', '증착' 세 단어로 이루어져 있습니다. 각각의 뜻을 따져 보면 '화학'은 화학적 방법과 관련이 있고, '기상'은 말 그대로 기체 상태의 무엇인가를 내포하고 있습니다. 마지막 '증착'은 어떤 물질이 기체에서 곧바로 고체로 바뀌는 현상을 지칭합니다. 따라서 화학 기상 증착이란 '화학적 방법을 사용하여 기체 상태의 무엇인가를 고체의 막으로 만든다'라는 의미입니다.

그런데 여기서 한걸음 더 들어가 왜 기체 상태의 것을 고체화시켜서 박막을 만드는지도 생각해 볼 필요가 있습니다. 박막을 만들려면 그 소재를 구성하는 원소들을 어떤 방식이든 기판 표면으로 보내주어야 합니다. 이를 위한 방법에는 세 가지가 있습니다.

우선 가장 투박한 방법으로 그 소재를 고체인 막의 형태로 미리 만들어서 기판에 가져다 붙이는 것입니다. 그런데 이는 집적 회로 박막 형성법으로 아예 고려 대상이 아닙니다. 고체 소재를 최소 수나노미터 정도의 막으로 가공하고 취급하는 것도 비현실적일 뿐만 아니라 설사 가능하다고 해도 기판에 붙이는 방법도 마땅치 않습니다.

그 다음은 액체 상태로 재료를 기판 표면에 공급해주는 것입니다. 실제로 이 방법을 박막 제조법 중 하나로 사용합니다만, 여러 가지 어려움이 있기에 제한적으로만 사용합니다. 우선 박막 소재를 액화시키는 특별한 방법을 찾아야 하는 어려움이 있고, 액체를 고체로 변화시키는 과정에서 소재의 요구 특성을 달성하는 것이 쉽지 않습니다. 또한 막을 아주 얇게 만드는 데 적합치 않습니다. 오히려 물질 공급원이 액체여서 생기는 장점이 있는데, 이를 활용하기 위한 경우에만 적용합니다.

결국 가장 바람직한 방법은 기판 표면으로 박막의 각 원소를 기체 상태로 보내주는 것입니다. 기체는 원자 또는 분자 형태로 기판에 도달하기 때문에 그들의 크기 수준으로 박막 성장을 제어할 수 있습니다. 더욱이 박막이 갖추어야 할 필수 항목 중 하나가 두께 균일성인데, 300mm 대구경의 웨이퍼 구석구석에 골고루 기체를 보내줌으로써 균일한 박막을 제조할 수 있는 유리한 점도 있습니다. 이 경우에도 기체를 고체화시키는 과정이 필요한데, 이는 기판 표면으로 보내진 분자들이 그곳에서 화학적 반응을 일으켜 고체를 내어놓게 함으로써 해결합니다. 이러한 장점 덕분에 박막의 원료를 기체 상태로 웨이퍼에 보내주는 방식을 주로 사용합니다.

화학 기상 증착 공정

화학 기상 증착법에서는 박막의 구성 원소를 기상으로 기판에 보내주어야 하는데, 사실 이게 그리 간단한 문제가 아닙니다. 이를 구체적으로 다루기 위해 실리콘 산화막의 화학 기상 증착을 예로 들겠습니다.

실리콘 산화막의 화학식(chemical formula)은 SiO_2입니다. 즉, Si(실리콘) 원자와 O(산소) 원자가 1:2로 결합되어 있는 화합물입니다. 이를 박막으로 만들기 위해서는 Si와 O를 기판으로 보내고 표면에서 화학 반응을 일으켜 SiO_2가 생성되게 해야 합니다. 그런데 여기에 어려움이 하나 있습니다. 일상의 환경에서 O_2는 기체이지만 Si는 고체 상태로 존재하기 때문에 이를 그대로 기화시켜 기판으로 보내는 것은 거의 불가능합니다. 즉, 이대로는 원활한 화학 기상 증착이 가능하지 않다는 말입니다. Si도 아주 고온으로 올려주고 매우 낮은 압력 상태에 있게 하면 기체가 될 수 있습니다만, 그 정도 환경을 마련하고 이를 박막 공정에 적용하는 것은 바람직하지도 현실적이지도 않습니다.

그래서 생각해낸 것이 실리콘 원자가 함유되어 있으면서 적당한 공정 온도와 압력 범위에서 기체인 분자를 만들어 사용하는 방안입니다. 이런 류의 분자로서 SiO_2 막 제조 공정에 오래전부터 사용되어온 대표적인 것이 SiH_4입니다. 이 분자의 영어 이름은 silane이고 '실레인' 또는 '실란'으로 발음합니다. 또한 예전부터 산업 현장에서 관습적으로 '사일렌'이라고도 불렸으니 이것도 알아두면 좋습니다. 우선 이 분자 구조를 보면 다음의 그림과 같습니다.

SiH_4의 구조식과 분자 모형

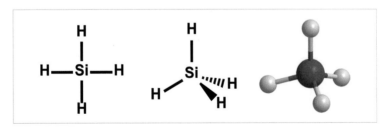

분자의 중심에 Si 원자가 위치하고 이 Si가 4개의 수소와 4개의 결합을 이루고 있는 구조를 지니고 있습니다. 제시된 3가지 그림은 모두 동일한 분자이지만 표현만 다릅니다. 첫 번째와 두 번째 구조식 중 뒤의 것은 분자의 입체감을 살린 장점이 있습니다.

그럼 이 분자를 가지고 어떻게 SiO_2 박막을 만들까요? SiO_2 구성 원소 중 하나인 Si는 확보했고, 나머지 원소인 O가 필요합니다. 이를 위한 선택은 비교적 단순한데, O가 포함되어 있는 여러 종의 기체 중에 SiH_4(실레인)와 반응하여 박막을 조성하기 적합한 분자를 찾으면 됩니다. 가장 쉽게 생각할 수 있는 것이 O_2 가스이기에 이를 선택하겠습니다.

이제 SiH_4와 O_2를 반응시켜 SiO_2 막을 만들 차례입니다. 이 두 분자의 반응식을 쓰면 다음과 같습니다.

$$SiH_4(g) + O_2(g) \rightarrow SiO_2(s) + \text{by-product } [H_2(g)] \uparrow$$

참고로 이 반응의 주 목적은 SiO_2 박막을 생성하는 것입니다. 수소 가스 H_2도 어엿한 생성물이지만 SiO_2 관점에서 반응식을 표기하기 때문에 억울하게도 부산물(by-product)이라는 별칭이 붙었습니다. 하기야 이 생성물은 없어져 주길 바라는 것이기 때문에 그럴 만하다고 할 수도 있겠습니다. 그렇지만 만약 이 반응이 수소를 생산하기 위한 것이었다면 그런 취급을 받지 않을 것입니다.

그럼 반응식을 따라 진행되는 화학 기상 증착 과정을 다음의 모식도를 참고하며 풀어보겠습니다.

화학 반응을 위해서는 특별히 고안된 반응실(reaction chamber)을 구비한 장비를 사용하며, 외부로부터 반응실 안으로 SiH_4와 O_2 가스를 주

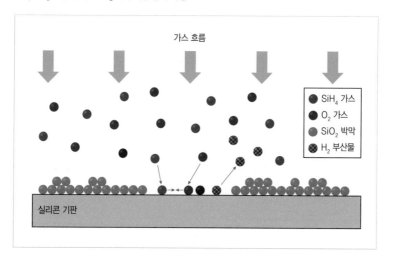

SiH$_4$와 O$_2$ 반응에 의한 SiO$_2$ 화학 기상 증착 과정

가스 흐름

● SiH$_4$ 가스
● O$_2$ 가스
● SiO$_2$ 박막
⊗ H$_2$ 부산물

실리콘 기판

입합니다. 한 번 넣어주고 끝나는 것이 아니라 일정한 양을 지속시켜줍니다. 가스들은 기판 표면을 향하는 흐름을 유지하는데, 일부는 기판 표면에 닿고 나머지는 그렇지 못해 흐름에 쓸려 지나가기도 합니다. 운 좋게 기판 표면에 도달한 SiH$_4$와 O$_2$ 분자들은 서로 반응합니다.

SiH$_4$ 가스에서 필요한 것은 오직 Si이며, SiH$_4$는 그저 실리콘을 실어 나르기 위한 운반체일 뿐입니다. 이 반응에서 O가 SiH$_4$의 불필요한 H 네 개를 떼어내고 실리콘과 결합함으로써 SiO$_2$ 박막이 생성됩니다. 떨어져나온 H는 H$_2$ 기체 분자로 탈바꿈하여 날아갑니다.

위에서는 반응 과정에서 일어나는 현상을 설명했는데, 부가 설명이 좀 필요합니다. 이는 반응이 일어나기 위한 조건에 관한 것으로 두 가지 가 중요합니다. 하나는 가해준 열에너지로서 기판의 온도이고 다른 하 나는 반응실에 주입하는 SiH$_4$와 O$_2$ 가스의 유량입니다.

화학 반응이 원활히 일어나려면 적절한 온도의 열이 가해져야 합니다. 어떤 화학 반응이든 반응의 정도는 온도에 따라 민감하게 변합니다. 온도가 높을수록 화학 반응의 속도는 증가합니다만, 무작정 높은 것이 능사는 아니고, 반응이 적절히 제어되어 양질의 SiO_2 박막이 형성되는 온도를 잘 찾아야 합니다.

SiH_4와 O_2 가스의 투입량도 중요합니다. 이 주입량에 따라 기판 주변 압력이 결정됩니다. 가스량이 많아지면 당연히 압력이 높아지는데, 그만큼 기판 표면에 도달하여 반응에 참여하는 가스 분자의 수가 많아져 박막의 성장 속도가 높아질 가능성이 커집니다. 충분한 양을 기판으로 보내주어 원활한 반응을 유도해야 합니다만, 너무 과도하여 반응하지 못하고 낭비되는 가스가 많은 것도 바람직하지 않습니다. 가스량은 시간당 흘려주는 양, 즉 가스 유량으로 제어하며 적절하게 공급합니다.

기판 온도와 가스 유량 이외에도 몇 가지 부수적인 공정 조건들이 있습니다. 공정 변수들을 조정해가며 많은 수의 실험을 수행함으로써 이들 공정 조건 중에 우수한 특성의 박막이 만들어지는 조합을 찾아 공정을 수립하게 됩니다.

재미있는 것은 온도, 가스 유량, 압력 등 공정 조건 한 세트를 레시피(recipe)라고 부릅니다. 우리가 알고 있는 요리법에 나오는 그 레시피입니다. 공정을 진행하는 것은 요리하는 과정과 유사하여 주입하는 원료량과 기판 온도는 각각 요리의 재료 투입량과 불 조절에 해당한다고 볼 수 있습니다. 그리고 가장 맛있는 요리가 만들어지는 조건이 레시피로 정해지듯이 가장 품질 좋은 박막을 제조하는 공정 조건이 레시피로 결정됩니다. 요리하기를 좋아하는 분은 혹시 반도체 제조 공정 분야에 소질이 있을지도 모르니 이 분야에 관심을 가져보면 어떨까 싶습니다. 다만, 반도체 요리 도구들은 엄청나게 비싸기 때문에 집에서 혼자 할 수 는 없습니다.

전구체와 반응 가스

이렇게 해서 SiH_4와 O_2 반응에 의한 SiO_2 박막 형성을 예로 들어 기본적인 화학 기상 증착(CVD) 공정을 살펴보았습니다. CVD를 논할 준비가 된 것이니 이제 몇 가지 다른 성격의 CVD 반응으로 확장하려 합니다. 그런데 이를 위해서는 두 가지 용어를 알아야 합니다. 앞의 예시 화학 반응에서 SiH_4와 같이 박막의 구성 원소 중 핵심 원소를 제공해주는 물질을 '전구체(precursor)'라고 하며, 화학 반응이 일어나도록 도와주는 가스를 '반응 가스(reaction gas)'라고 통칭합니다. 즉, CVD 공정은 전구체와 반응 가스 사이의 화학 반응을 통해 원하는 박막을 얻는 과정이라고 할 수 있습니다.

전구체에는 두 가지 형태가 있습니다. 하나는 기체이고 다른 하나는 액체입니다. 그중 기체 전구체가 더 이상적인데, 기체 상태 그대로 박막 증착에 사용할 수 있기 때문입니다. 반면 액체 전구체는 반응실로 투입되기 전에 기화 과정이 필요하여 기체에 비해 취급하기 까다롭습니다. 기본적으로 전구체 자체의 화학적 특성이 CVD 성막 특성을 결정하지만, 액체 전구체자체의 경우 기화되기 쉬운 정도와 기화 방식도 박막의 품질에 상당한 영향을 끼칩니다.

액체 전구체마다 기화 용이도가 다릅니다. 우리에게 익숙한 물과 알코올을 비교하면 쉽게 이해할 수 있습니다. 물보다는 알코올이 금방 증발한다는 것은 누구나 알고 있습니다. 액체 전구체는 휘발성이 강할수록 바람직합니다. 특별히 휘발성이 큰 전구체가 존재하는데, 이들의 경우에는 별도의 기화 장치가 필요 없습니다. 하지만 그렇지 않은 액체는 의도적으로 기화시켜주어야 하기 때문에 증착 장비가 복잡해집니다.

전구체의 중요성은 상당히 큽니다. 우리가 어떤 신소재 박막을 반도체 공정에 적용하고자 하면 우선 그 박막을 잘 조성할 수 있는 전구체가 존재하는지 따져보아야 합니다. 기존에 알려져 있는 화학 물질 중 적절한 것이 없으면 새로 개발해야 하는데, 좋은 물질이 확보되지 않으면 좋은 박막을 얻을 수 없습니다. 좀 더 직설적으로 표현하면 "좋은 전구체가 없으면 우수한 박막도 없다."고 말할 수 있을 정도입니다. 반응 가스의 선택도 그에 못지않게 중요하지만 전구체가 구비되면 이와 어울리는 반응 가스를 찾는 것은 상대적으로 쉽습니다.

종횡비와 단차피복성

앞에서 SiH_4와 O_2의 반응에 의한 SiO_2 박막 증착을 예시로 기본적인 CVD 개념을 설명했습니다. 다음 장으로 넘어가기 전에 박막 공정이 제대로 수행되었는지 판단하기 위해 알아야 할 두 가지 기초 용어들을 소개하겠습니다.

박막 증착 공정에서 가장 어려운 과제는 매우 깊고 좁은 패턴 내부 형상을 따라 박막을 일정한 두께로 증착하는 것입니다. 더욱이 패턴 축소의 경향이 극한을 향하고 있는 상황에서 그 중요성은 이루 말할 수 없을 정도입니다. 전기 전도성이나 유전 특성 같은 박막 자체의 요구 특성을 달성해야 하며 집적 회로에 채용된 아키텍처를 따라 고르게 성막되는 것도 꼭 이루어져야 합니다.

이를 판단하려면 패턴 모양과 박막의 덮임성(coverage)을 표현하는 지표가 필요합니다. 이에 대한 기초 용어가 두 가지 있는데, 하나는 '종횡비(aspect ratio)'이며, 다른 하나는 '단차피복성(step coverage)'입니다. 두 용어의 정의는 단순하며 다음의 그림에 나타내었습니다.

박막이 놓일 하지 패턴은 오목할 수도 볼록할 수도 있습니다. 이 그림은 오목 패턴을 표기한 것으로 홀(hole) 또는 도랑의 단면입니다.

그림에 나타난 바와 같이 종횡비는 말 그대로 오목 패턴의 높이(b)를 바닥 폭(a)으로 나눈 값입니다. 이 값이 클수록 좁고 깊은 홀 또는 도랑이며, 그 위에 증착될 박막의 공정 난이도가 높아집니다. 집적 회로의 칩 축소가 과도해지면 극한의 종횡비를 가지는 부위가 생깁니다. 특히

오목 패턴의 종횡비와 박막의 단차피복성

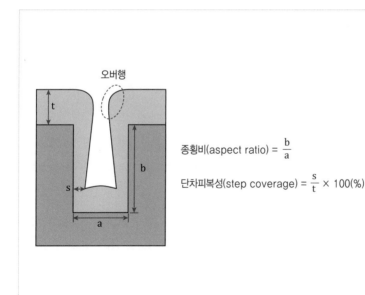

종횡비(aspect ratio) = $\dfrac{b}{a}$

단차피복성(step coverage) = $\dfrac{s}{t} \times 100(\%)$

메모리 반도체에서 그 양상이 심한데, DRAM에서는 기둥형 커패시터가 놓일 틀산화막 자리를 뚫는 수직 홀이, NAND 플래시 메모리에서는 수직형 트랜지스터 배열을 만들기 위해 수백 단을 관통하는 깊은 홀이 대표적입니다.

한편 하지 표면 형상을 따라 증착된 박막에서 가장 기본적이며 중요하게 여겨지는 성질이 '단차피복성(step coverage)'입니다. 그림에서 t는 패턴 상부에 위치한 박막의 두께이고, s는 패턴 내부에 형성된 박막 중에서 가장 얇은 곳의 두께입니다. 그리고 단차피복성은 s를 t로 나눈 값을 %로 표기합니다. 박막 공정 엔지니어의 목표는 상부 막의 두께와 홀 안의 측면과 바닥면 막의 두께가 모두 동일하게 성막되는 단차피복성 100%를 달성하는 것입니다. 그렇지만 이게 그리 쉽지는 않습니다.

어떤 패턴에 박막을 증착하면 패턴 상부에는 막이 올라가는데 아무런 문제가 없습니다. 이는 평판 상태에서 박막이 증착되는 것과 마찬가지이기 때문입니다. 하지만 홀 안쪽은 상부 막의 두께보다 얇게 증착될 가능성이 큽니다. 박막이 성장해가는 과정에서 홀의 폭은 점차 좁아지게 되고, 특히 그림과 같이 홀 입구 모서리에 발생하는 오버행(overhang) 때문에 박막의 원료인 전구체와 반응 가스가 홀 안으로 깊숙이 들어가기 어려워집니다. 따라서 상부 표면보다 낮은 두께의 막이 형성됩니다. 이 현상은 패턴의 종횡비가 커질수록 가속되며 이에 따라 단차피복성 확보가 힘들어집니다.

그렇더라도 여러 박막 증착법 중에 CVD류의 공정이 대세를 이루고 있습니다. CVD의 특성상 박막은 전구체와 반응 가스 분자들이 닿는 모든 면, 즉 패턴의 상부, 그리고 내부 측면과 바닥면에서 동시에 성장하기 때문에 일반적으로 좋은 단차피복성의 박막을 얻을 수 있습니다.

하지만 한계는 있습니다. 이 때문에 CVD에서 변형된 ALD(Atomic Layer Deposition) 공정이 개발되어 매우 높은 종횡비의 패턴에서도 우수한 단차피복성을 확보할 수 있게 되었고, 현대의 초고집적 회로 제조에 적극 채용되고 있습니다.

이 정도로 CVD에 대한 이야기를 마무리하고 이어지는 장에서는 집적 회로에 적용되는 CVD와 ALD 공정들을 알아보겠습니다.

화학으로 만든 박막

앞 장에서 예시한 SiO_2 증착은 CVD 중 가장 기본적인 형식입니다. 이번 장에서는 주요 CVD 공정 두 가지를 추가로 소개하겠습니다. 하나는 플라즈마의 도움을 받아 SiO_2를 만드는 PECVD(Plasma Enhanced Chemical Vapor Deposition)이고 다른 하나는 금속인 W(텅스텐)를 성막하기 위한 CVD입니다. 각 공정에서 사용되는 전구체와 반응 가스, 그리고 화학 반응식을 제시할 것이며 공정의 특징을 설명하겠습니다. 또한 공정의 이해를 돕기 위해 필요한 화학적 지식도 함께 다루겠습니다.

플라즈마 강화 화학 기상 증착

화학 반응에는 에너지가 필요합니다. 열(열에너지)을 가하여 반응시키는 것이 보편적이며, 전기(전기 에너지)를 인가하거나 빛(빛 에너지)을 쪼여서 반응을 일으키는 경우도 있습니다. 그런데 두 가지 에너지를 동시에 투입하면 하나만 사용하는 경우에 비해 더 큰 장점을 만들어낼 수 있습니다. 이번 소제목의 내용은 이와 관련된 이야기입니다.

PECVD(Plasma Enhanced Chemical Vapor Deposition)에는 기존 CVD 용어 앞에 'plasma enhanced'가 붙어 있습니다. 우리말로 번역하면 '플라즈마 강화 화학 기상 증착'으로 표기할 수 있습니다. 즉, 화학 기상 증착이긴 한데 열 이외에 플라즈마도 인가해주어 CVD를 강화한다는 것입니다. 플라즈마는 전기를 투입하여 발생시키기 때문에 전기 에너지에 해당됩니다. 따라서 열에너지와 전기 에너지를 동시에 사용한 CVD라고 볼 수 있습니다.

그런데 PECVD를 논하기 전에 플라즈마를 알아야 합니다. 사실 플라즈마는 반도체 제조 공정 여러 곳에서 요긴하게 쓰이며, 특히 물질을 깎아내는 식각 공정에 필수적으로 사용됩니다. 나중에 다른 장에서 소개할 식각 공정에서 플라즈마의 주요 내용을 다룰 예정이지만 이곳에서도 '플라즈마가 무엇인지' 정도는 알아야 하기에 간단히 언급하겠습니다.

물질은 주어진 환경에 따라 고체, 액체, 기체 상태 중 하나로 존재합니다. 그런데 일반적으로 그렇다는 것이고 이와 다른 종류의 상태도 있습니다. 기체인데 구성 원자나 분자 중 일부가 이온화되어 있는 것이 그 예 중에 하나입니다.

액체에는 이온들이 함유되어 있는 경우가 많습니다. 가장 쉬운 예가 소금물인데, 소금의 주성분인 $NaCl$(염화나트륨)은 물에 녹아 Na^+와 Cl^- 이온들로 해리되어 물속을 돌아다닙니다. 그러고 보면 $NaCl$은 참 고마운 물질입니다. 이온과 관련한 지식을 설명할 때마다 등장해서 우리의 이해를 도우니까요. 이것 말고도 액체에는 여러 종류의 이온들이 녹아 있을 수 있습니다. 특히 사람의 신체 안에 많은데, 우리는 그것들을 고

상하게 미네랄이라고 부르기도 합니다.

그런데 기체 안에는 이런 식으로 이온이 함유되기 어려우며, 에너지를 투입해야 이온이 생깁니다. 전기 에너지를 기체에 인가하면 특정 조건에서 기체의 일부가 이온화되는데, 이런 기체를 플라즈마라고 합니다. 즉, 플라즈마란 '기체를 구성하는 분자나 원자의 일부분이 이온화됨으로써 중성의 원자나 분자, 그리고 이들로부터 파생된 이온들이 공존하는 기체 상태'라고 정의할 수 있습니다. 엄밀히 따지면 우리가 알고 있는 기체와는 다른 것이기에 플라즈마를 제4의 물질 상태라고 부르기도 합니다.

PECVD 공정 장비의 반응실에는 플라즈마 발생 장치가 달려 있으며, 이곳으로부터 가해지는 전기 에너지에 의해 전구체와 반응 가스가 이온화됩니다. 물론 모두 이온화되는 것은 아니고 일부만 그렇게 됩니다. 이온화된 전구체와 반응 가스는 큰 활성도를 지니기 때문에 PECVD에서는 일반적인 CVD에 비해 상당히 낮은 온도에서 박막이 잘 만들어집니다. 이와 같이 플라즈마를 추가하는 목적은 저온 공정이 가능하고 박막의 증착 속도를 높이기 위함입니다. 다만, 여기서 이야기하는 저온은 우리가 피부로 느끼는 저온은 아니며, 일반 CVD에 비하여 저온이라는 의미입니다. 예를 들어, 보통 CVD의 공정 온도가 700℃ 정도라면 PECVD의 경우에는 400℃ 이하로 낮출 수 있습니다.

집적 회로 제조 과정에서 박막 증착을 수행할 때 제한 없이 고온을 사용할 수 있는 것은 아닙니다. 너무 강한 열은 그 공정 이전까지 만들어 놓은 적층에 나쁜 영향을 끼쳐 소자 특성을 망가뜨릴 수 있습니다. 이를 방지하기 위해 적당한 온도가 필요한 경우 PECVD가 유용하게 사용됩니다. 하지만 반대 급부도 있습니다. PECVD를 적용하면 단차피복성을 많이 까먹는다는 것입니다. 따라서 이 열화를 수용할 수 있는 범위 내에서 사용됩니다.

이번 PECVD 주제에서는 대표 공정 한 가지만 소개하려 합니다. 그리고 플라즈마 인가에 의한 효과는 이미 설명했기 때문에 특별히 플라즈마를 언급하지 않겠습니다. 그냥 CVD를 설명하는 느낌일 텐데 PECVD라는 점을 감안하기 바랍니다.

PECVD SiO₂

앞장에서 SiO_2 성막을 위한 전구체로 SiH_4를 예시했습니다. PECVD에서도 이 전구체를 사용할 수 있지만, 그보다는 TEOS라는 것을 씁니다. 우선 TEOS 전구체를 소개하겠는데, 그 생김새가 다음과 같이 범상치 않습니다. 아무래도 이 분자를 설명하는 데 지면을 좀 할애해야겠습니다.

TEOS는 tetraethylorthosilicate의 약자이며 화학식은 $Si(OC_2H_5)_4$로서 이름도 만만치 않게 보입니다. 이는 합성어인데, 분절해서 표기하면 tetra-ethyl-ortho-silicate가 됩니다. 각 분절어의 맨 앞 알파벳의 대문자를 연결하여 TEOS라고 부릅니다.

TEOS의 구조식과 분자 모형

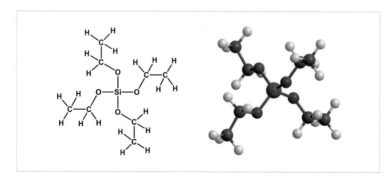

이 전구체의 구조를 이해하려면 이름을 뜯어보는 것이 도움이 됩니다. 우선 각 분절어가 의미하는 바를 간단히 기술하겠습니다. tetra는 '4'를, ethyl(에틸)은 '에틸기'를 의미하는데, ethyl은 곧 설명을 하겠습니다. ortho(오쏘)는 분자 구조와 관련된 화학적 용어이고, 마지막 silicate는 '실리콘과 산소의 화합물'을 지칭합니다.

TEOS의 구조식을 몇 부분으로 나누고 각 부위의 명칭을 표기하여 다음의 그림에 다시 나타내었습니다.

이 구조를 설명하면 다음과 같습니다. 분자의 중심에는 Si가 위치합니다. 바로 우리가 CVD에서 필요로 하는 원소입니다. 그리고 이 Si는 O들과 결합하고 있습니다. 이런 류의 화합물을 silicate라 하고, 특히 4

각 부위의 명칭을 표기한 TEOS의 구조식

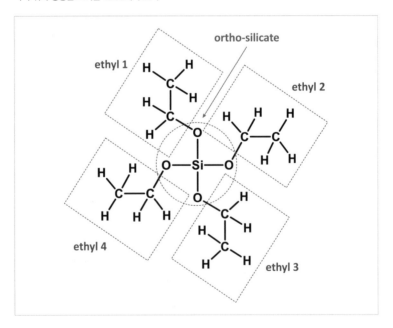

개의 O와 결합한 SiO_4를 'ortho-silicate'라고 칭합니다. 다음으로 or-tho-silicate의 각 O마다 ethyl기가 하나씩 달려 있어서 O는 마치 Si와 ethyl기를 잇는 가교 같은 모습을 보입니다. 이를 종합해서 TEOS를 한마디로 묘사하면, '실리콘을 함유하고 있는 ortho-silicate에 4개의 ethyl기가 연결되어 있는 구조'라고 말할 수 있습니다. 어떻습니까? 이렇게 해놓고 보니 이 분자의 구조가 조금은 단순하게 느껴지지 않습니까? 생각보다 복잡하지 않습니다.

ortho-silicate가 무엇인지는 앞에서 간략하게 언급했고, 이제는 ethyl기를 설명하겠습니다. 고등학교 화학 또는 대학교의 일반 화학 교재를 보면 다음과 같이 생긴 분자를 소개한 단원이 꼭 나옵니다. 이 분자를 'ethane(에테인 또는 에탄)'이라고 부릅니다. 이 구조식에서 수소를 하나 떼어내면 점선 박스 안과 같은 모습이 되며, 이를 'ethyl(에틸) 기'라고 합니다. TEOS에는 ethyl기가 4개 달려 있으며 분자의 특성을 발현시키는 데 나름의 역할을 합니다.

에테인과 에틸기

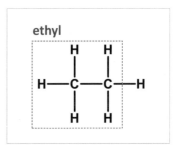

참, 화학식 $Si(OC_2H_5)_4$를 다루는 것을 빠뜨렸네요. 그래서 잠시 생각해 보겠습니다. 이미 구조식을 알고 있으니 쉽습니다. C_2H_5가 에틸기이고 각 에틸기가 하나의 O와 연결되어 있습니다. 이를 표기하면 OC_2H_5인데, 이것 4개가 Si에 붙어 있으니 4개의 표현은 괄호의 도움을 받아 $(OC_2H_5)_4$로 쓰고 Si와 결합하고 있다고 나타내면 됩니다. 그러면 최종적으로 $Si(OC_2H_5)_4$가 됩니다.

TEOS 분자에 대한 설명은 이 정도로 하고, 공정의 특징을 알아보겠습니다. TEOS에는 C와 H가 잔뜩 붙어 있고 O도 4개가 들어 있어서 무겁습니다. 이에 따라 상온에서 액체인 전구체입니다. 스스로 기화할 정도의 휘발성을 가지고 있지는 않기에 반응실로 투입하기 전 별도의 장치에서 기화시킵니다. TEOS와 함께 SiO_2 박막을 만들기 위한 반응 가스로는 O_2 또는 O_3(오존)가 사용되는데 여기서는 O_2를 선택하겠습니다. 반응식은 다음과 같으며 PECVD의 특성상 공정 온도는 주로 400℃ 정도가 됩니다.

$$Si(OC_2H_5)_4(g) + O_2(g) \rightarrow SiO_2(s) + by\text{-}product(g) \uparrow$$

앞에서 이미 산화물 생성 반응식을 해석해 보았기 때문에 이 반응이 의미하는 바를 쉽게 이해할 수 있을 것으로 생각되어 여기서는 추가 설명을 하지 않겠습니다. 다만, 이 반응의 경우에는 TEOS에 들어 있던 C, O, H가 왕창 떨어져 나오면서 다양한 조합의 부산물이 생깁니다. 특히 플라즈마가 켜져 있는 상태라서 일반 CVD보다 그 수가 더 많을 수 있습니다. 따라서 이 반응식에서는 부산물들을 특정하지 않았습니다.

TEOS를 이용한 PECVD 공정을 알았는데 궁금한 점이 하나 있습니다. "잘 알려진 SiH_4도 있는데 왜 이리 복잡한 TEOS를 사용하느냐?"는 것입니다. 이는 SiH_4보다 TEOS에 의한 SiO_2 박막의 단차피복성이 우수하기 때문입니다. 이런 장점 덕분에 층간 절연막이 필요한 곳에 이 공정이 많이 쓰입니다.

위에서 기술한 SiO_2 공정 이외에도 MOS 트랜지스터 사이를 절연시키기 위한 STI도 이 방식으로 만듭니다. 다만, PECVD를 근간으로

HDP라는 변형된 방식을 사용합니다. HDP는 'high density plasma'의 약자로써 특별한 방식의 플라즈마를 적용한 공정이기 때문에 PECVD와 구별해서 취급합니다.

갭필

STI와 같이 도랑을 채우는 공정을 평가할 때는 '단차피복성(step coverage)'보다는 '갭필(gap-fill)'을 따집니다. 그리고 바로 HDP 증착법이 갭필에 특화된 공정입니다. 이 공정을 이해하는 것은 상당히 까다롭기 때문에 자세한 설명은 생략하기로 하고, HDP 공정이 갭필에 유용하다는 정도만 알아두기 바랍니다. 그래도 '갭필'은 집적 회로 공정에서 일반적으로 사용되는 용어이기에 여기서 잠시 정리하고 넘어가겠습니다.

다음 그림의 첫 번째 것을 봅시다. 이 그림은 이상적인 박막 증착 과정을 4단계로 표기한 것입니다. 그렇다고 4번에 나누어 증착했다는 의미는 아니고, 한꺼번에 증착했지만 점진적으로 박막이 누적되어 간다는 것을 편의상 그렇게 표현했습니다. 도랑의 양쪽 측벽으로부터 성장

갭필 과정(좌)과 불완전한 갭필의 예(우)

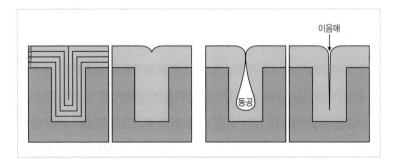

해온 박막이 도랑의 중간에서 완벽하게 만난 것으로 묘사되어 있는데, 이렇게 되어야 갭필이 달성됩니다. 두 번째 그림은 실제와 가까운 모습입니다. 그리고 필요한 경우 윗면의 증착막을 제거하면 STI와 같이 도랑만 채운 상태가 만들어집니다.

그런데 이게 그리 쉬운 일이 아닙니다. 세 번째 그림과 같이 도랑 안쪽에 동공(void)이 생기기 십상이고, 네 번째처럼 동공 정도는 아니어도 수직으로 길게 이음매(seam)가 남을 수도 있습니다. 갭필을 완성하려면 두 번째 그림처럼 이음매를 구분할 수 없을 정도로 SiO_2가 한 몸체가 되어야 합니다.

금속의 화학 기상 증착

앞에서 우리는 SiO_2의 CVD와 PECVD를 다루었습니다. SiO_2는 화합물이며 반응 가스의 원소가 생성물의 구성 요소로 참여합니다. 그런데 CVD 중에는 화학 반응 결과물이 단원소인 것도 있습니다. 금속의 경우가 그러한데, 대표적인 소재가 텅스텐(W)입니다. 이번에는 CVD W를 소개하겠습니다. 이 공정은 플라즈마 없이 열에너지만 사용하는 CVD입니다.

CVD W

CVD W 공정에 사용되는 전구체는 WF_6입니다. F는 원자 번호 9번의 불소인데, 텅스텐이 6개의 불소와 결합하여 불소화되었다는 의미로

WF$_6$의 구조식과 분자 모형

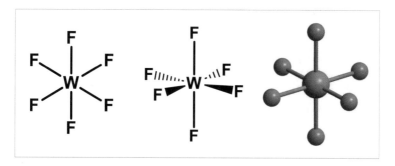

육불화텅스텐이라고 불립니다. 우선 이 전구체의 모양을 위의 그림에서 구경해봅시다.

그림처럼 WF$_6$의 중심에 W 원자가 위치하고 6개의 F가 각각 W와 결합한 구조를 가지고 있습니다. 이 전구체는 반도체 세계에서 기념비적인 물질입니다. 왜 그런지 설명하기 위해서 우선 W 금속의 장점을 언급해야겠습니다.

금속은 집적 회로에서 전기 흐름의 통로가 되는 배선 재료로 쓰입니다. 그런데 일반적으로 전기 전도성이 좋은 소재들, 예를 들면 알루미늄(Al)이나 구리(Cu) 같은 물질은 열에 약합니다. 만약 Al이나 Cu를 조성한 이후에 고온 공정을 실시하면 이 금속들에 문제가 생깁니다. Al의 녹는점은 660℃이며 이보다 나은 Cu는 1,084℃인데, 융점까지 가지 않더라도 이 온도의 2/3 정도를 넘어가면 변형이 발생할 수 있기 때문입니다.

그런데 금속 중에 열에 강한 것이 있습니다. 바로 텅스텐(W)입니다. W의 녹는점은 3,400℃로 Al과 Cu 대비 비교할 수 없을 정도로 높습니다. 따라서 W를 사용하면 후속 공정이 온도 제약으로부터 상당히 벗어날 수 있습니다. 이와 더불어 배선 재료로서 W 적용의 진정한 장점은 CVD를 가능케 하는 WF$_6$라는 훌륭한 전구체가 존재한다는 것입니다.

W는 원자 번호가 74번으로 엄청 무겁습니다. 주기율표에서 원자 번호가 클수록 무거운 원소인데, 13번 Al에 비해 약 7배, 29번 Cu에 비해 약 3배 무겁습니다. 어릴 적 가지고 놀던 유리구슬만 한 크기로 W 구슬을 만들어 손바닥에 올려놓으면 그 무게 때문에 깜짝 놀랄 수 있습니다.

신기한 점은 그럼에도 불구하고 W에 F가 결합하여 WF$_6$가 되면 상온에서 기체 상태로 있다는 것입니다. 이 정도 무거운 원소를 포함하면서도 기체인 전구체는 찾아보기 어렵습니다. 날개 달린 불소(F) 여섯 천사가 텅스텐(W) 원자를 줄에 매달고 날아다니는 것은 아닌가 싶을 정도입니다. 그러고 보니 WF$_6$ 분자 모습이 그렇게 보이기도 합니다. 우연인지 필연인지는 모르겠으나 이는 반도체 산업에 상당한 축복입니다. 이렇게 훌륭한 WF$_6$는 당연히 대표적인 반도체용 가스 중에 하나입니다.

그럼 어떻게 CVD가 이루어지는지 다음의 반응식으로 생각해봅시다.

$$WF_6(g) + H_2(g) \rightarrow W(s) + \text{by-product}[HF(g)] \uparrow$$

WF$_6$의 반응 가스로는 수소(H$_2$)가 사용됩니다. 수소(H)는 WF$_6$에서 F를 떼어내고 결합함으로써 HF가 되어 날아갑니다. 이때 H는 W와 화합물을 이루지 않습니다. 따라서 생성물로 단원소인 W 금속 박막만 증착됩니다.

그런데 이 반응에는 문제가 하나 있습니다. 박막이 올라갈 하지 재료에 크게 영향을 받아 박막 증착 시작이 어렵다는 것입니다. 어떤 박막이든 처음에는 하지 표면에 씨앗을 뿌려놓은 것과 같은 모습을 보이다가 이것들이 커지고 연결되고 자라나서 어엿한 박막으로 발전합니다. 증착 초기에 씨앗 같은 것들이 생성되는 과정을 핵 생성(nucleation)이라고 합니다. 이 단계가 원활치 않으면 CVD 공정을 수행해도 박막이 잘 만들어지지 않습니다.

W 박막이 놓일 아래층은 W가 아닌 다른 물질입니다. 이러한 상황에서 위 반응의 핵 생성은 그리 신통치 않습니다. 그래서 W 증착 초기에는 하지 표면의 성질을 바꾸고자 H_2가 아닌 다른 가스로 전처리를 실시하고, 또 다른 가스를 WF_6와 반응시킴으로써 초기 증착의 어려움을 극복합니다. 일단 아래층이 보이지 않을 정도로 W가 덮이고 나면 W 위에 W를 증착하는 상황이 되며 이때부터 위의 반응으로 성막을 진행합니다. 이와 같이 CVD-W는 여러 단계에 걸쳐 공정이 진행됩니다만, 초기를 제외하고 W 박막 대부분의 두께가 H_2 반응으로 형성되기 때문에 이 반응을 대표 반응으로 여길 수 있습니다.

사실 W는 Al이나 Cu에 비하여 전기 전도성이 떨어집니다. 하지만 열에 강한 성질과 WF_6라는 걸출한 전구체 덕분에 DRAM과 NAND 플래시 메모리 셀 내부에 많이 사용됩니다. 워드 라인, 비트 라인, 그리고 여러 수직 배선에 적용됩니다.

플러그

특별히 콘택홀을 채운 금속을 플러그(plug)라 하고, 텅스텐이 매립된 경우를 텅스텐 플러그(W-plug)라고 부릅니다. 전기 콘센트에 가전 제품을 연결할 때 꽂아주는 부품을 '플러그'라고 하는 것은 모두 알고 있을

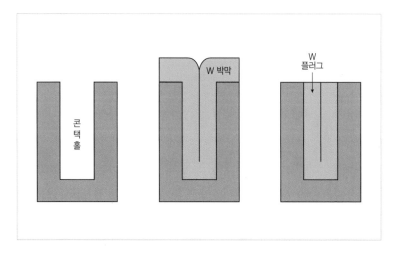

겁니다. 이 플러그에는 두 개의 작은 금속 봉이 달려 있는데 이 부분이 콘센트에 삽입됨으로써 전기적으로 연결됩니다. 이를 생각해보면 원형 기둥으로 매립되어 있는 수직 배선을 왜 '플러그'라고 부르는지 짐작할 수 있습니다.

플러그는 앞서 소개한 갭필과 유사하게 박막 성장을 통해 형성시킵니다. 도랑에 매립하는 경우를 갭필로, 콘택홀에 채우는 경우를 플러그라고 구분해서 말합니다. 플러그에도 동공(void)이나 이음매(seam)가 생기지 않는 것이 바람직하지만, W 박막의 특성상 약하게 이음매가 남습니다. 위의 그림과 같이 W 박막 증착으로 콘택홀을 꽉 채운 후 상부 막을 제거하면 수직 홀에만 W가 들어찬 플러그가 만들어집니다.

원자 한 층씩 쌓아올리기

앞선 두 장에 걸쳐서 CVD가 무엇이며 집적 회로 제조에 사용되는 주요 공정에는 어떤 것들이 있는지 알아보았습니다. 축소된 집적 회로의 생산성과 성능을 최대한 끌어올리기 위해 고안된 아키텍처를 구현하려면 높은 종횡비의 홀이나 패턴에 100%에 가까운 단차피복성으로 박막을 조성하는 것이 필수적입니다. 이러한 필요에 의해 개발된 공정 기술이 ALD(Atomic Layer Deposition), 즉 원자층 증착법입니다. ALD도 CVD의 일종이라 할 수 있지만, 화학 반응을 통해 원자 한 층씩 증착을 수행하는 방식으로서 CVD에 비해 꽤 큰 차별성을 가지고 있습니다.

CVD와 PECVD 등 기존에 사용되어 온 공정이 오랜 벗이라면 ALD는 세월이 가면서 점점 더 친분이 두터워지는 친구에 비유할 수 있습니다. 집적 회로의 축소가 극한을 향하면서 극심한 종횡비의 패턴에 대응할 수 있는 증착법은 ALD밖에 없기에 그 쓰임새는 점차 증가하고 있습니다. 또한 ALD는 귀족 같은 느낌도 있습니다. 곧 알게 되겠지만 증착 과정에서 전구체와 반응 가스가 많이 소모되는 비싼 공정이기 때문에 꼭 필요한 경우에만 사용되는 경향이 있습니다.

원자층 증착

ALD 적용이 필요한 혹독한 패턴 중 대표적인 것이 DRAM의 3차원 커패시터입니다. 다른 부위에도 여러 ALD 박막이 적용되고 있습니다만, ALD의 장점이 최대한 발휘되는 곳이 커패시터입니다. 따라서 이에 대한 적용을 예시로 ALD 공정을 소개하겠습니다.

앞선 장에서 DRAM 커패시터 구조의 변천사를 언급한 적이 있었습니다. 발전되어 온 몇 가지 형태 중 가장 최신 것이 기둥형이며 이곳에 다음의 그림과 같이 ALD 공정에 의해 박막이 조성됩니다.

이 단면 모식도는 앞선 장에 나왔던 것입니다. 그림에서 유전체층이 단

기둥형 커패시터의 구조와 유전체층의 확대도

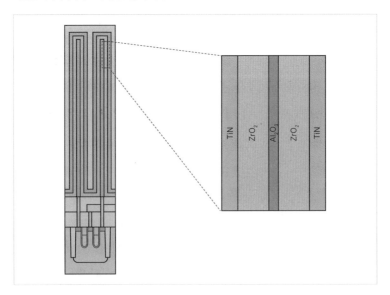

일 막인 것처럼 표현되어 있지만 사실 복수의 막으로 이루어져 있습니다. 두 종의 박막이 유전체 역할을 하는데, 그 소재는 Al_2O_3와 ZrO_2이며, 우측 확대 그림과 같이 $ZrO_2/Al_2O_3/ZrO_2$ 세 겹으로 유전체가 구성됩니다. 그리고 상부 전극과 하부 전극의 재료로는 TiN이 사용됩니다. 이러한 커패시터의 제조법을 'ZAZ 공정'이라고 별칭하기도 합니다.

혹시 느꼈는지 모르겠지만, 앞장까지 오는 동안 집적 회로를 구성하는 재료라고는 Si, SiO_2, W로 고작 3개밖에 등장하지 않았습니다. 물론 이 외에도 다루지 않은 물질들이 더 있지만 생각보다 소재의 종류가 많지 않습니다. 다만, 같은 재료라 하더라도 적용되는 위치와 역할에 따라 차별화된 공정들이 사용되기 때문에 박막 공정은 그리 단순하지 않습니다.

어쨌든 Si를 기반으로 몇 가지 소재들이 집적 회로의 주축이 되는 것은 사실입니다. 그에 비해 커패시터의 유전체로는 특별한 물질들이 쓰입니다. 따라서 이들 유전체의 ALD 공정 소개에 들어가기 전에 각 유전체의 특성과 왜 그 재료가 선택되었는지를 살펴볼 필요가 있습니다.

알루미늄 산화물인 Al_2O_3는 세라믹 산업에서 '알루미나(Alumina)'라고 불리는 유명한 소재로서 대표적인 절연체입니다. 절연성이 우수하고 기계적 강도가 좋아서 고전압용 전선의 지지체로 오래전부터 사용되어 왔으며 기계류에도 많이 사용됩니다. 또한 반도체 공정 장비 내부 부품으로 혹독한 가스 환경에서 반응실을 보호하는 역할로도 쓰입니다.

지르코늄 산화물인 ZrO_2 역시 '지르코니아(zirconia)'라는 별칭으로 잘 알려진 세라믹 재료입니다. 기계적 강도가 뛰어나 내마모성이 요구되는 부품의 소재로 널리 사용됩니다. 게다가 유전 상수가 SiO_2나 Si_3N_4에 비해 상당히 높습니다.

앞의 커패시터를 소개한 장에서 전기 용량을 확보하기 위한 전략으로 커패시터의 면적을 증가시킴과 함께 고유전 상수를 지닌 유전체 박막을 최대한 얇게 적용할 필요가 있다고 했습니다. 그리고 유전체가 완벽한 절연체가 아니기 때문에 유전체를 가로질러 흐르는 누설 전류를 최대한 막아야 한다고도 했습니다.

ZrO_2는 높은 유전 상수를 지니기 때문에 커패시터의 전기 용량을 늘리기 위한 용도로 사용됩니다. 예전에는 유전체 막으로도 SiO_2와 Si_3N_4가 사용되었지만, 이 박막들을 최대한 얇게 적용하더라도 요구되는 전기 용량을 맞출 수 없어서 ZrO_2로 대치되었습니다. 그런데 ZrO_2 박막은 절연성이 만족스럽지 못하여 두께를 기대만큼 낮출 수 없습니다. 박막의 두께를 줄여 전기 용량을 늘리기 위한 전략은 누설 전류 증가라는 반대 급부에 의해 제한됩니다. 이 때문에 ZrO_2의 장점을 온전히 살리기 어렵습니다.

이러한 단점을 보완하고자 Al_2O_3를 ZrO_2와 함께 사용합니다. $ZrO_2/Al_2O_3/ZrO_2$ 유전체층에서 Al_2O_3는 유전 상수 측면에서는 이점이 없으나 ZrO_2 박막 사이에 놓여 누설 전류 억제에 기여합니다. 이 정도로 유전체 물질을 소개하고 이들 각각의 ALD 공정을 알아보겠습니다.

ALD Al_2O_3

커패시터 유전체의 주역은 ZrO_2라고 볼 수 있지만, ALD Al_2O_3 공정을 우선 설명하려 합니다. 그 이유는 가장 먼저 수립되고 성숙된 기술로서 ALD 공정의 대표 선수라 할 수 있기 때문입니다. 이 공정을 가지고 기본적인 ALD 개념을 소개하겠습니다.

친절한 반도체

ALD도 CVD와 마찬가지로 전구체와 반응 가스의 선택이 중요합니다. ALD Al₂O₃의 전구체로는 TMA(trimethylaluminum)라는 물질이 쓰이는데, 이상적인 ALD 전구체로 알려져 있습니다. 우선 다음의 그림에서 TMA 분자가 어떻게 생겼는지 봅시다.

TMA 전체 이름을 분절하여 표기하면 tri-methyl-aluminum이고, 화학식은 $Al(CH_3)_3$로 표기합니다. tri는 '3'이라는 의미이고, methyl은 '메틸기'를 나타냅니다. 앞 장에서 TEOS를 설명할 때 ethyl(에틸기)가 나왔는데, 다음의 첫 번째 그림처럼 메틸기(methyl)는 에틸기의 뼈대에서 탄소 하나가 없는 모양새를 지니고 있습니다. 그리고 마지막 'aluminum'은 우리가 잘 아는 그 알루미늄(Al)입니다. 이상을 종합해서 TMA를 표현하면 "TMA는 알루미늄 원자 하나에 메틸기 세 개가 결합되어 있는 분자이다."라고 말할 수 있습니다.

TMA는 액체 전구체로서 휘발성이 매우 강하여 보관 용기에서 반응실로 이송되는 중간에 기화 장치를 거칠 필요가 없습니다. 보관 용기 안에서 스스로 기화하여 기체 상태로 반응실에 신속하게 전달됩니다.

TMA의 구조식과 분자 모형

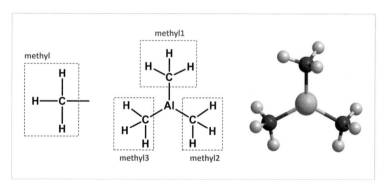

이러한 고휘발성 특성이 ALD 전구체로서 큰 장점이 됩니다. 그리고 TMA와 어울리는 반응 가스는 H_2O입니다. 물론 가스이니까 수증기입니다. 이 둘의 반응식은 다음과 같습니다.

$$TMA(g) + H_2O(g) \rightarrow Al_2O_3(s) + \text{by-product}\uparrow$$

반응식을 해석하는 방법에 어느 정도 익숙해졌을 것으로 생각되어 반응식이 의미하는 바를 특별히 말로 풀어내지는 않겠습니다. 다만, 이 반응은 아주 잘 일어나서 박막이 쉽게 조성된다는 것은 강조해야겠습니다. "TMA가 H_2O 냄새만 맡아도 박막이 만들어진다."는 농담이 있을 정도입니다.

그런데 여기서 공정 설명을 마치면 CVD에 대한 것이 됩니다. ALD에서 일어나는 반응 자체의 개념은 CVD와 같지만 반응시키는 방식이 많이 다릅니다. 어떤 차별성이 있는지 다음의 그림을 사용하여 설명하겠습니다.

CVD에서는 반응실 안으로 전구체와 반응 가스를 동시에 투입하여 기판 표면에서 이 둘이 만나 반응이 일어나도록 합니다. 그런데 ALD에서는 전구체와 반응 가스를 시간을 분리하여 각각 따로 기판에 보내줍니다.

우선 그림의 ❶번과 같이 TMA 전구체만 반응실에 주입하여 기판 표면에 도달하게 합니다. 기판 표면에 충돌하는 TMA 분자 중 일부가 표면에 달라붙습니다. 이런 현상을 '흡착(adsorption)'이라고 합니다.

우리가 어떤 물체를 부러뜨리면 잘려진 면에 있는 원자는 고체 내부에 조용히 숨어있다가 졸지에 표면으로 드러나게 됩니다. 내부에 있을

ALD Al₂O₃의 한 사이클 과정

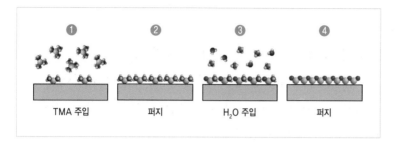

| ❶ | ❷ | ❸ | ❹ |
| TMA 주입 | 퍼지 | H₂O 주입 | 퍼지 |

때는 이웃하는 원자들과 온전한 결합을 이루어 안정된 상태에 있지만 표면으로 나오면 대략 절반의 결합을 잃어버립니다. 이 소실된 결합들 때문에 표면의 에너지가 높아집니다. 어떤 분자가 이 표면에 부딪치면 거기에 있는 원자들이 얼씨구나 하고 그 분자를 잡아버립니다. 그러면 표면이 안정화되어 에너지가 다시 낮아지기 때문입니다. TMA를 충분히 공급하면 기판 표면 전체에 흡착이 일어나고 이 상태에 이르면 TMA 가스 공급을 중단합니다.

다음으로 반응성이 없는 Ar 또는 N_2 기체를 기판으로 보내줍니다. ❶ 단계에서 기판 표면이 TMA로 완전히 덮이기는 하나 TMA 분자가 군데군데 여러 층으로 쌓여 있을 수 있습니다. 그런데 Ar이나 N_2 가스를 불어주면 기판 표면과 직접 맞닿아 꼭 붙들려 있는 TMA만 남고 위쪽에 느슨하게 붙어 있던 분자들은 쓸려 나갑니다. 이 과정을 '퍼지 (purge)'라고 합니다. 충분한 퍼지를 거치면 ❷번과 같이 이론적으로 TMA 분자 한 층만 기판 표면에 남습니다.

그다음 ❸번처럼 반응 가스인 H_2O를 기판을 향해 투입합니다. 표면에 흡착되어 있는 TMA는 이 H_2O와 반응하여 Al_2O_3 박막을 내어놓습니다. TMA가 기판 표면 위 한 층에만 존재하기 때문에 당연히 Al_2O_3 박막도 한 층만 만들어집니다.

마지막으로 ❹번과 같이 이번에도 Ar 또는 N_2로 퍼지를 실시하여 반응에 참여하지 못하고 어정쩡하게 남아 있는 H_2O와 부산물 분자들을 제거합니다. 이런 방식으로 ❶, ❷, ❸, ❹번 과정을 거치면 Al_2O_3 원자층 한 층만 조성됩니다.

ALD 공정은 다음 그림에 표현되어 있는 것과 같이 TMA와 H_2O 그리고 그 중간에 Ar이나 N_2 가스를 펄스(pulse)형으로 주입하여 반응을 일으킨다고 볼 수 있습니다. ❶번부터 ❹번까지의 과정을 한 사이클(cycle)이라 하고, 이 사이클을 반복하면서 원자층을 한 층씩 쌓아올려 목적하는 두께까지 박막을 성장시킵니다.

펄스형 가스 공급에 의한 ALD 사이클

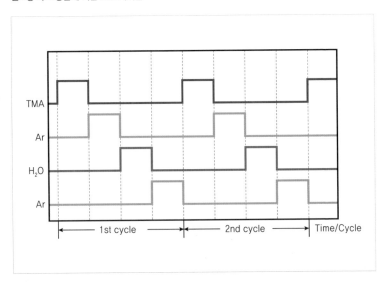

이런 식으로 공정을 진행하는 증착법이 ALD입니다. ALD의 장점은 두말할 것 없이 높은 종횡비를 지닌 패턴에서 거의 완벽에 가까운 단차 피복성을 제공한다는 데 있습니다. 단점은 전구체의 소모량이 많다는 것입니다. ALD 과정에서 전구체를 기판 표면으로 왕창 뿌려주더라도 기판 표면에 달라붙는 한 층 정도의 분자들을 제외하고는 대부분을 버리기 때문에 그렇습니다. 게다가 일반적으로 전구체의 가격은 상당히 비쌉니다. 그럼에도 불구하고 ALD법 이외에는 대응할 수 없는 패턴에 대해서는 이 공정을 꼭 사용해야 합니다.

ALD ZrO_2

ALD 공정 개념은 위에서 설명한 것과 동일하기 때문에 이번에는 전구체와 반응 가스 그리고 반응식만 소개하겠습니다. ALD ZrO_2의 전구체는 이제까지 나온 것들 중에 가장 특이하게 생겼습니다. 우선 그 모습을 다음의 그림에서 살펴봅시다. 분자 모형은 너무 복잡해서 싣지 않고 구조식만 제시했습니다. 참고로 분자 윗부분의 오각형 머리 같은 부

Cp-Zr의 구조식

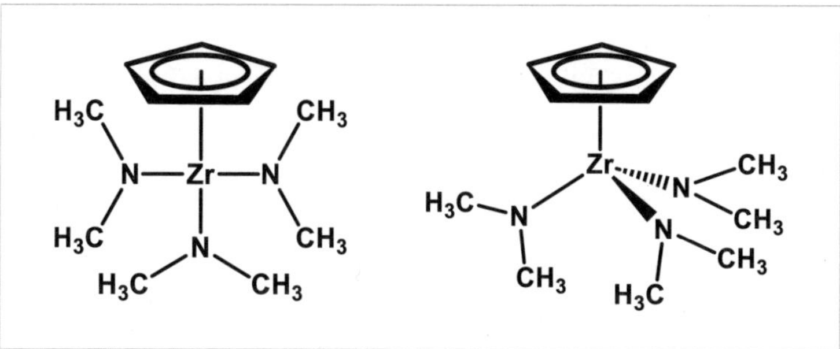

위는 탄소(C) 다섯 개가 고리 형태를 이루고 있는 것인데, 그림의 복잡함을 피하기 위해 탄소를 표기하지 않았습니다. 어떻습니까? 참 요상하게 생기지 않았습니까? 어떻게 보면 오각형 머리를 가지고 있는 외계인 같기도 합니다.

그런데 이 분자의 이름을 이해하는 것은 분자 구조를 파악하는 것보다 더 절망적입니다. 이름은 cyclopentadienyltris(dimethylamido)zirconium으로 엄청나게 깁니다. 좌절감을 느끼지 않기 위해 분자명을 분절하여 이해하려는 무모한 일은 하지 않겠습니다. 그냥 전문가들이 그렇게 이름 지었다고 생각합시다. 사실 전문가들도 이 이름이 너무 길어서 'Cp-Zr'이라는 애칭을 사용합니다. 우리도 이 애칭을 사용하면서 전구체의 의미와 특성만 알아보겠습니다.

Cp-Zr은 처음부터 ZrO_2 박막의 ALD 공정이 가능하도록 고안되어 탄생한 분자입니다. 분자의 생김새를 보면 Zr 원자를 중심으로 여러 원자 집단들이 달려 있지만 결국 ALD 반응을 하고 남는 것은 Zr뿐입니다. 나머지 원자들은 부산물이 되어 다 없어져야 합니다. 그러면 왜 이렇게 복잡한 분자를 만들었을까요? 여기서 자세히 설명하기는 적절치 않지만 Zr에 붙어 있는 각 작용기들이 ALD가 잘 이루어지도록 나름의 역할을 하기 때문에 그렇게 했다고 생각하면 됩니다.

특이한 분자가 등장한 김에 가던 길에서 잠시 멈추고 분자에 대한 이야기를 조금 할까 합니다. 이제까지 등장한 분자들만 보더라도 각 분자들은 나름대로 규칙적인 모양새를 가지고 있습니다. 누가 시켜서 그런 것은 아니며 분자의 각 구성 원자와 원자 결합의 성격에 의해 그렇게 만들어집니다. 이런 규칙성을 대칭성이라 하는데, 이로 인해 분자들의 주요 특성이 발현되기도 합니다.

분자는 몇 가지 종류로 분류할 수 있는데, TMA나 Cp-Zr같이 분자의 중심에 금속이 위치하고 이 금속 주위에 탄소(C), 수소(H), 산소(O), 질소(N)들로 구성된 원자 집단이 연결되어 있는 물질을 '유기 금속 화합물(organometallic compound)'이라고 합니다. 재미있는 사실은 유기 금속 화합물이 생명체에 많이 들어 있고 생명 현상에 깊이 관여한다는 것입니다. 우리 몸의 효소 등이 그렇습니다. 이러한 연관성 덕분에 생명 현상에 쓰이는 물질을 연구하는 화학자들이 반도체용 전구체 개발에 참여하기도 합니다.

일반적으로 화학자는 반도체 기술을 잘 모르고 반도체 공학자는 화학 물질에 대한 지식이 제한적입니다. 좋은 전구체가 있어야 좋은 박막을 만들 수 있습니다. 또한 이를 뒷받침하는 장비와 공정이 개발되어야 고집적, 고성능의 반도체 아키텍처 구현이 가능합니다. 이러한 이유로 반도체 제조 기술 발전을 위해서는 여러 분야의 전문가들이 머리를 맞대고 소통해야 합니다. 전구체와 CVD, ALD의 관계가 좋은 예라 할 수 있습니다.

다시 원래 가던 길인 Cp-Zr 전구체로 돌아오겠습니다. Cp-Zr으로 ALD ZrO_2 박막을 얻기 위한 반응 가스로는 산소(O_2) 또는 오존(O_3)이 사용됩니다. 산소 분자는 산소 원자 두 개로 구성되어 있다는 것은 누구나 상식적으로 알고 있습니다. 여기서 더 나아가 산소 원자 세 개가 결합하고 있는 분자가 오존입니다. 오존은 산소보다 활성이 더 커서 반응 가스로 선호됩니다.

우리에게 오존은 공해 물질로 알려져 있습니다. 대기 중에 오존 농도가 기준치 이상으로 올라가면 위험 경보가 발령됩니다. 사람이 오존을 흡입하면 반응성이 좋기 때문에 폐 세포가 손상될 수 있습니다. 그래서 우리 몸은 오존을 피해야 하나 Cp-Zr에게는 환영받습니다. 어떻게 환영받는지는 다음의 반응식으로 확인합시다.

$$Cp\text{-}Zr(g) + O_3(g) \rightarrow ZrO_2(s) + \text{by-product}\uparrow$$

ALD 공정이기 때문에 앞에서 예시한 것과 동일한 방식으로 전구체 투입, 퍼지, 반응 가스 주입, 퍼지의 4단계가 한 사이클을 이루고, 여러 사이클을 수행하여 요구되는 두께로 박막을 키웁니다. 이 공정으로 우수한 단차피복성을 지니는 ZrO_2 박막을 조성할 수 있습니다.

한편 ALD ZrO_2를 마무리하면서 잠시 ALD HfO_2를 언급해야겠습니다. HfO_2는 앞선 장에서 만난 적이 있습니다. 시스템 반도체에서 고유전 상수 게이트 산화물로 쓰이는 유명한 소재입니다. DRAM 커패시터에서도 유전체 박막으로 ALD ZrO_2 이전에 쓰였다가 대체되었지만 최근에는 다시 등장하여 ZrO_2와 함께 복층으로 사용되기도 합니다. HfO_2도 ZrO_2와 유사한 ALD 공정과 전구체로 제조되기에 별도로 설명하지는 않겠습니다.

당구와 상감 청자

•
•
•
•

CVD와 ALD, 즉 화학적 증착법이 박막 공정의 주를 이루고 있지만 그 외에도 성격이 다른 몇 가지 증착 기술이 반도체 제조에 중요하게 사용되고 있습니다. 이번 장에서는 그중에 물리 기상 증착(physical vapor deposition)과 전기 도금(electroplating) 공정을 알아보겠습니다.

물리 기상 증착

물리 기상 증착(PVD)이란 이름에서 느낄 수 있듯이 물리적 방법을 이용하여 박막을 증착하는 기술을 말합니다. 화학 기상 증착(CVD)과 비교하면 기체 상태로 박막의 원료가 공급되는 것은 동일하나 전구체가 아닌 원소 자체가 기판으로 전달되고 쌓여서 박막이 형성되는 것이 다릅니다.

PVD에는 몇 가지 기법이 있는데, 그중에 '스퍼터(sputter) 증착법'이 집적 회로 공정에 사용되어 왔습니다. 스퍼터 방식으로 조성하는 박막으로는 Ti(티타늄), TiN(티타늄 질화물), Ta(탄탈늄), TaN(탄탈늄 질화물), Co(코발트) 등이 있습니다. 이들의 공통점은 모두 전기 전도성이 좋은 금속이라는 것입니다. 스퍼터법으로 절연체도 증착할 수 있지만 금속 박막을 제조하는 데 더 적합하기 때문에 오래전부터 금속 배선이나 전극 박막 공정에 널리 적용되어 왔습니다. 스퍼터 공정을 설명하기 위해 Ti와 TiN 증착을 예로 삼겠는데, 우선 Ti 박막의 증착 원리를 다음의 그림을 사용하여 설명하겠습니다.

웨이퍼에 박막을 증착하기 위해서는 기체 상태로 박막의 구성 원소들을 웨이퍼 표면으로 보내주어야 한다는 것은 이미 알고 있을 것입니다. CVD계 증착법에서는 전구체와 반응 가스가 이 역할을 담당합니다. 그런데 스퍼터법에서는 박막 구성 원자들이 직접 기판 표면으로 이동합니다.

스퍼터법에 의한 Ti 박막 증착 원리

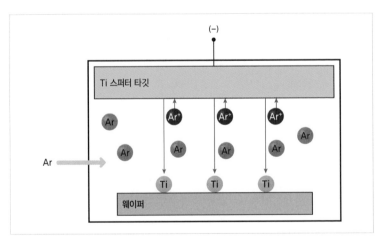

친절한 반도체

그림에 나타난 것처럼 스퍼터 공정을 위해서는 '스퍼터 타깃(sputter target)'이란 것이 필요합니다. 이 타깃은 증착하고자 하는 금속을 원판형 덩어리로 가공한 것입니다. 타깃 반대편에 웨이퍼를 위치시키고 타깃과 기판 사이 공간에 불활성 원소인 아르곤(Ar) 가스를 투입합니다. 그리고 Ar 가스에 전기 에너지를 인가하여 플라즈마(plasma)로 만듭니다. 플라즈마는 PECVD(Plasma Enhanced Chemical Vapor Deposition)를 설명한 부분에서 간단히 소개한 적이 있습니다. 플라즈마란 '기체를 구성하는 분자나 원자의 일부분이 이온화됨으로써 중성의 원자나 분자, 그리고 이들로부터 파생된 이온들이 공존하는 기체 상태'라고 했습니다. 여기서는 Ar 원자만 있기 때문에 Ar과 Ar^+가 섞여 있는 기체 상태로 플라즈마가 생성됩니다.

그림의 Ti 타깃 부분에 표기되어 있는 것과 같이 플라즈마가 유지되는 동안 강한 음의 전압이 타깃에 인가되어 있습니다. 타깃 근처에 있는 일부 Ar^+들이 강한 음의 전압에 이끌리어 큰 운동 에너지를 가지고 타깃 표면에 충돌합니다. 이로 인해 Ti 원자들이 튕겨 나오고, 이 원자들 중 웨이퍼를 향한 것들이 표면에 달라붙으면서 Ti 박막이 만들어집니다.

이렇게 이온들이 타깃에 충돌하여 타깃 물질을 물리적으로 뜯어내는 방식으로 증착이 이루어지기에 PVD이며, 타깃 이온들이 튀어나오는 현상을 빗대어 스퍼터법이라고 부릅니다. 그리고 상부에 위치한 금속판은 Ar^+가 돌진하는 목표물이라고 볼 수 있기 때문에 스퍼터 타깃이라는 명칭이 붙었습니다.

한편 타깃으로 돌진하는 Ar^+의 충돌 방향과 반대쪽으로 타깃 원자들이 튀어나오는 원리를 따져볼 필요가 있는데, 이는 다음 쪽의 그림 중 스퍼터에 의해 타깃 표면의 원자가 튀어나오는 원리(첫째), 포켓 10볼 당구의 초구 타격 직전과 직후(둘째, 셋째)

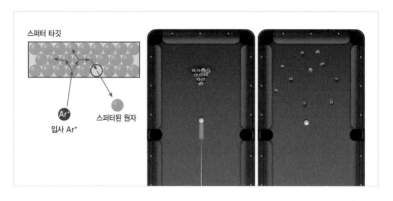

첫 번째에 묘사되어 있습니다. 서로 붙어 있는 타깃 원자들 간 충격이 전파되는 과정에서 일부 에너지가 여러 원자들을 돌아 입사 이온과 반대 방향으로 작용하는 힘을 만들어내기 때문에 그렇게 됩니다.

이와 유사한 현상은 당구 경기의 한 종류인 포켓 10볼의 초구 타격에서 찾아볼 수 있습니다. 10개의 볼을 역삼각형 형태로 모아 놓고 꼭지점 부분을 가격하는 초구 타격 시 두 번째와 세 번째 그림처럼 일부 볼(타원형 점선 안의 볼)이 앞으로 튀어나오는 모습이 스퍼터 과정과 닮아 있습니다.

이번에는 화합물인 TiN 증착을 살펴보겠습니다. TiN 스퍼터 증착에는 두 가지 방식이 있습니다. 하나는 처음부터 타깃을 TiN으로 만들어 이를 스퍼터하는 것으로 타깃으로부터 Ti와 N이 모두 공급되어 TiN 막이 만들어지는 방식입니다. 다른 하나는 다음의 그림처럼 타깃은 그냥 Ti를 쓰고 N_2 가스를 Ar과 함께 공정실로 주입하여 스퍼터된 Ti와 투입된 N_2가 기판 표면에서 반응을 일으켜 TiN 박막이 조성되는 것입

친절한 반도체

니다. 둘 중에서 후자가 선호됩니다. 이 스퍼터법은 기본적으로 PVD이긴 하지만 화학 반응이 포함되기 때문에 특별히 '반응성 스퍼터(reactive sputter)'라고 부릅니다.

스퍼터 공정에서는 타깃 재료가 그대로 박막에 전사됩니다. 이에 따라 고순도의 박막을 쉽게 얻을 수 있는 장점이 있습니다. 하지만 단차피복성이 상당히 열악한 단점도 가지고 있습니다. 타깃에서 튀어나온 원자들이 기판 표면에 형성되어 있는 홀이나 도랑 내부로 들어가기 어렵고 입구에 쌓이기 때문에 그렇습니다.

과거에 스퍼터 공정이 박막 증착법의 대세를 이룬 적이 있지만 이러한 취약점 때문에 현재는 CVD와 ALD에 그 자리를 많이 내어주었습니다. 그렇다고 중요성을 무시할 수는 없으며 몇몇 공정에서 요긴하게 사용되고 있습니다.

반응성 스퍼터법에 의한 TiN 박막 증착 원리

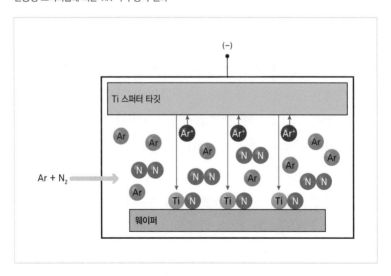

전기 도금

DRAM의 경우 '1 트랜지스터 + 1 커패시터' 배열의 셀 축조를 마친 후, 주변 회로부와 셀 사이를 전기적으로 연결해주는 금속 배선을 만들어주어야 합니다. 이 배선은 금속 박막 조성과 패턴 형성 과정을 거쳐 초미세 전기선 형태로 가공되며 집적 회로 건축의 상층부을 차지합니다. 또한 효율적인 전기 전달을 위해 여러 층으로 구성되는데, DRAM의 경우는 보통 세 층으로 이루어져 있습니다. 이러한 배선층을 제조하는 과정을 '다층 금속 배선 공정(multilevel metallization)'이라고 부릅니다.

다층 금속 배선의 중요성은 메모리 반도체보다 시스템 반도체에서 더 큽니다. 시스템 반도체는 정보 저장소가 필요치 않기 때문에 실리콘 기판 표면에 접해 있는 MOS 트랜지스터 이후의 모든 층은 금속 배선으로 구성되어 있습니다. CPU와 GPU가 대표적인데, 배선층만 10층이 넘는 것도 있습니다. 이 때문에 기본적으로 트랜지스터가 시스템 반도체의 성능을 좌우하지만 금속 배선도 상당한 영향을 끼칩니다.

예전에는 배선 재료로 알루미늄(Al)이 사용되었습니다. 전기 전도성이 좋고, 무엇보다 앞절에서 소개한 스퍼터법으로 깨끗한 박막을 만들 수 있어서 그랬습니다. 그런데 집적 회로의 고집적화에 따른 배선 단면적 감소로 인하여 전기 저항이 높아지는 문제가 대두되었습니다. 배선의 단면적이 감소한다는 것은 전자의 이동 통로가 좁아지는 것을 의미합니다. 통로를 넓힐 수는 없는 노릇이기에 알루미늄보다 전기 전도성이 더 좋은 물질에 자리를 내주게 되었습니다. 이에 따라 등장한 소재가 Cu(구리)입니다. Cu는 우리가 가정에서 흔히 볼 수 있는 전기선에 들어가는 물질이니 특별한 설명이 필요치 않을 것 같습니다.

그런데 구리 박막을 형성하는 방법이 좀 특이합니다. 결론부터 말하면 구리 박막을 입히기 위해 '전기 도금(electroplating)'을 사용합니다. 사실 전기 도금이 특별한 기술은 아닙니다. 기계나 전기 부품, 취사 도구 등의 표면에 금속을 코팅하기 위해 오래전부터 사용되어 온 기술이기 때문입니다.

코팅하고자 하는 금속의 이온이 녹아 있는 용액에 부품을 담그고 전기를 연결해주면 부품 표면에 금속이 입혀져 나옵니다. 지금은 도금 공장 환경이 깨끗해지고 공해 물질인 도금 용액을 잘 처리하여 별 문제가 없지만, 과거에는 그러지 못한 경우가 있어 전기 도금이 공해 산업이라는 오명을 쓴 적도 있습니다. 이런 아픈 이력을 지닌 기술이 반도체 산업에서는 귀한 백조로 대접받습니다. 그럼 반도체 공정에서 Cu가 어떤 식으로 전기 도금되는지 다음 쪽의 그림으로 알아보겠습니다.

Cu 전기 도금은 구리 이온이 녹아 있는 도금 용액을 매개로 이루어집니다. 도금 장비 위쪽에 웨이퍼를 뒤집어 배치함으로써 표면에 용액이 닿게 합니다. 그리고 용액 아래쪽에 구리판을 위치시킵니다. 웨이퍼와 구리판을 전기선으로 연결하여 전압을 인가하는데, 웨이퍼 쪽으로는 전자가 들어가고 구리판에서는 나오도록 전극을 설정합니다. 이렇게 하면 구리판과 웨이퍼가 도금 용액과 접한 표면에서 각각 다음의 화학 반응이 일어납니다.

구리판: $Cu \rightarrow Cu^{2+} + 2e^-$

웨이퍼: $Cu^{2+} + 2e^- \rightarrow Cu$

구리 전기 도금 공정 개념도

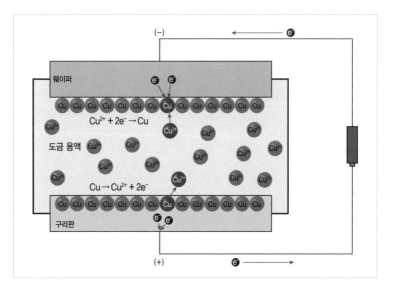

반응식이기는 한데 CVD에서 보던 것과는 어딘가 모르게 다릅니다. 차이점은 반응식에 전자 표시인 e^-가 들어 있다는 것입니다. 일단 이 식들을 풀어보겠습니다. 구리판의 식은 "구리판 표면에 있는 Cu가 Cu^{2+}로 도금 용액에 녹아 들어가면서 전자 두 개를 남긴다."이며, 웨이퍼의 식은 "용액에 있는 Cu^{2+}가 기판 표면에서 전자 두 개를 받아 금속 Cu로 석출된다."를 의미합니다.

두 극에서 일어나는 상황을 연결해서 다시 기술하면 이렇습니다. 양의 전압이 인가된 구리판 표면의 Cu 원자는 전자 두 개를 내놓으며 Cu^{2+}가 되어 도금액 속으로 녹아 들어갑니다. 구리판에 남겨진 전자는 외부 회로를 타고 음의 전압이 걸려 있는 웨이퍼 쪽으로 이동합니다. 웨이퍼 표면에서는 도금액에 용해되어 있던 Cu^{2+}가 전자 두 개를 받고

친절한 반도체

Cu로 석출됨으로써 구리 막이 만들어집니다. 이런 식으로 금속막을 코팅하는 기술이 전기 도금이며, 여기서 작용하는 화학을 전기 화학이라고 합니다. 전기 화학의 특징은 화학 반응에 전자의 출입이 관여한다는 것입니다.

Cu 박막을 라인 패턴으로 만들기 위해서는 독특한 방법을 사용합니다. Al 박막의 경우에는 일반적인 방식, 즉 포토리소그래피와 식각으로 금속선을 만들지만 Cu의 경우에는 이 방법을 적용하기 어렵습니다. 그 이유는 식각 중에 Cu의 부식이 발생하기 쉬워 선명한 패턴을 얻기 힘들기 때문입니다. 다음 쪽의 그림에 Cu 배선 형성 과정을 기존의 금속선 공정법과 비교하여 나타내었습니다. 그림 좌측의 일련 과정은 기존의 방식이고, 우측이 Cu를 위한 공정입니다. 우측 그림들을 위에서부터 내려가면서 짚어보면 Cu 배선 형성 과정을 어렵지 않게 이해할 수 있습니다.

Cu 배선이 놓일 층에 미리 절연체인 SiO_2를 성막하고 라인이 위치할 부위만 도랑으로 파냅니다. 그리고 전기 도금법으로 Cu를 채웁니다. 즉, 갭필을 시행합니다. 도랑 내부 이외에 기판 표면에 올라가 있는 Cu 막은 필요 없는 것이기에 평평하게 연마하여 제거합니다. 그러면 도랑 안에만 들어찬 Cu 라인을 얻을 수 있습니다. 이는 Cu 막을 식각하여 패턴을 만드는 것과 동일한 효과를 냅니다. 마지막으로 Cu 라인 위에 층간 절연막으로 SiO_2를 증착하여 Cu 금속 배선층을 완성합니다. 몇 가지 세세한 과정을 생략하여 상당히 단순화했지만 이러한 단계를 거쳐 Cu 배선을 형성합니다.

그런데 이 Cu 배선 공정에 부여된 특별한 명칭이 있습니다. 이를 'damascene' 공정이라고 합니다. 단어의 발음이 좀 어려운데, 우리말

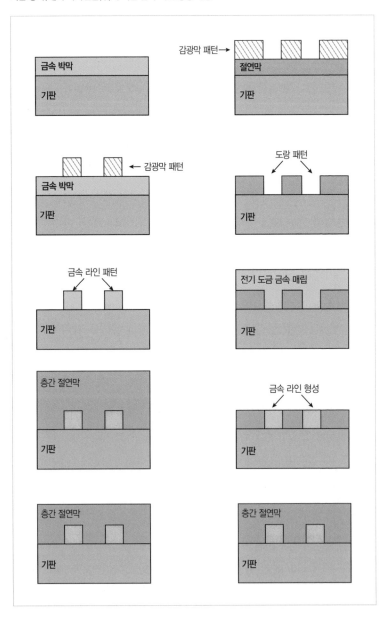

청자 상감 구름 학무늬 매병(좌)과 청자 상감 매죽학문 매병(우)

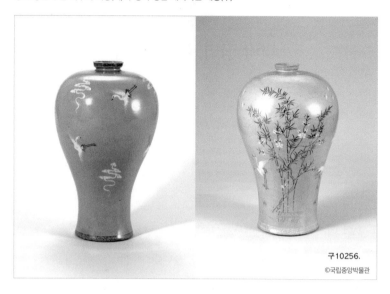

구10256.
©국립중앙박물관

로 소리나는 대로 표기하면 '다마신'입니다. 그리고 영한 사전에서 뜻을 찾아보면 '상감법'이라고 나옵니다. 상감법 하면 떠오르는 것이 있습니다. 그렇습니다. 바로 고려청자입니다. 위의 상감 청자처럼 표면을 예리한 도구로 파낸 다음, 다른 색의 흙을 매립하여 문양을 입히는 기법이 다마신과 같습니다.

반도체 제조 공정의 첨단 전기 도금법은 구식 기술에서 유래되었으며, 배선 형성 과정은 고려 시대 청자 제조 기법과 연결되어 있습니다. 이렇듯 전기 도금법에 의한 Cu 다마신 공정은 재미있는 성격을 지니고 있습니다.

박막 장비, 부품, 소재

:
:

    앞의 여러 장에 걸쳐 열산화, 화학 기상 증착(CVD), 원자층 증착(ALD), 물리 기상 증착(PVD) 공정을 살펴보았습니다. 이 네 가지 공정은 세부적인 방식에서는 서로 차이가 있지만 모두 박막 조성법이라는 공통 울타리 안에 들어가 있습니다. 큰 틀에서 공정 장비의 모습이 유사하며 사용되는 부품도 서로 비슷한 것이 많습니다. 이러한 이유로 개별 공정을 소개할 때 관련 장비의 내용을 담지 않고 이번 장에 모아서 함께 정리하려 합니다.

    박막 제조 장비의 분류에는 다양한 방식이 있을 수 있지만, 우선 장비의 형태 측면에서 '동시에 공정을 진행할 수 있는 웨이퍼의 수'로 구분하여 배치형(batch type)과 매엽식(single wafer type)으로 나눕니다. 배치형의 batch는 '일괄 처리를 위한 묶음 또는 집단'의 뜻으로 150장 내외의 웨이퍼를 대형 반응실에 한꺼번에 밀어 넣어 공정을 수행하는 장비 형태를 말합니다. 그리고 매엽식에서 '엽'은 나뭇잎이란 뜻으로 웨이퍼를 상징하며 한 번에 웨이퍼 한 장씩 공정을 진행하는 방식을 일컫습니

                            친절한 반도체

다. 그 외에 이들의 중간 형태인 미니배치형(mini-batch type)과 반배치형 (semi-batch type)이 사용되기도 합니다.

집적 회로 제조를 완료하기 위해서는 수많은 공정을 거쳐야 합니다. 웨이퍼에 축조되는 칩 하나의 생산 단가를 낮추기 위해서는, 즉 생산성을 높이기 위해서는, 개별 칩 크기의 축소가 기본적으로 요구되지만, 한 장비에서 한꺼번에 많은 수의 웨이퍼를 가공하여 장비 운용의 효율을 높이는 것도 필요합니다. 따라서 매엽식보다는 배치형 장비가 선호됩니다. 그렇더라도 공정의 특성상 배치형 장비로 박막의 요구 품질을 달성할 수 없거나 일련의 공정을 연속적으로 수행해야 하는 경우에는 매엽식 장비가 더 좋은 선택이 됩니다.

이번 장에서는 배치형과 매엽식 증착 장비를 알아보고 그 장비에 속한 부품도 함께 소개하겠습니다. 그리고 장비, 부품, 소재 관련 기업은 맨 뒤에 모아서 정리하겠습니다.

박막 장비와 부품

CVD와 ALD의 공통점은 박막 증착을 위해 전구체와 반응 가스를 사용한다는 것입니다. 그런데 이 기체들을 대기에 노출된 상태로 웨이퍼 표면에 뿌려줄 수는 없습니다. 고품질의 박막을 얻기 위해서는 가스의 공급을 세밀하게 제어해야 하기 때문에 특별히 고안된 용기가 필요하며, 그 안에서 공정 변수들이 통제된 상태로 박막 증착이 이루어져야합니다. 이러한 용기를 반응실(reaction chamber) 또는 더 넓은 의미로 공정실(process chamber)이라고 합니다.

CVD와 ALD 반응실이 갖추어야 할 기본적인 사항이 있습니다. 이는 반응실 내부를 진공으로 만들어야 한다는 것입니다. 진공이란 표현이 좀 거창합니다만 그냥 쉽게 '반응실 내부에 존재하는 대기를 밖으로 몰아내는 것'이라고 생각하면 됩니다. 대기의 주성분은 N_2와 O_2인데, 박막 증착 입장에서 이들은 방해꾼이기 때문에 반응실에서 배출한 후 공정 가스를 투입할 필요가 있습니다.

장비 설명으로 넘어가기 전에 잠시 진공 이야기를 해야겠습니다. 진공과 진공 시스템은 그 자체가 하나의 학문 분야일 정도로 많은 내용을 담고 있습니다만, 이를 상세히 밝히기는 어렵기에 여기서는 진공의 개념만 간단히 소개하겠습니다.

진공을 뒤집어서 표현한 용어가 '압력'입니다. 우선 압력이 무엇인지 생각해봅시다. 압력, 특히 기체의 압력은 기체 분자가 지닌 운동 에너지에 기인합니다. 기체 분자들은 한 곳에 멈추어 있지 않고 마구잡이로 움직이기 때문에 이들의 운동 범위 안에 어떤 고체를 가져다 놓으면 그 표면에 끊임없이 충돌합니다. 이 충돌에 의해 전달되는 에너지가 압력으로 나타납니다. 압력은 표면에 부딪히는 분자의 수와 이들의 속도와 상관이 있는데, 분자의 수에 더 큰 영향을 받습니다.

따라서 공정실에 압력을 낮추어 진공을 만들려면 그 안에 들어 있는 기체 분자들을 밖으로 쫓아내야 하며, 내보낸 수가 많을수록 진공도가 높아집니다. 이러한 작업을 수행하기 위해서는 진공 펌프가 필요합니다. 진공 펌프는 그 용어에서 짐작할 수 있듯이 공정실 내부의 기체 분자 또는 원자들을 강제로 배출하는 장치입니다. 참고로 진공은 우리가 일상에서 경험하는 대기압보다 훨씬 낮은 압력 상태를 의미합니다. 대기압보다 약간 낮은 압력도 진공이라 할 수 있지만 저압 또는 감압 표현이 더 어울립니다.

진공의 개념은 이 정도로 정리하고 장비 소개로 들어갈 텐데 반도체 공정은 반응실 내에서 이루어지며 진공 환경이 필요하다는 것을 염두에 두기 바랍니다.

배치형 장비

CVD와 ALD의 경우에는 공정의 성격에 따라 배치형 장비가 사용되기도 하고 매엽식이 선호되기도 합니다. 다만, CVD나 ALD 공정이 매엽식 장비로 개발되더라도 추후에 배치형 장비로 대체하려는 경향이 강합니다. 장비의 생산성 향상을 위해서 그렇습니다.

배치형 장비 내부에는 다음 쪽의 그림과 같이 300mm 웨이퍼가 수용될 수 있는 대구경 석영관(quartz tube)이 수직으로 장착되어 있으며 이 석영관 내부가 반응실로 작용합니다. 그리고 다수의 웨이퍼가 석영 보트(quartz boat)에 층층이 적재되어 장입됩니다. 보트라는 명칭이 좀 이상하게 들릴 수 있습니다만 웨이퍼를 태우고 있다는 의미로 그렇게 불립니다.

석영은 투명하여 유리처럼 보이지만 일반 유리와는 차별적인 성질을 지니고 있습니다. 둘 다 주성분은 SiO_2인데 유리는 비정질이며 열에 약한 반면 석영은 결정성을 지니고 있으며 열에 강합니다. 특히 석영은 1,000℃의 고온에서도 잘 견디어 반도체 장비의 내부 부품으로 많이 사용됩니다.

석영 부품 이외에 열에너지 공급에 필요한 발열체들이 석영관 외부 상하 방향으로 고르게 배치되어 있습니다. 그리고 각 장비마다 필요한

배치형 장비의 내부 구조 개념도(좌)와 외관(우)

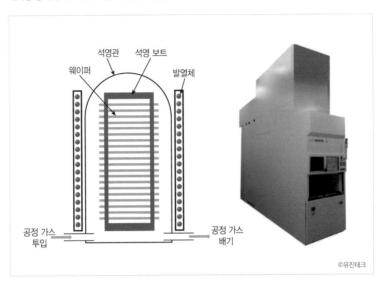

석영관과 석영 보트 등 석영 부품

친절한 반도체

위치에 공정 가스 주입을 위한 입구가 설치되어 있으며, 진공을 조성하기 위해 배기구 쪽에 진공 펌프가 장착되어 있습니다.

이러한 형태를 지닌 배치형 장비의 장점은 뚜렷합니다. 한 번의 공정으로 150장 내외의 웨이퍼를 동시에 가공할 수 있어 생산성이 우수하다는 것입니다. 동시에 진행할 수 있는 웨이퍼의 수가 많을수록 제조 효율이 높아지기 때문에 처리 가능한 최대 웨이퍼 수를 늘리기 위한 노력은 지속되고 있습니다.

CVD를 포함한 박막 증착 공정은 기본적으로 박막의 두께와 물성 균일도를 확보하는 것이 중요한 과제입니다. 박막 균일도에는 두 가지 종류가 있습니다. 하나는 동일 기판 내에서 각 위치에 따른 균일도이고, 다른 하나는 웨이퍼와 웨이퍼 사이의 균일도입니다. 전자를 '웨이퍼 내 균일도(within wafer uniformity)'라 하고, 후자를 '웨이퍼 간 균일도(wafer-to-wafer uniformity)'라고 부릅니다. 배치형 장비에서는 웨이퍼 내 균일도 못지않게 웨이퍼 간 균일도도 중요시됩니다.

장비의 능력은 동시에 공정을 수행할 수 있는 웨이퍼의 수에 좌우되는데, 이는 웨이퍼간 균일도를 확보할 수 있는 최대 장수에 영향받습니다. 어떤 공정의 경우에는 동시 장입 기판의 수를 확대하기 어려워 최대 50장으로 제한하여 웨이퍼 간 균일도를 달성한 배치형 장비도 있습니다. 이 경우 공정의 생산성 감소를 보상하기 위해 석영관 2구를 한 장비에 채용하여 100장의 웨이퍼를 수용할 수 있도록 장비를 제조하기도 합니다. 이러한 장비를 배치형과 구분하여 미니배치형(mini-batch type)이라고 부릅니다.

배치형은 CVD, ALD 장비에 적극적으로 채용되고 있지만, PECVD와 같이 플라즈마를 사용하는 경우에는 제약이 많아 적용하기 어렵습니다.

그 이유는 웨이퍼 사이의 공간에 플라즈마를 균일하게 형성시키기 어렵기 때문입니다. 따라서 플라즈마 공정 장비는 매엽식으로 만듭니다.

매엽식 장비 - CVD, ALD

매엽식 장비의 반응실은 웨이퍼 한 장만 수용하면 되기에 부피가 작은 편이며, 그 내부에 가스의 공급과 배기, 웨이퍼의 안착, 박막 증착 환경 조성 등을 위한 각종 부품들이 장착되어 있습니다. CVD나 ALD의 유형에 따라 부품의 세세한 종류와 형태가 다르지만, 가장 보편적인 구성을 지닌 공정실(process chamber)의 모습은 다음의 그림과 같습니다. 좌측 그림은 각 부품의 명칭을 표기한 개념도이며 우측 그림은 덮개가 열려 있어 공정실 내부를 볼 수 있는 그림입니다.

매엽식 CVD 공정실의 개념도(좌)와 장비 내부 모습(우)

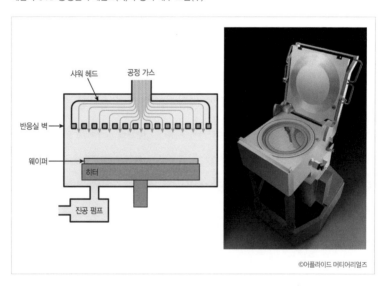

©어플라이드 머티어리얼즈

친절한 반도체

CVD 장비의 샤워 헤드(좌)와 욕실 샤워기의 헤드(우)

©www.hanol.co.kr

그림처럼 공정실은 몇 가지 주요 부품들로 이루어집니다. 반응실 벽 안에는 샤워 헤드(shower head)와 히터(heater), 그리고 외부에는 진공 펌프(vacuum pump), 그 밖에 그림에 표기되어 있지는 않지만 가스 라인을 포함한 가스 전달 시스템과 배기 라인 등이 배치되어 있습니다.

반응실 내부로 투입된 전구체와 반응 가스는 샤워 헤드(shower head)를 거쳐 웨이퍼로 전달됩니다. 공정실에서 떼어낸 샤워 헤드 부품의 모습은 위의 그림과 같은데, 전면에 수많은 작은 구멍들이 뚫려 있습니다. 공정 가스는 샤워 헤드 내부에서 좌우로 퍼지며, 구멍들을 통해 웨이퍼 전면으로 균일하게 분사됩니다. 이는 욕실에서 사용하는 샤워기 헤드의 역할과 같습니다. 반도체 공정에서는 물 대신에 기체를 퍼뜨리는 것이 다릅니다. 이렇게 동일한 목적으로 사용되기에 샤워 헤드라는 명칭이 이 부품의 이름이 되었습니다.

CVD나 ALD에 의해 조성된 박막이 지녀야 할 기본적인 특성은 박막 두께와 물성의 웨이퍼내 균일도(within wafer uniformity)입니다. 한 장의 웨이퍼에 천 개 이상의 칩이 동시에 생성되는데, 박막의 균일성이 확보되지 않으면 각 칩 간에 품질의 편차가 발생하고 심하면 많은 수의 칩을 잃게 됩니다. 다시 말해 칩의 불량률이 높아져 양품 수율(yield)이 감소한다는 말입니다. 따라서 기판 표면에 도달하는 전구체와 반응 가스의 양을 고르게 제어함으로써 균일한 두께와 물성을 지니는 박막을 얻기 위해 샤워 헤드를 사용합니다.

기판 표면에 전달된 전구체와 반응 가스는 화학 반응을 일으킴으로써 박막을 내어놓습니다. 반응이 일어나게 하려면 열에너지가 필요하므로 열을 웨이퍼에 공급해주는 장치가 반응실에 내재되어 있어야 합니다. 이러한 목적으로 다음의 사진과 같은 원형 테이블 형태의 히터(heater)가 사용됩니다. 이곳에 웨이퍼가 외부로부터 이송되어 안착되고 열전달에 의해 가열됩니다. 샤워 헤드의 경우와 동일한 이유로 히터 전체 면적에 걸쳐 발열 균일도가 좋아야 합니다.

배치형 장비처럼 반응실 전체를 가열하여 웨이퍼에 열을 전달하는

원형 테이블 히터

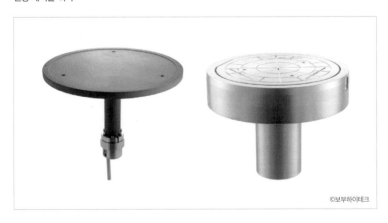

©보부하이테크

친절한 반도체

방식도 고려할 수 있지만 테이블형 히터를 사용하는 것이 선호됩니다. 이 히터는 기판만 가열하기 때문에 반응실의 다른 부위가 뜨거워지는 것을 최소화할 수 있어 불필요한 박막이 반응실 내부에 누적되는 것을 줄여줍니다. 이러한 가열 방식의 공정실을 '콜드월형(cold wall type)'이라고 부릅니다.

이상의 부품들 이외에 진공 시스템과 가스 전달 시스템이 장착되어 있으며, 특히 PECVD(Plasma Enhanced Chemical Vapor Deposition)의 경우에는 공정 가스를 플라즈마로 만들어 반응시키기 때문에 플라즈마 발생 장치가 포함됩니다.

한편 매엽식 공정실을 수평으로 확대하여 여러 장의 기판을 수용함으로써 한 공간에서 일련의 공정을 수행하는 장비도 있습니다. 이 장비의 내부 형상은 위의 사진과 같은데, 공정실의 구성은 매엽식과 유사하지만 여러 장의 웨이퍼를 동시에 취급하기에 '배치' 이름이 붙어서 반배치형(semi-batch type)이라고 부릅니다.

매엽식 장비 - PVD

　PVD(Physical Vapor Deposition)의 대명사인 스퍼터(sputter) 증착은 매엽식 장비로만 가능합니다. 스퍼터 공정실(sputter chamber)의 겉모습은 매엽식 CVD 장치와 비슷해 보이지만 세부 구조는 다릅니다.

　먼저 CVD 공정실과의 차이점을 짚어보겠습니다. 일단 크게 두 가지입니다. 하나는 스퍼터 공정실 안에 박막을 구성하는 원소들이 스퍼터 타깃으로 내장되어 공급된다는 것입니다. CVD의 경우 반응실 외부에서 가스 형태로 투입되는 것과 근본적인 차이가 있습니다. 다른 하나는

매엽식 스퍼터 공정실의 개념도(좌)와 장비 내부 모습(우)

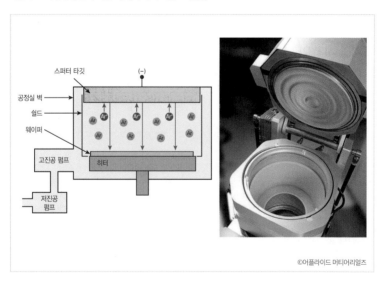

©어플라이드 머티어리얼즈

진공의 수준이 다릅니다. 스퍼터는 CVD에 비해 고진공이 요구되며 이에 적합한 진공 펌프가 구비되어 있습니다.

그리고 열 반응에만 의지하는 일반 CVD 공정실에 비해서는 차이점이기도 하고 PECVD와는 유사점이기도 한 것은 플라즈마 발생 장치입니다. 스퍼터 공정은 플라즈마에 근간을 두고 있기 때문에 이 장치가 필수적입니다.

한편 공정실 개념도에 표기되어 있는 것처럼 쉴드(shield)라는 것이 장착되어 있습니다. 쉴드는 말 그대로 방패 또는 보호판을 의미합니다. 일반적인 스퍼터 증착은 화학 반응을 거치지 않기 때문에 열에너지가 없어도 증착이 됩니다. 따라서 타깃에서 튀어나온 원자들은 공정실 내벽 어디든지 도달하기만 하면 달라붙습니다.

이것들이 누적되어 오염물로 떨어져 나오기 전에 제거하는 작업을 수행할 필요가 있는데, 무겁게 고정되어 있는 공정실을 통째로 분해해서 세정 작업을 실시하는 것은 비현실적입니다. 이러한 문제를 피하기 위해 탈부착이 가능한 금속 원통을 반응실 내벽 앞에 두릅니다. 쉴드가 증착 물질을 대신 받아내기 때문에 일정한 주기마다 쉴드만 들어낸 후 세정해서 재사용하면 깨끗한 공정실을 유지할 수 있습니다.

클러스터 시스템

매엽식 공정실은 단독으로 사용되지 않습니다. 다음 쪽의 그림과 같이 이송 모듈이라 불리는 전이 구역을 중심으로 다수의 공정실을 돌려 배치하여 한 대의 장비가 여러 공정을 수행할 수 있게 합니다. 이러한 류의 장비를 '클러스터 시스템(cluster system)'이라고 부릅니다. 클러스터 시스템은 아래의 그림에 표기되어 있는 것과 같이 웨이퍼 적재구(load port), 로드록(load-lock), 이송 모듈(transfer module), 공정실(process chamber), 이렇게 네 부분으로 구성됩니다.

다음 쪽의 사진에는 공정실과 이송 모듈의 덮개가 개방되어 있는 클러스터 시스템을 보여주고 있습니다. 상부 사진은 이송 모듈 하나짜리 장비이며 하부 사진은 이송 모듈 두 개가 연결되어 있는 장치입니다. 이송 모듈에는 로봇 팔이 장착되어 있으며 이것들에 의해 공정실 간 웨이퍼의 이동이 효율적으로 이루어집니다. 사진보다 더 많은 공정실을 장착하기 위해 변형된 클러스터 시스템도 존재합니다만, 이 장비들을 기본형으로 볼 수 있습니다.

클러스터 시스템

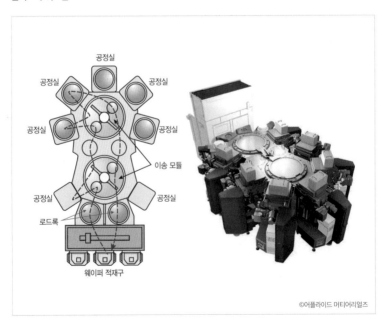

©어플라이드 머티어리얼즈

친절한 반도체

이송 모듈 하나짜리(상)와 두 개짜리(하) 클러스터 시스템

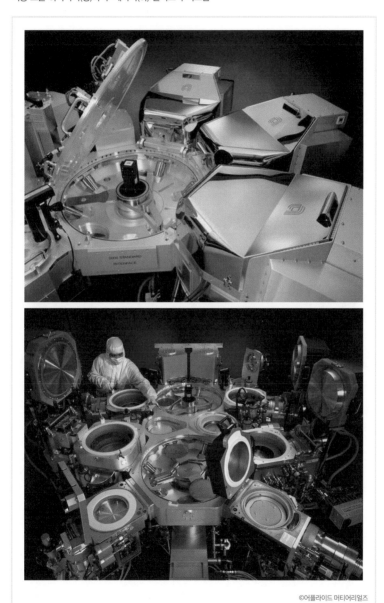

©어플라이드 머티어리얼즈

반도체 팹(fab)에서는 25장 웨이퍼를 한 용기에 담아 보관하고 장비 간에 이송시킵니다. 200mm 또는 그 이하의 웨이퍼 시절에는 다음의 좌측 그림과 같이 노출된 카세트(cassette)를 사용했습니다만, 300mm 웨이퍼를 취급하기 시작하면서 우측 그림의 'FOUP(Front Opening Unified Pod)'라는 것으로 대체되었습니다. FOUP은 카세트와 이를 담는 상자가 일체화되어 있는 것이라 생각하면 됩니다.

웨이퍼 적재구(load port)에 FOUP을 안착시키면 앞쪽 문이 열리고 웨이퍼가 장비 안으로 들어갈 준비가 갖추어집니다. 이송 모듈과 공정실 내부는 진공이 잡혀 있고, 적재구는 대기압 상태에 있기 때문에 이들 사이에서 급격한 압력 변화를 조절해주는 완충 지역이 필요합니다. 이 부분을 로드록(load-lock)이라고 부릅니다.

웨이퍼 카세트(좌)와 문이 열려 있는 FOUP(우)

©www.hanol.co.kr

친절한 반도체

로드록의 기능은 우주 비행사가 우주 유영을 위해 밖으로 나갈 때 거치는 방을 생각하면 이해하기 좋습니다. 우주인이 이 방에 들어간 후 천천히 공기를 뽑아내어 진공을 만든 다음 우주선 외벽 문을 열어야 탈 없이 우주 공간으로 나갈 수 있습니다. 그러지 않고 갑자기 외벽 문을 열면 급격한 압력 차이로 대기 쪽의 사물이 밖으로 쏠려 나갑니다. 반도체 장비 안에서도 로드록이 없으면 이와 같은 일이 벌어져 웨이퍼가 이송 모듈 쪽으로 날아가 버릴 수 있습니다.

클러스터 시스템은 각 공정실이 개별 장비나 다름 없기 때문에 여러 장비를 하나로 묶어 놓은 설비라고 볼 수 있으며, 이송 모듈을 통해 다수의 웨이퍼를 각 공정실로 줄줄이 투입할 수 있습니다. 동일한 종류의 공정실을 여러 개 달면 같은 공정을 동시에 수행하여 공정의 속도를 높일 수 있습니다. 또한 여러 종의 CVD, ALD, 스퍼터 공정실로 구성하면 진공을 단절하지 않고 몇 가지 공정을 순차적으로 진행할 수 있어 공정의 효율을 높일 수 있습니다. 매엽식 장비의 단점은 한 번에 한 장의 웨이퍼만 가공할 수 있어 생산성이 낮다는 것이지만, 클러스터 시스템으로 장비를 운용하면 생산성 문제를 보완할 수 있고 배치형 장비에 없는 장점을 누릴 수 있습니다.

박막 장비, 부품, 소재 관련 기업

반도체 공정 장비, 부품, 소재 기업을 분류하는 데는 어려움이 따릅니다. 한 회사가 여러 공정과 관련된 다수의 장비, 부품, 소재를 생산하는 경우가 많기 때문입니다. 각 공정을 다룬 곳마다 중복해서 기업을 소개하는 것도 적절치 않고, 모든 공정 설명을 마친 후 한꺼번에 모아 놓고 분류하는 것도 그리 효율적이지 않습니다. 이 둘의 중간 정도의 방법을 취해 적절한 곳에서 적당한 수의 회사를 묶기도 하고 필요하면 각 공정마다 따로 소개하기도 하겠습니다. 여기서는 반도체 박막 공정 장비, 부품, 소재와 관련 기업을 정리하겠습니다.

박막 공정 장비와 부품 기업

박막 공정 장비 공급업체로 외국계 기업을 우선 소개하지 않을 수 없습니다. 반도체 장비 시장에서 전통적인 강자이기도 하고 시장 지배력이 높기 때문입니다. 우선 미국계 회사로 어플라이드 머티어리얼즈(Applied Materials)와 램리서치(Lam Research)를 꼽을 수 있습니다. 어플라이드 머티어리얼즈는 박막뿐만 아니라 포토리소그래피 장비를 제외한 거의 모든 공정의 제품군을 보유하고 있으며 시장 지배력이 가장 큰 회사로 세계 최대 반도체 장비 회사라 할 수 있습니다. 램리서치는 CVD와 ALD 장비 분야에서 세계 유수의 기업이며 후속 장에서 소개될 식각 공정 장비 분야에서 두각을 나타내고 있습니다.

일본계 회사로는 고쿠사이전기(Kokusai Electric)와 TEL(Tokyo Electron)이 유명합니다. 이 회사들은 전통적으로 배치형 장비의 강자로서 우수한 배치형 CVD와 ALD 장비를 공급하고 있습니다. 그 외에 네덜란드 회사인 ASM이 ALD, CVD 장비에서 차별적인 경쟁력을 지니고 있습니다.

우리나라 기업은 여러 부류의 공정 중 특히 박막 장비에서 두각을 나타냅니다. 박막 장비가 포토리소그래피나 식각 장비에 비해 기술적 진입 장벽이 낮은 편이고 증착 공정의 종류도 다양해서 기존 거대 외국계 기업에 맞서 시장 창출의 기회가 많기 때문에 그런 측면이 있습니다. 장비 기업 태동기에는 여러 중소 회사들이 난립해 있었지만 지난 20년간 활발한 인수 합병과 기술 개발을 통해 규모와 기술력 측면에서 경쟁력 있는 4개 기업으로 재편되었습니다. 이들은 원익IPS, 유진테크, 테스, 주성엔지니어링으로 모두 코스닥 상장 업체입니다.

우리나라는 삼성전자와 SK하이닉스 덕분에 메모리 반도체 산업의 규모가 가장 큽니다. 위의 4사는 고객사와 협력 과정에서 발전해 왔기 때문에 주로 메모리 반도체에 적용되는 매엽식 CVD와 ALD 공정 장비에 대한 우수한 기술력을 보유하고 있습니다. 네 회사는 세부 장비 분야에서 서로 경쟁 관계에 있기도 하고 보완 관계에 있기도 합니다.

그 외에도 여러 장비 회사들이 있지만 이 정도만 소개하고 부품 업체들을 알아보겠습니다. 공정실 내부에 소요되는 부품 중 수명이 있어서 주기적으로 또는 고장 시에 교체해주어야 하는 것들이 관련 기업의 제품이 됩니다. 이러한 부품으로는 매엽식 장비의 테이블형 히터와 배치형 장비에 들어가는 석영 튜브와 석영 보트를 예로 들 수 있습니다.

고온 발열을 일으키는 히터는 영구히 사용할 수 없어 신품 교체 수요가 있습니다. 히터를 공급하는 여러 회사들이 있는데, 국내 상장사로는 메카로가 있으며 비상장사로 미코세라믹스와 보부하이테크가 활동하고 있습니다. 배치형 장비의 대구경 석영관과 석영 보트도 일정한 주기마다 세정해서 사용하지만 수명이 다하면 신품으로 교체해주어야 합니다. 이를 공급하는 상장사로는 원익큐엔씨가 독보적이며 비상장사로 금강쿼츠가 있습니다.

그 외에 앞에서 자세히 소개하지는 않았지만 공정실에 진공을 조성하기 위해 사용되는 진공 펌프도 중요한 부품 중에 하나입니다. 이 분야에서는 에드워드베큠(Edwads Vacuum), 에바라(EBARA), 울박(ULVAC) 등 외국계 회사들이 강자이며, 우리나라 기업으로 상장사인 엘오티베큠이 이들과 어깨를 나란히 하고 있습니다.

마지막으로 부품 회사는 아니지만 사용된 부품을 재생해주는 기업이 있습니다. 공정실 내부에 들어 있는 샤워 헤드, 쉴드 등은 증착막이 누적되면 오염원으로 작용할 수 있어서 일정 시간 이상 사용할 수 없습니다. 하지만 원래 몸체는 별로 손상이 없기에 들러붙은 오염물을 제거하는 세정을 거쳐 재사용합니다. 이러한 정밀 세정 서비스를 제공하는 회사들이 있는데, 상장 회사로는 코미코와 한솔아이원스를 꼽을 수 있으며 비상장사로 디에프텍 등이 활약하고 있습니다.

박막 공정 소재 기업

박막 제조용 소재는 CVD와 ALD 공정에서 사용되는 전구체와 반응 가스 등 화학 소재가 대표적입니다. 이 중에서 앞선 장에서 소개된 SiH_4, TEOS, WF_6, TMA, Cp-Zr과 같은 전구체들이 중요한 지위를 차지합니다. 전구체는 기체와 액체로 분류할 수 있는데, 이 중에 기체 전구체는 반도체용 특수 가스라는 별도의 명칭으로 불립니다.

반도체용 특수 가스와 액체 전구체는 제조법과 제조 설비의 성격이 많이 달라서 가스 전문 제조사와 프리커서(전구체) 기업으로 분리되어 있

반도체용 특수 가스(왼쪽에서부터 SiH_4, WF_6, BF_3)

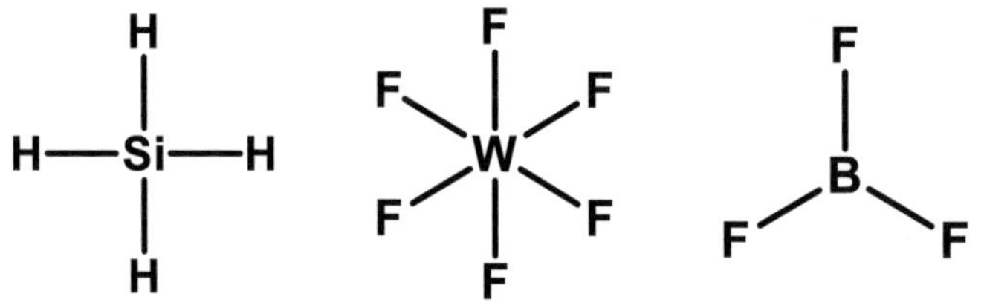

습니다. 물론 두 종의 설비를 모두 갖추고 양 사업을 동시에 영위하는 기업도 있지만 가스와 액체는 분리해서 생각할 필요가 있습니다.

반도체용 특수 가스에는 이미 등장했던 SiH_4, WF_6 등 박막 증착용 기체 전구체뿐만 아니라 이온 주입에서 나왔던 BF_3도 해당됩니다. 그리고 나중에 보겠지만 박막 물질을 깎아내는 식각 가스, 기판 표면의 이물질 제거용 세정 가스 등 가스 형태로 반도체 제조 공정에 사용되는 것들이 모두 포함됩니다. 이해를 돕기 위해 앞에서 소개되었던 기체 전구체들을 위 그림에 다시 모으겠습니다.

반도체용 특수 가스 공급업체로 가장 규모가 큰 기업은 SK스페셜티(구 SK머티리얼즈)입니다. 상장을 철회하여 현재는 비상장 상태에 있습니다. 그 외에 상장 업체로 후성과 원익머트리얼즈가 있습니다.

이 책에 나온 액체 전구체는 TEOS, Cp-Zr, TMA입니다. 이것들도 다시 모아서 다음 쪽의 그림에 표기했습니다. 이러한 류의 액체 전구체 전문 업체로는 국내 상장사인 디엔에프, 오션브릿지, 레이크머티리얼즈

등을 꼽을 수 있습니다. 비상장사로는 유피케미칼과 SK트리켐이 활약하고 있습니다. 외국계 회사로는 듀폰(DuPont), 머크(Merck) 등이 유명합니다.

빛으로 패턴 새기기

반도체 공정은 일반적으로 박막 증착, 확산, 포토리소그래피, 식각 이렇게 네 종류로 분류합니다. 또는 박막 증착과 확산 공정의 경계가 불분명해짐에 따라 이 둘을 박막 공정으로 통합해 생각할 수도 있습니다. 세 분류든 네 분류든 이들 중에 어떤 공정이 가장 중요할까요?

사실 이는 우문에 불과합니다. 어느 것이든 없어서는 안 되기 때문입니다. 그래도 꼭 하나만 고르라고 하면 대부분의 전문가들은 포토리소그래피(photolithography) 공정을 꼽습니다. 포토리소그래피가 없으면 애초부터 집적 회로의 존재 자체가 불가능하기 때문이며, 극한을 향하고 있는 칩 축소 기술을 지속적으로 확보하기 위해서는 진보된 포토리소그래피 장비와 기술이 전제되어야 하기 때문입니다.

일반 반도체 공정 기술 서적에서는 주요 4대 공정 중 포토리소그래피 관련 내용을 가장 앞쪽에 두는 경우가 많습니다. 그런데 이 책에서는 무례하게도 이렇게 중요한 분야를 거의 맨 뒷부분에 싣고 있습니다. 하지만 거기에는 나름의 이유가 있습니다.

이 책의 중반부에서 집적 회로의 개념을 쉽게 전달하기 위해 집적 회로 제조 공정을 건축에 비유했습니다. 이에 따라 개별 공정도 건물의 축조 단계를 감안하여, 우선 건축물 각 층의 재료를 쌓는 박막 공정을, 그리고 여기에 패턴을 만드는 포토리소그래피와 식각 공정순으로 차례를 정했습니다. 이번 장과 다음 장 두 장에 걸쳐서 포토리소그래피와 식각 공정을 설명하겠습니다.

빛 이야기

빛의 성질과 종류

포토리소그래피는 빛을 이용한 공정이기 때문에 우선 빛이 무엇인지부터 짚어 보아야 합니다. 상식적인 수준에서 빛을 얼핏 생각해보면 가시광선이 떠오릅니다. 가시광선은 사람이 눈으로 인식할 수 있는 빛을 말합니다. 하지만 빛을 제대로 이해하려면 이 수준에서 벗어나 두 가지 측면에서 빛에 대한 이해를 확장할 필요가 있습니다. 하나는 빛의 실체에 관한 것이고 다른 하나는 빛의 종류에 관한 것입니다.

우선 빛의 실체부터 이야기하겠습니다. 빛이 무엇인지는 과거 한때 물리학의 큰 논쟁거리였습니다. 논점을 한마디로 기술하면 "빛은 파동인가, 아니면 입자인가?"였습니다. 이에 관한 실험과 주장 등 많은 이야깃거리가 있지만 거두절미하고 결론만 말하면 "빛은 순수한 파동도 순수한 입자도 아닌 파동과 입자의 이중성을 지니고 있다."는 것으로 정리되었습니다. 이 말이 좀 이상하게 들리겠지만 실제로 그렇습니다.

빛의 입자적 성질은 우리가 받아들이기 쉬운 편입니다. 왜냐하면 우리 주변에서 움직이는 무엇인가는 거의 다 입자 형태를 띠고 있으며 이들이 움직이는 방식에 익숙하기 때문입니다. 하지만 파동이 이동하는 방법은 그렇게 느껴지지 않습니다. 우리 일상에서 눈에 보이는 파동이라고는 물결파밖에 없기에 익숙하지 않습니다. 따라서 파동의 거동과 성격을 주의 깊게 생각해볼 필요가 있습니다.

파동을 다루려면 기본적인 파동의 표현법을 알아야 합니다. 이를 위해서 여름철에 가족들과 함께 즐기는 파도풀을 상상하며 다음 그림의 파동을 관찰해봅시다.

아무한테나 파동을 그려보라고 하면 이렇게 그릴 것입니다. 무엇인가 오르락내리락하며 앞으로 진행합니다. 파동을 잘 들여다보면 한가지 특징이 있습니다. 어떤 한 영역이 반복된다는 것입니다. 그림에서 λ로 표기된 부분이 전체를 대표하는 반복 단위가 되는데, 이 한 단위의 길이를 파장이라고 부릅니다. 파장의 시작과 끝은 그림에 표기되어 있는 것과 같이 파동의 중심과 중심 또는 산과 산 등, 동일한 패턴을 반복할 수 있으면 어떻게 잡아도 상관은 없습니다.

파동의 생김새와 파장

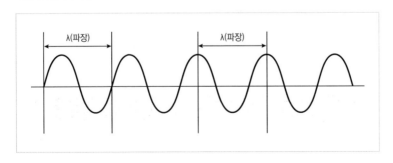

이 패턴을 반복하면 전체 파동의 모습을 파악할 수 있기 때문에 한 파장의 생김새가 중요합니다. 즉 어떤 종류의 빛인지는 파장이 얼마짜리 빛인지로 대치해서 다룰 수 있다는 말입니다.

그리고 빛은 에너지를 가지고 있습니다. 우리가 야외에 나가서 햇볕을 쪼이면 몸이 따뜻해지는 것에서 쉽게 알 수 있습니다. 빛의 에너지는 파장에 반비례합니다. 파장이 짧아지면 오르락내리락하는 빈도가 커지므로 활발한 파동이라 여길 수 있기에 에너지가 높다고 생각할 수 있습니다. 따라서 파장이 짧은 빛은 에너지가 크고 긴 빛은 에너지가 작습니다.

이로부터 빛이 지니는 에너지의 크기로 빛의 종류를 나눌 수 있습니다. 다시 말해 파장으로 빛을 구분할 수 있다는 말입니다. 빛은 다음의 그림과 같이 파장 영역별로 특별히 부르는 이름들이 있습니다.

이 그림은 파장이 작은 부분부터 큰 영역까지 각 대역별로 빛의 종류를 표기하고 있습니다. 파장 띠의 맨 오른쪽이 파장이 가장 큰 영역으

파장에 따른 빛의 분류

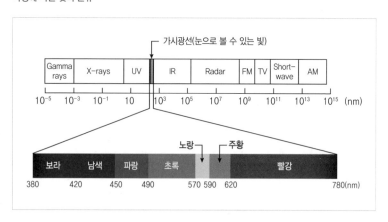

　　　　　　　　　　　　　　　　　　　　　　　　　　친절한 반도체

로 에너지가 제일 낮은 곳이며, 여기서부터 왼쪽으로 가면서 우리가 들어본 것들만 나열하면 AM파, TV파, FM파, 적외선(IR), 가시광선, 자외선(UV), X-선(X-ray) 등이 있습니다. 특별히 가장 익숙한 가시광선은 380nm부터 780nm의 좁은 대역에 위치하는데, 아래쪽 그림에 확대되어 있습니다.

여기서 한가지 언급해야 할 것이 있습니다. AM파, TV파, FM파 등을 보통 전파라고 부릅니다. 전파는 전자기파의 줄임말인데, 이는 전기와 자기를 지니는 파동이라는 의미입니다. 그런데 빛이라 하면 우리 눈에 보이는 가시광선만 한정해서 생각하는 경우가 많습니다. 하지만 이론적으로 밝혀진 바에 의하면 가시광선도 전자기파의 일종입니다. 또는 달리 표현해서 모든 전자기파는 빛의 일종이라고 여겨도 좋습니다. 가시광선 이외의 빛은 단지 우리 눈에 보이지 않을 뿐입니다. 이렇게 전자기파 또는 빛의 종류는 파장의 크기에 의해 나누어집니다.

각 대역의 빛을 에너지 측면에서 느껴보기 위해 가시광선을 기준으로 잠시 생각해봅시다. 가시광선 중에 가장 약한 빛은 빨간색 빛입니다. 그것보다 더 낮은 에너지의 빛은 적외선(IR, InfraRed)이라고 부르는데, 빨간색 아래쪽에 있다는 의미입니다. 그리고 그보다 더 낮은 에너지의 빛들이 이동 통신과 방송에 쓰입니다. 이들 빛은 에너지가 낮기 때문에 우리 신체에 별 영향을 끼치지 않습니다. 오히려 적외선은 우리 몸을 적당히 따뜻하게 해주기 때문에 의료용 찜질기의 열원으로 사용되기도 합니다.

가시광선 중 가장 강한 빛은 보라색 빛입니다. 그 바로 위쪽의 빛이 자외선(UV, UltraViolet)인데, 보라색을 넘어간다는 뜻을 지니고 있습니다. 그리고 그 이후에 X-선이 위치합니다. 잘 알려져 있다시피 자외선은 우리 눈에 보이지는 않지만 세포를 상하게 할 정도로 에너지가 강합니다. 그래서 자외선이 포함된 햇볕으로부터 우리 피부와 눈을 보호하기 위해 선크림을 바르고 선글라스를 착용합니다. 또는 아예 세포를 죽이는 방식으로 살균에 이용하기도 합니다.

X-선은 더 말할 필요가 없습니다. 정형외과에서 뼈를 들여다보는 용도의 X-선은 우리 몸에 해가 없도록 최대한 강도를 낮추어 놓은 것입니다. 그래도 자주 검사를 하면 문제가 생길 수 있기에 의사의 면밀한 판단하에 검사를 시행해야 합니다. 방사선사들이 차폐막 뒤에 숨어서 X-선 촬영을 하는 데는 다 이유가 있습니다.

X-선 다음의 감마선(gamma ray)은 방사선의 일종으로 에너지가 너무 강하여 매우 위험합니다. 하지만 과학자들은 이 위험한 빛을 지혜롭게 활용해서 감마나이프(gamma knife)라는 수술법을 개발하여 신체에 들어 있는 종양만 선택적으로 파괴하는 데 사용합니다.

빛의 회절, 간섭, 굴절

빛이 무엇이며 어떤 종류가 있는지 알게 되었으니 빛의 파동적 특성을 살펴보겠습니다. 빛은 파동과 입자의 이중성을 가지고 있기 때문에 엄밀히 따지면 위에서 다룬 것 같은 순수한 파동의 모습과는 다릅니다. 하지만 빛이 지니는 특별한 거동은 주로 파동에 기인하기 때문에 빛을 그냥 단순한 파동으로 여기겠습니다.

파동이기에 발현되는 빛의 성질에는 여러 가지가 있지만 포토리소그래피 공정을 이해하기 위해 최소한으로 필요한 지식은 빛의 회절(diffraction), 간섭(interference), 굴절(refraction), 반사(reflection)입니다. 이중에

친절한 반도체

빛의 회절

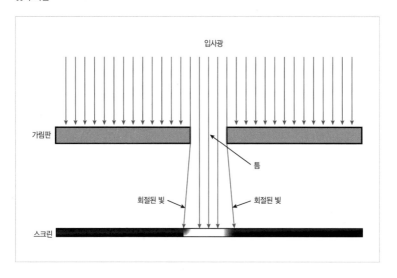

입사광

가림판

틈

회절된 빛   회절된 빛

스크린

반사는 상식적인 수준에서 어느 정도 이해하고 있기에 회절, 간섭, 굴절
이 어떤 것인지 알아보겠습니다. 우선 빛의 회절이 무엇인지 위의 그림
으로 생각해봅시다.

그림처럼 갈라진 틈이 있는 가림판 밑에 스크린을 위치시키고 단일파
장의 빛(단색광)을 아래쪽으로 쪼여줍니다. 그러면 틈 내부로 들어오는
빛만 스크린에 도달하고 다른 곳의 빛은 모두 가림판에 막힙니다. 그런
데 한가지 특이한 점이 있습니다. 빛의 움직임에는 직진성이 있기 때문
에 스크린에 떨어진 빛에 의해 밝아진 부위의 모양이 틈의 형상과 정확
히 일치해야 할 것 같지만 그렇지 않습니다. 틈으로부터 스크린에 수직
으로 투사된 영역보다 약간 바깥쪽도 희미하게 밝아집니다. 이는 틈의
가장자리 부근을 지나는 빛이 그림과 같이 꺾이기 때문에 나타난 현상
으로 이를 '회절'이라고 합니다. 회절의 정도는 틈의 크기가 작을수록,

입사되는 빛의 파장이 클수록 커집니다.

파동은 서로 간섭하는 특성이 있습니다. 다음의 그림은 간섭의 두 극단을 보여줍니다. 위쪽 그림은 동일한 두 파동의 결이 정확히 일치하며 만나는 경우입니다. 두 파동의 산과 산, 골과 골이 완전히 겹치면서 두 배로 증폭된 하나의 파동이 만들어집니다. 이러한 현상을 '보강 간섭'이라고 하며 빛의 경우에는 보강 간섭에 의해 밝아집니다.

아래쪽 그림은 두 파동의 결이 정반대인 상황을 묘사하고 있습니다. 이번에는 두 파동의 산과 골, 골과 산이 합쳐져서 파동이 없어집니다. 이를 '상쇄 간섭'이라고 합니다. 이런 식으로 빛이 만나면 소멸하여 어두워집니다.

파동의 기본적인 회절과 간섭을 알았으니 두 현상이 동시에 발생하는 경우를 생각해봅시다. 그런데 한가지 미리 정리해둘 것이 있습니다.

빛의 보강 간섭(상)과 상쇄 간섭(하)

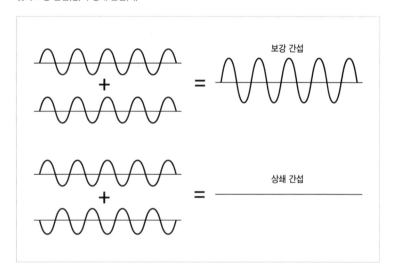

친절한 반도체

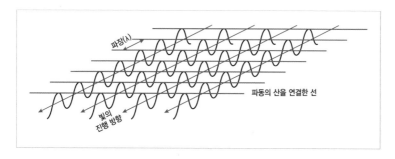

파고의 정점을 잇는 선과 파동의 중심을 관통하는 화살표

파장(λ)

파동의 산을 연결한 선

빛의
진행 방향

어딘가에 빛을 쪼여주면 한 가닥의 빛만 이동하는 경우는 없고 무수히 많은 빛이 다발을 이루며 나아갑니다. 이때 각 파동의 생김새를 일일이 그려가며 파동 다발의 복잡한 움직임을 묘사하는 것은 매우 어렵습니다. 이를 단순화시키기 위해 이제부터는 위의 그림과 같이 각 파고의 정점을 연결한 파란색 선과 각 파동의 중심을 관통하는 빨간색 화살표를 사용하여 파동 다발의 진행을 표현하겠습니다. 그림에서 파란색 선 사이의 간격은 한 파장에 해당됩니다. 4개의 파동만 표기했지만 실제로는 무수히 많은 파동이 평행하게 지나가고 있다고 생각해야 합니다.

빛의 회절과 간섭이 동시에 관여하는 현상은 다음 쪽의 그림과 같이 좁은 틈으로 빛을 조사할 때 나타납니다. 왼편 그림은 좁은 틈이 하나만 있는 가림판에 평행하게 진행하는 빛을 쪼여준 경우입니다. 대부분의 빛은 가림판에 막히지만 틈을 통과한 일부 빛은 회절하여 꺾입니다. 틈이 충분히 작으면 회절각이 매우 커져서 가림판 이후의 파동은 틈을 중심으로 반원 형태로 퍼져 나갑니다. 이는 잔잔한 호수 표면에 돌을 떨어뜨렸을 때 원형으로 물결이 퍼져 나가는 이치와 같습니다.

그럼 가림판에 틈이 여러 개 있는 경우는 어떻게 될까요? 쉬운 설명

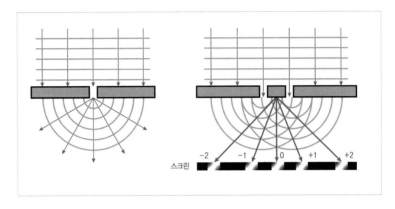

을 위해 오른편 그림처럼 틈이 두 개만 있는 경우를 생각해보겠습니다. 이 그림은 각 틈에서 발생한 두 개의 원형 파동이 중첩되는 상황을 묘사하고 있습니다. 가림판 전에는 빛 가닥들이 평행하게 움직이므로 간섭은 없습니다. 하지만 틈을 통과한 이후에 각 틈에서 회절하여 퍼져 나가는 빛은 서로 교차하게 되어 간섭을 일으킵니다.

우측 그림을 보면 반원 형태로 퍼져 나가는 파란색 선이 교차하는 점들을 굵은 빨간색 화살표로 연결했음을 알 수 있습니다. 이 지점에서 파동의 결이 정확하게 맞으면서 보강 간섭이 일어납니다. 하지만 그 이외의 부분에서는 파동의 결이 틀어져 제대로 중첩되지 못하거나 아예 상쇄되어 없어집니다. 이러한 상호 간섭 때문에 아래쪽 스크린에 명암 패턴이 만들어집니다. 이렇게 회절된 빛의 보강 간섭으로 생성된 빛다발을 회절광이라 지칭하며 중심을 향하는 빛을 기준으로 0차, ±1차, ±2차 회절광으로 구분 짓습니다. 그림에서 이 회절광을 빛 가닥과 구분하기 위해 굵은 화살표로 표기했습니다.

회절과 간섭은 파동에서만 나타나는 고유의 현상이며, 빛이 순수한 입자라면 일어날 수 없습니다. 따라서 이중 틈을 통과한 빛이 만들어내는 명암 패턴은 빛이 파동의 성질을 지니고 있다는 확고한 증거가 됩니다. 그리고 이 현상은 곧 살펴볼 포토리소그래피의 노광 특성에 큰 영향을 끼칩니다.

이제 빛의 굴절을 살펴봅시다. 빛의 굴절은 초등학교 때도 배운 내용으로서 물이 담긴 대접에 숟가락을 넣으면 구부러져 보이는 바로 그 현상입니다. 굴절은 서로 다른 매질의 계면에서 빛이 꺾이는 현상을 일컫는데, 빛이 꺾이는 이유는 각 매질에서 빛의 속도가 서로 다르기 때문입니다. 우리가 알고 있는 광속은 아무 것도 없는 진공에서 그렇다는 것이고, 물이나 유리 같은 매질 안에서는 그보다 속도가 느려집니다.

다음의 그림 중 ❷번과 ❸번 빛은 유리와 공기가 만나는 경계에서의 굴절을 예시하고 있습니다. 공기에서는 진공의 경우와 거의 동일한 광속이 나오는데, 그림같이 유리를 지나 공기로 나아가는 빛은 경계면에서 계면 방향으로 구부러집니다.

빛의 굴절과 내부 전반사

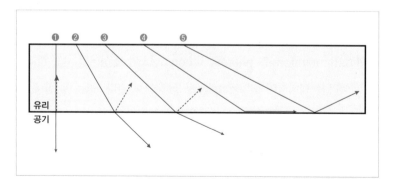

그런데 굴절에서 한 가지 고려할 사항이 있습니다. 이는 매질의 계면에서 굴절만 일어나는 것이 아니라 반사도 함께 생긴다는 것입니다. 우리가 투명하다고 여기는 유리창이 모든 빛을 투과시킨다고 생각하기 쉬운데 그렇지 않습니다. 사실 유리 표면, 즉 공기와 유리의 계면에서 빛의 일부는 반사됩니다.(그림의 점선 화살표)

이렇게 부분 반사는 있기 마련인데, 문제는 그림의 ❹번과 ❺번 빛입니다. 빛이 계면으로 입사되는 각도를 점차 높이다 보면 ❹번과 같이 어느 특정 각도에서 빛이 더 이상 유리를 빠져나가지 못하는 특이한 상황이 발생하며, ❺번처럼 더 누운 각도에서는 빛이 전부 반사됩니다. 이러한 현상을 '내부 전반사'라고 합니다. 내부 전반사는 노광 공정에서 주의 깊게 고려해야 할 현상 중 하나입니다.

포토리소그래피

포토리소그래피(photolithography) 공정은 DRAM의 건축법을 다룬 장에서 간단히 소개한 적이 있습니다. 우선 그 내용을 잠시 되돌아보겠습니다.

Photolithography는 photo와 lithography의 합성어입니다. Photo는 빛이라는 의미이며 lithography는 '석판에 새긴다' 또는 '평판에 인쇄한다'는 뜻을 가지고 있습니다. 이에 따라 집적 회로 공정에서는 '빛을 이용해서 기판에 패턴을 형성한다'라는 말이 됩니다. 좀 더 구체적으로는 빛을 선택적으로 쪼여 감광막(또는 포토레지스트)에 패턴을 만드는

포토리소그래피 과정

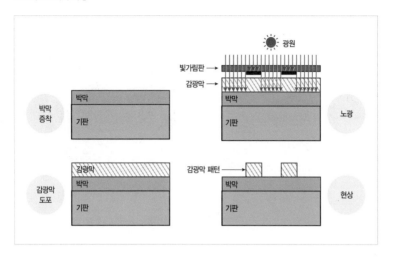

광원

빛가림판 →
감광막 →

박막
증착

박막

기판

박막

기판

노광

감광막
도포

감광막

박막

기판

감광막 패턴 →

박막

기판

현상

작업을 의미하며, 그 다음에는 식각 공정이 이어집니다.

위의 그림은 앞선 장에서 제시했던 것에서 포토리소그래피 공정만 다시 표기한 것입니다. 그림과 같이 박막 증착 이후에 감광막 도포, 노광, 현상, 3단계로 세분할 수 있습니다. 앞에서 각 단계가 의미하는 바를 간략히 설명하기는 했지만 이번 장에서 자세히 풀어보겠습니다.

감광막 도포

포토리소그래피에서 가장 먼저 시행되는 세부 공정은 감광막 도포입니다. 영어로는 photoresist coating(포토레지스트 코팅)인데, photoresist를 PR로 줄여서 PR coating(PR 코팅)으로도 부릅니다.

감광막은 말 그대로 빛에 감응하는 막을 의미하며, 감광막의 출발점은 감광액입니다. 감광액은 고무 또는 플라스틱 성분과 빛에 반응하는

스핀 코팅 장치의 개념도

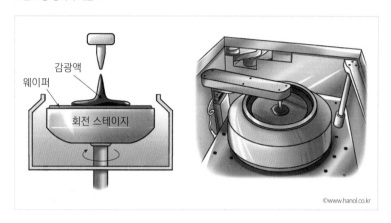

©www.hanol.co.kr

물질 등이 휘발성 용매에 녹아 있는 용액으로 적당한 점도를 지니고 있습니다. 좀 더 간단히 표현하면 고무나 플라스틱 성분이 녹아 있는 점성의 액체라고 할 수 있습니다.

감광막은 위의 그림과 같이 '스핀 코팅(spin coating)'이라는 방법으로 감광액을 펼쳐 막의 형태로 만듭니다. 웨이퍼를 회전 스테이지에 올려놓고 기판 뒷면을 진공 흡입력으로 붙잡아 고정시킵니다. 그림처럼 감광액을 기판 표면에 배출한 후 스테이지를 고속으로 회전시킵니다. 감광액은 원심력에 의해 기판 중심에서 외곽 방향으로 표면을 타고 퍼져나가 소정의 두께로 골고루 퍼집니다. 이 상태의 막은 아직 액체이므로 적당한 열을 가하면 용매가 신속히 증발하여 고무 또는 플라스틱 분자들과 빛 반응성 물질이 서로 얽혀 있는 굳은 막으로 변환됩니다.

스핀 코팅에서 중요한 공정 조건은 감광액의 점도와 기판의 회전 속도입니다. 감광액의 점도가 적당해야지 그렇지 않고 너무 묽으면 감광액이 웨이퍼 표면에 잔류하지 못하고 원심력에 의해 밀려 떨어져서 나

친절한 반도체

가버리고, 반대로 점도가 과도하게 높으면 감광액이 잘 펴지지 않아 균일한 막을 얻을 수 없습니다. 기판의 회전 속도도 마찬가지입니다. 과하지도 덜하지도 않은 범위의 회전 속도이어야 감광액이 웨이퍼 전면에 골고루 펼쳐집니다.

감광막 도포 과정은 손톱에 매니큐어를 바르는 행동을 생각하면 이해하기 좋습니다. 매니큐어액을 감광액에, 손톱은 웨이퍼에 비유할 수 있는데, 손톱에 매니큐어를 작은 솔로 곱게 바르고, 용매가 날아가도록 입으로 바람을 불어 굳히는 과정이 스핀 코팅과 개념상 별로 다를 것이 없습니다.

노광과 현상

감광막이 준비되었으니 이를 빛에 노출시킬 차례입니다. 감광막에 빛을 쪼여주면 그 안에 들어 있는 빛 감응성 물질이 활성화되어 고무 또는 플라스틱 분자들의 얽힘이 느슨해집니다. 이는 빛을 받은 부분과 그렇지 않은 부분 간의 물성 차이가 발생함을 의미합니다. 적절한 액체를 사용하면 변성된 부분만 선택적으로 녹여내어 감광막 패턴을 만들 수 있습니다. 이렇게 감광막에 빛을 노출시키는 공정을 '노광(expose)'이라 하고, 변성된 부분을 제거하여 패턴을 드러내는 과정을 '현상(develop)'이라고 합니다.

사실 감광막에는 두 가지 상반된 성질의 것이 있습니다. 빛에 노출된 부분이 현상 중에 녹아 나가는 경우만 있는 것이 아니라 거꾸로 빛을 받은 부위가 경화되어 현상에서 남는 방식도 있습니다. 따라서 동일한 노광 작업을 실시하더라도 감광액의 선택에 따라 반전된 패턴이 만들어집니다.

노광 공정은 포토리소그래피의 핵심이기에 더 자세히 들여다봐야 합니다. 우선 빛의 선택적 투사는 앞의(319쪽) 포토리소그래피 과정 그림 중 우측 상부에 나타나 있는 것과 같이 광원과 웨이퍼의 중간에 빛가림판을 위치시킴으로서 구현합니다. 하지만 이 그림에서 표현된 노광법은 실제와는 거리가 큽니다. 이 그림대로라면 빛가림판에 새겨진 금속선과 동일한 크기의 감광막 패턴이 만들어집니다. 즉, 1:1 비율의 노광이 이루어진다는 말입니다. 집적 회로의 초미세 배선을 만들려면 가림판의 금속선도 배선과 동일한 크기로 가공해야 하므로 이러한 노광 방식은 적용하기 어렵습니다.

실제로는 다음의 그림과 같이 렌즈를 이용하여 작은 면적에 빛을 모아 투영(project)하는 방식의 노광을 수행합니다. 광원을 출발한 빛은 포토마스크(또는 레티클)를 통과한 후 렌즈에 의해 집속되면서 웨이퍼 표면에 도달합니다. 레티클은 손바닥만 한 투명한 세라믹 기판의 한쪽 면에 금속선이 촘촘히 새겨져 있는 모양새를 지니고 있습니다. 이 금속 띠의 배치(lay-out) 형상은 건축에 비유하면 한 층의 평면도라고 할

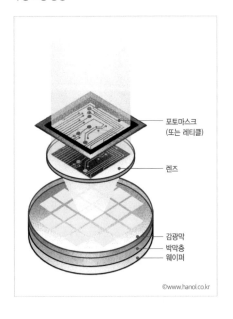

투영 노광 공정

포토마스크
(또는 레티클)

렌즈

감광막
박막층
웨이퍼

©www.hanol.co.kr

수 있습니다. 이 배치도가 감광막에 축소 투영됩니다.

그림에 표기되어 있는 포토마스크(photomask) 또는 레티클(reticle)은 앞서 사용해 온 빛가림판의 정식 용어입니다. 지금부터는 이 단어를 사용하겠습니다. 포토마스크와 레티클은 혼용되기에 어떤 단어를 만나든 동일한 의미로 받아들이면 됩니다.

포토마스크는 우리말 그대로 빛가림판이니 더 이상 설명이 필요 없습니다. 그런데 레티클이라는 명칭은 생소합니다. 레티클은 원래 망원경이나 조준경 안에 들어 있는 십자선이라는 뜻입니다. 앞의 그림을 가만히 들여다보면 광원에서 방사된 빛이 레티클에 새겨진 금속 패턴을 거쳐 웨이퍼 표면에 초점 맞추어지는 것이 마치 조준경의 십자선을 목표물에 정렬하는 것과 유사합니다. 이 점을 고려하면 왜 포토마스크를 레티클이라고 부르는지 짐작이 갈 것입니다.

여기서 용어의 혼동을 피하기 위해 한 가지 더 언급할 것이 있습니다. 노광과 현상을 거쳐 형성된 감광막 패턴도 후속 식각 공정 관점에서는 가림막이기 때문에 마스크라는 명칭이 붙습니다. 이 경우 포토마스크와 구분하기 위해 감광막 마스크 또는 포토레지스트 마스크 또는 PR 마스크로 명기하겠습니다.

노광의 원리와 분해능

앞에서 예시한 1:1 노광은 레티클이 감광막 위에 얹혀 있는 것이나 다름없는 상황에서 수행됩니다. 이 경우 포토마스크를 통과한 빛이 곧바로 감광막에 투입되므로 빛의 파동적 특성을 고려할 여지가 별로 없습니다. 하지만 투영 노광에서는 광원과 웨이퍼 사이 거리가 멀고 빛이 포토마스크와 렌즈를 거치면서 회절, 간섭, 반사, 굴절 등을 일으키므로 정밀한 상을 웨이퍼 표면에 맺으려면 고도의 광학 기술이 발휘되어야 합니다. 이를 감안하며 포토리소그래피에서 가장 중요한 과정인 노광의 원리를 다음의 그림으로 살펴봅시다.

첫 번째 그림은 정상적으로 노광이 수행되는 경우로 노광의 원리가 그

노광의 원리, 그리고 분해능이 감광막 패턴 형성에 미치는 영향

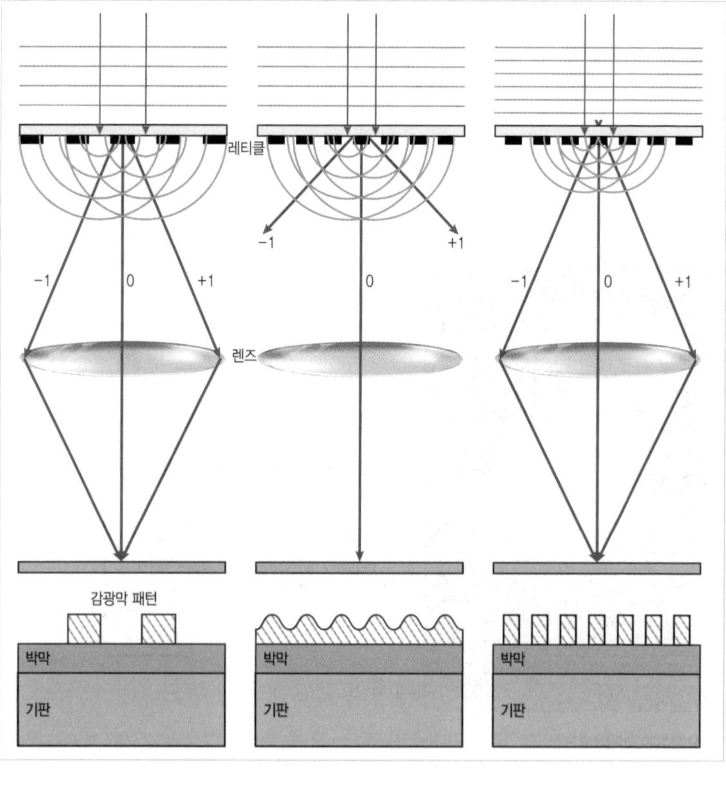

안에 담겨 있습니다. 포토마스크에 새겨져 있는 금속선 패턴의 간격은 다중 틈으로 작용합니다. 따라서 레티클을 통과한 빛은 금속선 사이를 통과하면서 회절과 간섭을 일으켜 회절광을 만듭니다. 그림에는 0차와 ±1차 회절광이 표기되어 있습니다.

1:1 노광에서는 광원에서 방출된 빛줄기를 직접 이용하지만 투영 노광에서는 회절광을, 특히 +1차와 −1차광을 활용합니다. 회절광은 레티클에 새겨진 패턴에 의해 만들어지므로 그 안에 패턴의 정보가 담겨 있다고 볼 수 있습니다. 이 회절광들을 렌즈를 이용하여 감광막이 도포된 웨이퍼상에 집속시켜 레티클의 배선 배치도를 명암으로 풀어냅니다.

노광 공정의 수준은 '분해능(resolution)'으로 따집니다. 분해능은 선명하게 새길 수 있는 패턴의 최소 크기를 말합니다. 다시 말해, 포토마스크에 배치된 선들과 그 사이 공간을 명과 암으로 뚜렷이 구분해내는 능력의 지표라 할 수 있습니다. 분해능이 충분하면 첫 번째 그림 맨 아래에 묘사되어 있는 감광막 패턴처럼 잘 구분된 선을 만들 수 있습니다.

그런데 축소된 집적 회로를 구현하기 위해 더 촘촘한 평면도가 새겨진 포토마스크를 노광에 적용할 경우에는 두 번째 그림처럼 문제가 발생할 수 있습니다. 레티클의 틈 간격이 좁아져 +1차와 −1차 회절광의 진행 각도가 더 커집니다. 이 각도가 어느 한계를 넘어가면 회절광이 렌즈를 벗어나게 됩니다. 레티클의 정보가 도망가는 셈이니 웨이퍼에 제대로 된 상을 맺을 수 없습니다. 즉, 요구되는 분해능이 나오지 않으므로 배선의 구별된 형상이 만들어지지 않습니다.

이러한 문제를 극복하기 위한 적극적인 방법은 더 짧은 파장의 빛으로 노광을 실시하는 것입니다. 세 번째 그림이 이를 나타내고 있습니다. 짧은 파장의 빛 덕분에 +1차와 −1차 회절광의 각도가 다시 줄어들어 렌즈에 수용됩니다. 이에 따라 분해능이 향상되어 구분된 상이 만들어지고, 더 작은 감광막 패턴이 선명하게 구현될 수 있습니다.

위에서 전개된 이야기 안에는 분해능과 광원 파장 간의 관계가 내포되어 있습니다. 이를 한마디로 표현하면 "광원의 파장이 짧아지면 분해능이 향상된다."입니다. 분해능의 개선은 그 값이 작아짐을 의미하기에 분해능과 파장은 비례 관계에 있다고 말할 수 있습니다. 이를 단순한 수식으로 표기하면 다음과 같습니다.

$$R \propto \lambda$$

여기서 R은 분해능, λ는 빛의 파장이며 ∝는 비례함을 나타내는 수학 기호입니다. 그런데 앞 그림 설명에서 드러내지 않았지만 분해능에 관여하는 중요한 요소가 하나 더 있습니다. '개구수(NA, Numerical Aperture)'라는 것입니다. 개구수는 한마디로 표현하기 어려운 용어인데, 광학 시스템에서 빛을 받아들이고 전달하는 능력의 척도 정도로 생각하면 됩니다. 좀 더 구체적으로 설명하면 다음과 같습니다.

앞 그림으로 돌아가서 두 번째 그림을 다시 봅시다. 이 경우 렌즈가 ±1차 회절광을 받아들이지 못합니다. 따라서 필요한 분해능이 나오지 않습니다. 그런데 광원의 변경없이 회절광을 수용할 수 있는 다른 방법이 있습니다. 렌즈를 키우면 됩니다. 그러면 분해능을 다시 확보할 수 있습니다. 렌즈의 크기를 증가시키는 것은 개구수를 높이는 작업에 해당되며 이에 따라 분해능이 좋아지는 효과가 생깁니다.

또한 개구수를 늘리기 위해서는 렌즈가 받아들인 빛을 최대한 많이 웨이퍼 쪽으로 보낼 필요가 있습니다. 앞서 빛의 성질을 설명한 부분에서 렌즈를 빠져나오려는 빛의 일부 또는 전부가 렌즈와 공기의 계면에서 반사된다고 기술했습니다. 어떻게든 반사되는 빛을 줄여 웨이퍼로 전달되는 광량을 늘리면 분해능이 개선됩니다. 즉 개구수를 증가시키면 분해능이 향상됩니다.

개구수(NA)가 커지면 분해능(R) 값이 작아지기에 이 둘은 반비례 관계에 있습니다. 위에서 언급한 파장(λ)을 포함해서 분해능과의 관계를 다시 표현하면 다음과 같습니다.

$$R \propto \frac{\lambda}{NA}$$

이 관계식 안에 노광 기술의 거의 모든 것이 함축적으로 들어 있으므로 이 식은 기억해둘 필요가 있습니다.

이번 장에서 빛의 성질과 포토리소그래피의 핵심 내용을 살펴보았는데, 노광 공정의 무게감을 느낄 수 있었을 것입니다. 특히 노광 장비의 분해능 확보는 반도체 제조 공정의 제1 과제입니다. 선명한 감광막 패턴이 전제되어야 후속 식각을 거쳐 전사되는 집적 회로의 형상이 온전할 수 있기에 노광 기술은 매우 중요합니다.

빛 새김 기술의 발전사

메모리 반도체든 시스템 반도체든 집적 회로 제조 기술의 발전은 칩 축소 기술의 고도화와 궤를 같이합니다. 선폭을 줄이기 위해서는 진보된 포토리소그래피 기술이 뒷받침되어야 하는데, 문제는 기존에 사용하던 노광 장비로 선폭의 미세화를 진행하다 보면 어느 시점에 한계에 부딪치게 된다는 것입니다. 이 한계는 분해능(resolution)의 제약을 의미합니다.

앞장에서 살펴보았듯이 이를 극복하기 위해서는 더 짧은 파장의 빛을 적용하고 더 많은 빛을 수용할 수 있는 방법을 찾아야 합니다. 따라서 '노광 기술의 발전'은 '파장이 작은 광원을 채용하고 높은 개구수를 지니는 장비의 개발'과 거의 동일한 뜻이 됩니다.

이번 장에서는 노광 기술의 발전 과정을 소개하겠습니다. 그 여정을 끝까지 따라가면 포토리소그래피 기술의 기본적인 이해가 갖추어질 것입니다. 그리고 이어서 포토리소그래피와 관련된 기업들을 소개하겠습니다.

우선 어떤 파장의 빛을 거쳐 노광 기술이 발전되어 왔는지를 알아봅시다. 노광 장비의 수준은 사용하는 빛의 파장으로 구분하며, 아예 광원의 이름과 장비의 명칭을 동일시하는 경향이 있습니다. 다음의 표에

친절한 반도체

이들을 정리했습니다. 여기서 광원의 이름이 좀 요상하게 생겨서 어렵게 느껴질 수 있을 텐데 해당 광원의 특성에 따라 붙여졌다는 정도만 염두에 두고 이름들은 그대로 받아들입시다.

노광 장비의 광원과 파장

광원	g–line	i–line	KrF	ArF	?	EUV
파장	436nm	365nm	248nm	193nm	?	13.5nm

436nm 파장의 g-line을 시작으로 i-line, KrF를 거쳐서 현재 가장 중심에 있는 광원은 193nm의 ArF입니다. 앞 장에 실린 파장에 따른 빛의 분류로 각 광원을 구분하면, g-line은 가시광선 중 에너지가 높은 보라색 쪽의 빛이며, i-line은 보라색을 조금 넘어간 자외선 초입의 광원입니다. 그리고 KrF와 ArF는 자외선 대역 안에 위치한 빛으로 DUV (Deep UltraViolet, 심자외선)라고 부르기도 합니다. ArF 다음 칸은 물음표로 비워져 있는데, 그 이유는 곧 설명하겠습니다.

맨 오른편에는 EUV(Extreme UltraViolet)가 있습니다. EUV는 우리말로 극자외선인데, 자외선 영역의 끝단에 속하기 때문에 붙여진 이름입니다. EUV는 기존의 광원에 비해 성격이 완전히 다른 차세대 광원으로서 뒤에서 별도로 다룰 예정입니다.

여기서 한 가지 언급해둘 것이 있습니다. 점점 더 짧은 파장의 빛을 적용하는 방향으로 노광 기술과 장비가 발전되어 왔으며, 가장 진보된 장비가 대표성을 띠고 있지만, 집적 회로 제조에 한 종류의 노광장비만 사용하는 것은 아닙니다. 선폭이 제일 작은 민감한 층은 최소 파장의 장비를 쓰지만 그렇지 않고 선폭에 여유가 있는 층에는 낮은 등급의 장비를 써도 상관없습니다. 따라서 몇 종의 장비를 함께 운용합니다. 고등급의 노광 장비는 매우 비싸서 각 층마다 수준에 맞는 장비로 공정을 수행하면 생산성 향상을 도모할 수 있습니다.

이제 물음표의 빈칸에 답할 차례입니다. 물음표 칸 앞뒤 사이에는 불연속성이 있습니다. g-line부터 ArF까지 파장이 감소하는 경향이 EUV에는 연장되지 않습니다. ArF와 EUV의 파장 간에는 수의 단위가 달라질 정도로 깊은 골이 존재하는데, 이는 그 사이를 메꿀 수 있는 적절한 광원이 존재하지 않는 기술적 단절을 의미합니다.

집적 회로 칩의 축소 경쟁은 193nm의 ArF 이후에도 끊임없이 진보된 노광 기술을 요구합니다. 13.5nm의 EUV 기술이 성숙되기 전까지 그냥 손 놓고 지낼 수는 없는 노릇이기에 무엇인가 방법을 찾아야 합니다. 발로 뛰어서 건널 수 없는 골짜기라면 다리를 놓으면 됩니다. 그런데 진짜 다리를 세우고 건너가고 있는 중입니다. 지금부터는 그 다리 건설에 관한 이야기를 하겠습니다.

ArF 액침 노광

우선 찾아낸 아이디어는 기존 ArF 기술의 한계를 높이는 것으로 ArF 광원은 그대로 유지하되 개구수를 증가시켜 분해능을 향상시키는 방법입니다. 이를 위해 렌즈와 웨이퍼 사이에 물을 채우고 노광을 실시하는데 이 기술을 'ArF 액침(ArF immersion)'이라고 합니다. 액침이라고 해서 웨이퍼를 통째로 물에 담그는 것은 아니며, 다음의 그림과 같이 렌즈와 웨이퍼 간극에 물을 한쪽에서 주입하고 다른 한쪽에서 흡입하는 방식으로 노광 부위에만 공급합니다.

ArF와 ArF 액침 노광

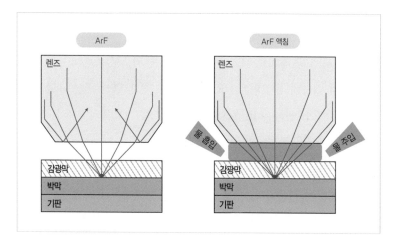

　　왼편 그림처럼 기존의 노광에서는 렌즈를 통과해 나온 빛이 공기를 지나 감광막에 도달합니다. 앞 장에서 기술했듯이 렌즈와 공기 간의 빛의 속도 차이가 어느 정도 있기 때문에 두 매질의 계면에서 상당한 굴절이 일어납니다. 게다가 부분 반사도 제법 있으며 심지어 어느 각도 이상으로 누워서 입사되는 빛은 전반사되어 아예 렌즈를 빠져나오지 못하는 상황이 발생합니다. 이 때문에 분해능의 제약이 따릅니다.

　　그런데 우측 그림처럼 렌즈와 감광막 사이에 물을 채워 넣으면 두 매질 간 빛의 속도 차이가 줄어들어 계면에서 굴절각이 작아지고 반사도 낮출 수 있습니다. 특히 사선으로 들어오는 빛을 웨이퍼 쪽으로 내보낼 수 있게 되어 노광에 활용할 수 있는 광량이 증가합니다. 한마디로 개수구가 향상됩니다. 이렇게 되면 동일한 ArF 빛을 사용하더라도 분해능이 개선되는 효과를 누릴 수 있으며, 더 작은 감광막 패턴의 구현이 가능해집니다.

다중 패터닝

ArF 액침 노광 장비로 직접 구현할 수 있는 최소 선폭은 40nm 정도로 알려져 있습니다. 그런데 DRAM의 경우 현재 양산 또는 개발 중에 있는 칩의 최소 선폭은 10nm대입니다. 시스템 반도체의 경우는 더 미세한 라인을 가공할 수 있어야 합니다.

이러한 현행 기술과 현실 사이의 간격을 광학적 방식이 아닌 적층 기술을 활용하여 메웁니다. 이 방법은 포토리소그래피와 다층 식각 기술을 결합한 것으로 '다중 패터닝(multiple patterning)'이라고 부릅니다. 그런데 다중 패터닝을 이해하려면 하드 마스크(hard mask)와 스페이서(spacer)가 무엇인지 알아야 하기에 우선 이를 설명하겠습니다.

감광막은 고무나 플라스틱 같은 고분자 물질로 구성되어 있습니다. 굳어 있는 투명 매니큐어에 비유할 수 있다고 했습니다. 포토마스크 형성 이후에 식각을 수행하면 하지 박막뿐만 아니라 포토마스크도 깎여 나갑니다. 중요한 점은 식각이 완료되기 전까지 포토마스크가 조금이라도 남아 있어야 박막 패턴이 제대로 모습을 갖출 수 있다는 것입니다. 그런데 고분자 물질인 포토마스크는 생각보다 무르기 때문에 식각이 진행되는 동안 충분히 견디기 어려울 때가 많습니다.

이러한 문제는 다음의 좌측 그림과 같은 방법으로 해결합니다. 우선 상부 그림처럼 배선을 만들고자 하는 박막 위에 '하드 마스크(hard mask)'라 불리는 박막을 한층 더 입히고 그 위에 감광막 마스크를 형성시킨 후 이 막만 먼저 식각합니다. 감광막은 하드 마스크 막에 패턴을 전사시키는 역할만 하고 실제로 박막의 식각은 이 하드 마스크를 가림

하드 마스크(좌)와 스페이서(우) 형성 방법

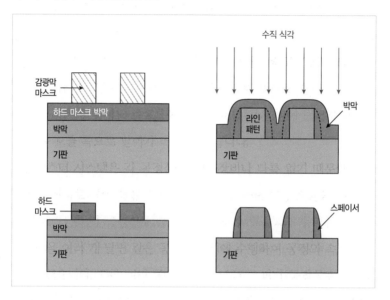

막 삼아 수행합니다. 하드 마스크 재질로는 비정질 탄소가 주로 쓰이며, 실리콘 나이트라이드 막을 사용하기도 합니다. 하드 마스크는 감광막 마스크에 비해 내식성이 좋기에 더 낮은 두께로도 식각을 견딜 수 있어 정밀한 패턴 형성을 가능케 합니다.

'스페이서(spacer)'는 우측 그림에 표기된 것과 같이 라인 패턴 좌우 수직면을 감싸고 있는 지지대를 말합니다. 스페이서를 만들기 위해서는 먼저 패턴 위로 단차피복성이 좋은 박막을 증착합니다. 그다음에 수직 방향으로 식각을 실시하면 박막이 상부부터 깎여 나가는데, 하부 그림처럼 식각 완료 후에도 라인 패턴의 좌우 측면에는 박막 잔류물이 비스듬히 남게 됩니다. 이는 건물 외부 수직벽이 햇빛에 가려 그늘지는 원리와 비슷합니다.

하드 마스크와 스페이서를 알았으니 다중 패터닝을 어떻게 구현하는지 살펴보겠습니다. 다중 패터닝에도 등급이 있습니다. 포토리소그래피에 의한 감광막 패터닝과 스페이서 형성을 연계한 패턴법을 '2중 패터닝(double patterning)'이라 하고, 이어서 한번 더 스페이서 마스크를 만들어 패터닝을 하면 '4중 패터닝(quadruple patterning)'이 됩니다. 다음의 예시 그림은 2중을 거쳐 4중 패터닝에 이르는 과정을 묘사하고 있습니다.

4중 패터닝까지 수행하여 최종 식각 대상 박막에 패턴을 새기기 위해서는 하드 마스크 박막 세 층이 필요합니다. 그림(a)에 표시된 것과 같이 이 층들을 모두 올리고 그 위에 ArF 액침 기술로 감광막 마스크를 형성시킵니다. 그리고 이 마스크로 그림(b)와 같이 하드 마스크 박막1에 패턴을 전사합니다. 다음으로 그림(c)와 같이 박막 증착과 전면 식각을 거쳐 그림(d)처럼 스페이서를 형성시킵니다. 그리고 나서 스페이서 사이의 하드 마스크1을 녹여내어 그림(e)와 같이 스페이서만 남깁니다.

이렇게 한 이유는 이 스페이서를 하드 마스크로 활용하기 위함입니다. 만약 이 스페이서 바로 밑에 식각 대상 박막이 위치한다면 이를 통해 라인 패턴을 만들 수 있습니다. 또는 그림과 같이 스페이서 아래에 하드 마스크 박막2를 놓아 여기에 스페이서 패턴을 전사하고 이를 하드 마스크 삼아 박막에 라인을 새길 수도 있습니다. 두 방법 중 어떤 것을 사용하든 이러한 패턴법을 '2중 패터닝'이라고 합니다.

여기서 멈추지 않고 그림(c)에서 그림(f)까지 과정을 그림(g)부터 그림(j)까지 반복하면 하드 마스크 박막3에 더 축소된 마스크 패턴이 만들어집니다. 이를 통해 최종 식각 대상 박막에 패턴을 새기면 '4중 패터닝'이 됩니다.

ArF 액침법으로 감광막에 만든 그림(a)의 최초 마스크와 4중 패터닝

2중 패터닝을 거쳐 4중 패터닝에 이르는 과정

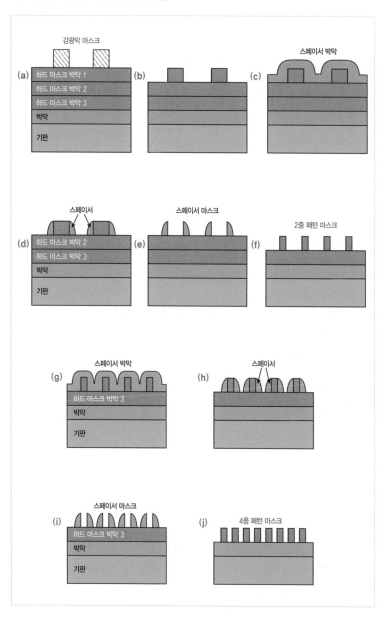

을 거쳐 완성된 그림(j)의 하드 마스크 선폭을 비교하면 1/4 정도로 줄어들었음을 알 수 있습니다. 이런 식으로 40nm 정도의 분해능을 지닌 ArF 액침 노광법을 사용하여 10nm대의 선폭을 구현할 수 있습니다. 다중 패턴법은 과정이 복잡하고 비용이 많이 소요되는 공정이지만 ArF 액침 기술을 연장할 수 있는 훌륭한 방법입니다.

다중 패터닝은 엔지니어의 수고가 많이 들어가는 눈물겨운 작업입니다. 고생은 하지만 그래도 보람은 있습니다. 이 공법으로 건설된 다리 건너 편에서 13.5nm 파장의 빛이 반짝반짝 우리에게 손짓하고 있기 때문입니다. 이제 다리를 건널 수 있게 되었으니 그곳으로 가봅시다.

EUV 노광

EUV(Extreme UltraViolet) 노광은 13.5nm 파장의 빛을 사용합니다. 13.5nm의 빛을 다루는 일은 DUV(Deep UltraViolet) 영역의 193nm ArF 를 취급하는 것과 차원이 다릅니다. 여러 가지 난제가 있지만 가장 큰 어려움은 EUV의 에너지가 너무 높아 이 빛이 렌즈를 통과하지 못하고 흡수되어 버린다는 것입니다. 게다가 공기 분자들도 EUV를 흡수합니다. 이에 따라 렌즈를 통과시켜 빛을 투사하는 것이 불가능하여 기존 방식과는 전혀 다른 광학계(optical system)을 사용해야 합니다.

이러한 장벽을 극복하는 신광학 기술의 핵심은 빛을 반사시켜 레티클의 평면 배치도를 웨이퍼에 투영하는 데 있습니다. 또한 빛이 지나가는 길에는 아무것도 없도록 진공 상태로 장비를 유지해야 합니다. 그럼 어

친절한 반도체

떻게 EUV 노광이 이루어지는지 다음의 그림을 참고하여 살펴봅시다.

EUV 빛은 그림과 같이 일련의 특수 거울에 순차적으로 반사되어 전달됩니다. 레티클은 거울들 중간에 배치되는데, 패턴의 명암 전달도 반사 방식으로 이루어집니다. 따라서 EUV 레티클 면은 반사판 역할을 하며 웨이퍼에 투영할 배선 부분은 EUV를 흡수하는 물질로 코팅되어 있습니다. 레티클 반사로 형성된 명암 상은 여러 거울을 거쳐 웨이퍼 표면에 축소되어 투사됩니다.

EUV 빛을 발생시키고 반사시키는 일에는 대단한 기술이 들어가 있습니다. 위에서는 쉽게 묘사했지만 EUV 빛 발생과 고에너지 빛이 잘 반사되도록 거울을 만드는 것은 보통 일이 아닙니다. 거울 표면에는 수나노미터 두께의 금속막들이 적층되어 있는데, 이 막들의 두께가 매우 정밀

반사를 이용한 EUV 노광 과정

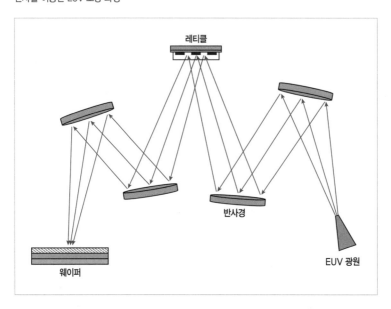

하게 제어되어야 합니다. 그렇지 않으면 좋은 반사도를 얻을 수 없습니다. 또한 레티클의 명암 상이 높은 수준의 정밀도로 퍼지고 모아져야 하기 때문에 거울면의 곡률이 매우 정교하게 가공되어야 하며 표면이 원자 수준으로 매끄러워야 합니다. 이 외에도 여러 가지 기술적 과제가 남아 있지만 어려움을 극복해 가며 EUV 기술은 성숙되어 가고 있습니다.

복잡하지만 ArF 액침 노광을 사용한 다중 패터닝으로 초미세 패턴을 가공할 것인지, EUV 노광 한 번으로 해결할 것인지의 선택은 공정 가격에 달려 있습니다. 그렇더라도 다중 패터닝에서 EUV로 넘어가려는 경향이 강해지고 있는데, 특히 시스템 반도체 분야에서 그렇습니다. 어차피 가야 할 길이니 힘들더라도 먼저 가서 기술을 선점하는 것이 낫기 때문입니다. 게다가 어느 수준 이상의 패턴 형성에는 EUV밖에 대응할 수 없기에 이 경우에는 EUV 노광이 필수적입니다. 따라서 미래에 요구되는 극미세 패턴의 가공 능력은 EUV 기술에 달려 있다고 해도 과언이 아닙니다.

포토리소그래피 장비와 소재 관련 기업

노광 장비와 기업

노광 장비는 크게 광원, 광학 시스템, 포토마스크, 웨이퍼 스테이지로 구성됩니다. 이중에 포토마스크는 장비에 속한 부품이라기보다 소모성 재료에 가깝기 때문에 뒤에서 다루겠습니다. 광원은 좀 더 구체적으로 표현하면 빛 발생 장치라 할 수 있는데, 장비의 등급을 결정하는 중요한 요소입니다. 반도체 노광에 쓰이는 빛의 생성에는 특별한 기술이 들어가 있습니다. 특히 ArF와 EUV 경우가 그러한데, 빛 발생 원리는 어려운 내용이기에 여기서 언급하지는 않겠습니다.

광학 시스템은 빛을 전달하는 체계로서 광원을 출발한 빛을 일련의 과정을 거쳐 웨이퍼 표면에 정교하게 모으는 역할을 합니다. ArF와 그 이하 등급의 장비에서는 렌즈를 사용하여 빛을 다루는데, 앞에서 기술한 바와 같이 EUV 장비에서는 반사경을 사용합니다. 따라서 ArF와 EUV 장비의 내부 구조는 차이가 큽니다. 다음 쪽 그림의 ArF 액침과 EUV 장비에서 빛의 경로를 비교해봅시다. 그림에서 알 수 있듯이 ArF 액침의 경우에는 빛이 수직으로 여러 렌즈를 관통해 웨이퍼 표면에 투사되지만 EUV 장비에서는 빛이 다수의 반사경 사이를 왔다 갔다 하며 기판에 전달됩니다.

장비 내에서 웨이퍼를 수용하고 이송하는 스테이지도 중요한 부품입니다. 모든 반도체 공정 장비는 당연히 웨이퍼 스테이지를 갖추고 있습니다. 그런데 다른 장치에 비해 노광 장비의 스테이지는 높은 정밀도와 안정성을 필요로 합니다. 웨이퍼 표면에 도달한 빛의 면적은 점 정도의 크기밖에 되지 않기에 기판 전면에 노광을 실시하려면 노광 점을 순차적으로 이동시켜 가며 빛을 쪼여주어야 합니다. 이를 위해 빛 줄기를 움직이는 것은 어리석은 일이기에 광선은 고정시킨 채 스테이지를 이동시켜 노광을 실시합니다. 웨이퍼가 각 노광 점 사이를 정교하게 옮겨 다녀야 하므로 스테이지의 동작 정밀도는 뛰어나야 합니다. 또한 스테이지 상부 표면에 미시적인 돌출부가 있으면 이 굴곡이 웨이퍼 표면에 전달되어 노광의 초점을 흐트릴 수 있습니다. 따라서 표면의 평탄도도 우수해야 합니다.

ArF 액침(상)과 EUV(하) 노광 장비

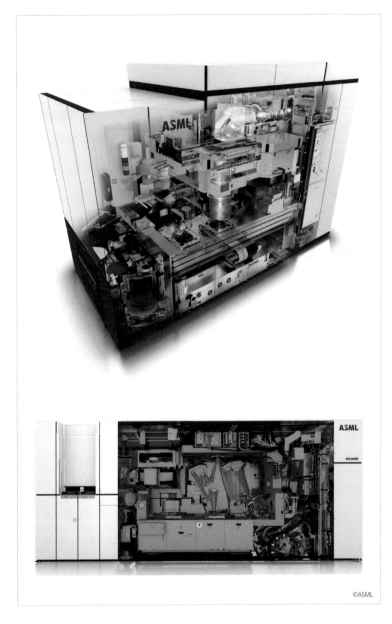

©ASML

친절한 반도체

이렇게 반도체 노광 장비를 구성하는 모든 부품들은 고도의 정밀성을 지녀야 하며 이들이 연결된 장치는 광학 기술의 결정체라 말할 수 있습니다. 이 때문에 우수한 광학 기술을 오랫동안 축적해온 전통의 카메라 제조업체들이 이 장비 시장에 일찍부터 진출해 있습니다. 우리에게 친숙한 일본의 캐논(Canon)과 니콘(Nikon)이 여기에 속합니다. 또한 네덜란드의 ASML이 높은 노광 장비 기술력을 보유하고 있습니다. 특히 EUV 장치는 유일하게 ASML만 제조할 수 있어서 '슈퍼 을'이라는 농담이 있을 정도로 EUV 장비 공급에 독점적 지위를 차지하고 있습니다.

포토리소그래피 소재 기업

앞 장과 이번 장에서 노광 기술 전반을 다루었기에 이제 종합적 시각으로 포토리소그래피에 사용되는 주요 소재와 관련 기업을 생각해볼 수 있게 되었습니다. 포토리소그래피 소재로 우선 고려해야 할 것은 감광막의 재료인 감광액(포토레지스트)입니다. 그런데 중요한 점은 광원에 따라 적합한 감광액이 따로 있다는 것입니다. 문제는 더 짧은 파장의 빛을 적용할 경우 기존 감광막이 적절히 반응하지 않는다는 데 있습니다. 노광 수준이 높아지면 그에 걸맞는 감광액이 개발되어야 제대로 된 포토마스크 패턴을 구현할 수 있습니다. 특히 최근 이슈는 EUV용 감광막을 개발하는 것입니다. 기존 감광액 진보의 연장선상에서 새로운 재료가 연구되고 있으며 한편에서는 완전히 다른 개념의 감광막 적용도 시도되고 있습니다.

감광액 시장에서 전통적인 강자는 일본계 JSR, 신에츠화학(Shin-Etsu Chemical), TOK(Tokyo Ohka Kogyo), 스미토모화학(Sumitomo Chemical) 등이

며 미국계 듀폰(DuPont)도 여기에 포함됩니다. 우리나라 업체로는 상장사인 동진세미켐이 선도 업체와 경쟁하며 제품을 공급하고 있습니다. EUV 분야에서는 기존의 업체들이 시장을 선점하기 위해 노력하고 있는데 일본계 기업들이 앞서 있는 상황입니다.

노광 장비에 쓰이는 소재를 살펴보겠습니다. 우선 다루어야 할 것은 포토마스크 제작용 소재입니다. 앞 장에서 포토마스크는 세라믹 기판의 한쪽 면에 금속선이 새겨 있는 빛가림판이라고 했는데, 금속선이 새겨지기 전 원판을 '블랭크 마스크(blank mask)'라고 합니다. 말 그대로 아무런 패턴이 없는 빈 마스크라는 의미입니다. 블랭크 마스크의 주 재질은 석영(quartz)이며 금속막과 감광막이 코팅되어 있습니다. 반도체 회사들은 이를 구입한 후 금속 패턴을 그려 넣어 포토마스크로 만들어 사용합니다.

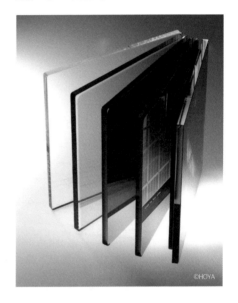

블랭크 마스크와 포토 마스크

©HOYA

석영은 유리처럼 생겼으며 투명창으로 많이 사용됩니다. 따라서 전통적인 안경 렌즈나 유리 제조사들이 자사의 기술을 확장하여 블랭크 마스크 시장을 선점해 왔습니다. 시장의 강자는 주로 일본계 기업으로 호야(Hoya), AGC(Asahi Glass Co.), 신에츠화학(Shin-Etsu Chemical) 등입니다.

국내 업체로는 상장사인 에스엔에스텍이 좋은 성과를 내고 있으며 SK 엔펄스가 시장에 참여하고 있습니다. 반사 방식의 EUV 블랭크 마스크는 투과식에 비해 다른 성격을 지니고 있는데, 이 분야에서도 기존의 선도 업체들이 시장의 중심에 있습니다.

앞서 노광 공정을 설명하는 자리에서 언급하지 않았지만 레티클의 표면을 보호하기 위해 덮어주는 '펠리클(pellicle)'이라는 것도 주요 소재 중 하나입니다. '얇은 막'이라는 의미를 지닌 펠리클은 매우 낮은 두께의 고분자 또는 세라믹 막으로 이루어져 있으며, 다음의 그림처럼 레티클 전면부에 설치되어 오염을 방지하는 역할을 합니다.

펠리클이 지녀야 할 중요한 성질은 빛의 투과도입니다. 빛이 펠리클을 통과할 때 투과도가 낮으면 노광에 쓰일 빛의 양이 감소하여 분해능이 나빠지고 공정 시간이 길어집니다. 현재 가장 큰 문제는 EUV용 펠리클입니다. EUV 노광은 반사 방식으로 수행되기 때문에 그림처럼 빛이 레티클 표면으로 들어왔다 나가면서 펠리클을 두 번 통과합니다. 따라서 더 높은 투과도가 요구됩니다. 또한 고에너지 EUV에 노출될 때

투과형 레티클과 펠리클(좌), 반사형(EUV용) 레티클과 펠리클(우)

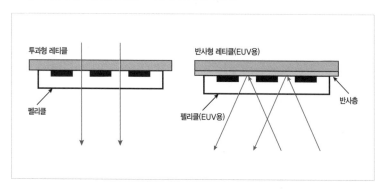

발생하는 열 충격도 감당할 수 있어야 합니다.

ArF 노광 장비에 사용되는 펠리클 제조 기업으로는 국내 상장사인 에프에스티와 일본계 신에츠화학(Shin-Etsu Chemical)을 꼽을 수 있습니다. 블랭크 마스크에 비해 국산화가 잘 이루어져 에프에스티가 주요 업체로 활약하고 있습니다. EUV용 펠리클은 요구되는 광투과도를 달성하기 어려워 아직 제품의 성숙도가 만족스럽지 못합니다. 여러 기업들이 제품 개발 중에 있으며 아직 특정 기업이 시장을 선점하고 있다고 말하기 어렵습니다.

패턴 깎아내기

포토리소그래피 공정을 완료했으니 감광막 패턴을 전사하기 위해 하지층을 깎아내는 식각(etch)을 실시할 차례입니다. 감광막 마스크를 제아무리 잘 만들어도 식각 공정이 온전히 수행되지 않으면 원하는 최종 패턴을 형성할 수 없기에 식각 공정도 포토리소그래피 못지않게 중요합니다.

메모리 반도체는 끊임없이 집적도를 높이기 위해 수직 방향으로 아키텍처를 진화시켜 왔습니다. 엄청난 종횡비를 지니는 좁고 깊은 홀을 식각 공정을 통해 파내는 것은 집적 회로 제조 성공을 위한 관건 중 하나입니다. CPU나 AP 같은 고성능 시스템 반도체에서도 FinFET과 GAAFET 같은 초미세 아키텍처를 구현하려면 매우 섬세한 식각 기술이 받쳐주어야 합니다. 이에 따라 시간이 갈수록 식각 공정의 중요성은 증대되고 있습니다. 이번 장에서는 집적 회로에 식각을 통해 패턴을 새기는 방법을 알아보겠습니다.

수직 식각

습식 식각과 건식 식각

식각도 화학이 그 중심에 있습니다. 식각을 일으키려면 우선 식각 대상 박막을 녹여낼 수 있는 화학 물질이 필요합니다. 증착 공정의 전구체처럼 식각 화학물도 웨이퍼 표면으로 보내주려면 액체 또는 기체의 형태를 띠어야 합니다. 액체인 식각액을 사용하면 습식 식각(wet etch)이 되고, 기체인 식각 가스를 이용하면 건식 식각(dry etch)이 됩니다.

다음의 좌측 그림은 습식 식각의 결과로서 감광막 패턴을 따라 박막을 파낸 모습입니다. 감광막의 열린 부위로 공급된 식각액은 수직 방향뿐만 아니라 수평 방향으로도 침투해 들어가며 하지막을 깎아내어 그림과 같은 식각 윤곽을 드러냅니다. 상하좌우 방향으로 동일하게 침식이 일어난다고 해서 이러한 식각을 등방성 식각(isotropic etch)이라고 합니다.

그림에서 알 수 있듯이 중앙에 형성되어야 할 라인 패턴이 측면 식각에 의해 거의 사라진 것을 알 수 있습니다. 다시 말해 감광막 형상이 전

등방성 습식 식각(좌)과 비등방성 건식 식각(우)

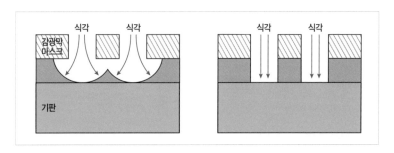

친절한 반도체

사되지 않은 것입니다. 이러한 이유로 습식 식각은 집적 회로 미세 구조 제조 공정에 적용할 수 없습니다. 라인 패턴뿐만 아니라 마스크의 열린 부위가 홀 또는 도랑인 경우에도 원하는 모양이 만들어지지 않는 것은 마찬가지입니다.

우측 그림은 식각 가스를 사용한 비등방성(anisotropic) 건식 식각의 예입니다. 비등방성은 한 방향으로만 식각이 일어나는 것을 의미합니다. 그림을 보면 수직 방향 식각에 의해 감광막 마스크의 형상이 하지막에 그대로 전사된 것을 알 수 있는데, 이러한 식각을 특별히 '수직 식각(vertical etch)'이라고 합니다. 이렇게 식각이 수행되어야 집적 회로가 제 모습을 갖출 수 있습니다.

그런데 식각 가스를 이용한 건식 식각이 그냥 이렇게 되지는 않습니다. 식각 가스 또한 사방으로 퍼져 나가기 때문에 등방성 식각처럼 됩니다. 그래서 수직 식각이 이루어지려면 무엇인가 특별한 방법을 찾아야 합니다. 이를 위해 생각해낼 수 있는 거의 유일한 방법은 식각 가스 구성 원소를 이온화시키고 웨이퍼에 전압을 인가하여 끌어당기는 것입니다.

앞선 장에서 이온이 포함되어 있는 기체를 플라즈마라고 했습니다. 식각 가스를 플라즈마로 변환시키면 그 안에 식각 이온들이 생기므로 이를 수직 식각에 사용할 수 있습니다. 따라서 식각 공정에서는 플라즈마가 필수적이며 이를 발생시키고 제어하는 기술이 중요합니다. 식각 공정에 들어가기 전에 플라즈마가 어떤 것인지 알아보겠습니다.

플라즈마란

플라즈마(plasma) 안에는 중성의 원자 또는 분자, 양이온, 음이온, 전

플라즈마 구성 요소

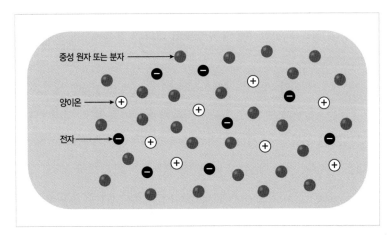

중성 원자 또는 분자

양이온

전자

자들이 들어 있습니다. 그런데 논의를 단순하게 하기 위해 이온은 양이온만 있다고 가정하겠습니다. 즉, 위의 그림과 같이 플라즈마는 중성의 원자나 분자, 양이온, 전자로만 구성되어 있다고 생각하겠습니다. 플라즈마의 전하들은 국부적으로 분리되어 있지만 전체를 한 덩어리로 조망하면 양전하와 음전하의 수가 동일한 중성 상태에 놓여 있습니다.

플라즈마는 기체 상태의 중성 원자나 분자들의 집단에 전기 에너지를 투입하여 발생시킵니다. 충분한 크기의 전압을 인가하면 일부 원자나 분자에 속한 전자가 튀어나옵니다. 방출된 전자는 매우 가볍기 때문에 이 전압에 의해 엄청난 속도로 가속되며 주변 원자나 분자에 충돌합니다. 그 충격에 의해 다음의 그림과 같은 다섯 가지 주요 반응이 일어날 수 있습니다.

우선 고려해야 할 반응은 이온화(ionization)입니다. 가속된 전자가 충분한 에너지로 원자나 분자에 충돌하면 안에 있던 다른 전자가 튀어나

플라즈마 안에서 일어나는 주요 반응

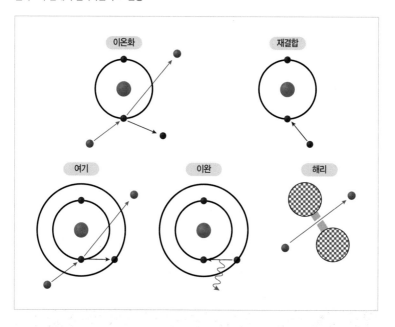

가서 그 원자나 분자는 양이온으로 바뀝니다. 그런데 방출된 전자도 입사 전자와 같이 가속되어 다른 원자를 이온화시킬 수 있습니다. 처음에 전자 하나만 이온화에 기여했지만 한 번 충돌로 2개의 전자가 이온 생성에 참여할 수 있게 되고, 다음 단계에서는 4개의 전자가, 그다음 단계에는 8개의 전자가 이온을 만들어냅니다. 이런 식으로 단계를 넘어가며 두 배씩 기하급수적으로 이온의 수가 증가하면서 순식간에 플라즈마가 생성됩니다.

원자나 분자는 이온화된 이후 그 상태로 남아 있지 않습니다. 두 번째 그림처럼 금방 주변의 전자와 결합하여 중성으로 되돌아갑니다. 이를 재결합(recombination)이라고 합니다. 재결합에 의해 사라진 이온을 보충하기 위해 지속적으로 이온이 생성되어야 하며 이를 위해 전기 에너지는 계속 투입됩니다. 일정한 이온 농도를 유지한 채 없어지는 이온의 수와 새로 만들어지는 이온의 수가 동일한 동적 평형 상태에 도달해야 안정된 플라즈마가 지속될 수 있습니다.

입사 전자의 에너지가 원자나 분자를 이온화시키기에 충분치 않으면 세 번째 그림처럼 충돌당한 원자에 속한 전자 중 낮은 에너지 상태에 있던 것이 높은 에너지 위치로 올라가기도 합니다. 이 과정을 여기(excitation)라고 합니다. 이 경우에도 여기된 전자가 그대로 남아 있지 않고 네 번째 그림처럼 곧바로 원래의 자리로 되돌아가는 이완(relaxation)이 따라옵니다. 이때 두 상태의 차이에 해당하는 에너지가 전자기파로 방

빛을 발하는 플라즈마

출됩니다. 이 때문에 플라즈마는 신비하게 느껴지는 빛을 발합니다.

기체 분자에서는 마지막 그림처럼 해리(dissociation)가 일어날 수 있습니다. 분자는 몇 개의 작은 분자나 원자로 쪼개지며 이온이 되는 등 앞의 4가지 과정을 거칩니다.

이상의 설명을 종합하여 플라즈마를 한마디로 묘사하면 다음과 같습니다. '플라즈마는 구성 원자나 분자들의 이온화와 재결합, 여기와 이완, 해리가 끊임없이 일어나면서 일정한 이온 농도를 유지하는 동적 평형 상태의 기체'라고 말할 수 있습니다.

식각

식각 공정

식각 공정을 단순하게 표현하면 박막 물질을 제거하는 과정입니다. 다만, 선택적 식각을 위해 식각 마스크의 도움을 받으며 비등방성 수직 식각이 이루어지도록 플라즈마를 활용합니다. 그런데 본질적으로는 화학 반응의 일종이라 할 수 있습니다.

증착은 기체 전구체에 박막의 구성 원소를 담아 기판 표면으로 보내 고체막으로 변환시키는 작업인 반면, 식각은 식각 가스를 박막과 반응시켜 기체로 탈바꿈시킨 후 날려보내는 과정입니다. 즉, 증착은 기체가 고체로 변환되는 것이고, 식각은 고체가 기체로 바뀌는 현상입니다. 둘 다 기체와 고체가 개입되는 화학 반응인데, 반응의 방향이 반대입니다.

집적 회로 건축에는 다양한 소재들이 사용되며, 각 재료의 식각에 관여하는 주요 공정 요소들이 달라 각각을 별도로 다룰 필요가 있습니다. 하지만 여기서는 집적 회로에서 가장 큰 부분을 차지하는 SiO_2에 대한 식각 공정을 대표로 살펴보겠습니다.

식각 공정에서 플라즈마의 활용이 필수적임은 이미 기술했습니다. 이와 더불어 박막 증착에서 전구체의 선택이 우선시되듯이 식각에서는 좋은 식각 가스를 확보하는 것이 중요합니다. 따라서 식각 가스와 그 작용을 먼저 알아보겠습니다.

주기율표의 7족 줄에는 위에서부터 F(불소), Cl(염소), Br(브로민) 등이 나열되어 있는데, 이들을 통칭하여 '할로겐(halogen)'이라고 합니다. 할로겐 원소의 특징은 반응성이 좋다는 것입니다. 특히 F는 Si와의 반응성이 강해서 SiO_2에서 O를 쫓아내고 SiF_4를 만들어냅니다. 그리고 다행히도 이 화합물은 기체여서 잔류하지 않고 날아갑니다. SiO_2에 속한 Si가 없어지는 것이므로 이는 식각 작용이 일어남을 의미합니다.

그런데 F를 원자 상태로 기판 표면에 보낼 수는 없습니다. 무엇인가 화합물 형태로 전달해야 합니다. F를 실어 나르기 위한 식각 가스로 CF_4, C_2F_6, C_3F_8, C_4F_6, C_4F_8과 같이 C(탄소)와 F(불소)가 결합된 화합물이 주로 사용됩니다. 여기서는 가장 단순한 형태인 CF_4를 선택하겠습니다. CF_4는 우리말로 사불화탄소라고 부릅니다. 이 분자는 C 하나가 중심에 위치하며 F 4개가 각각 C와 원자 결합을 이루는 구조를 지니고 있으며 그 생김새가 SiH_4와 동일합니다.

식각 가스를 정했으니 이를 이용한 SiO_2 식각 공정 안으로 들어가 봅시다. CH_4 가스와 함께 다른 조력 가스도 사용되며 여러 부가 반응들이 동반될 수 있지만 여기서는 단순히 SiO_2와 CF_4의 직접 반응만 고려하겠습니다. 반응식은 다음과 같습니다.

$$SiO_2(s) + CF_4(g) \rightarrow SiF_4(g)\uparrow + CO(g)\uparrow + CO_2(g)\uparrow$$

좌변의 SiO_2는 고체 박막이고 CF_4 가스와 반응하여 우변에 표기된 것과 같이 Si는 SiF_4로, O는 CO(일산화탄소) 또는 CO_2(이산화탄소)로 탈바꿈하여 없어집니다. 이런 방식으로 SiO_2 식각이 이루어집니다.

그런데 식각 공정 설명을 여기서 끝내면 안 됩니다. 위 반응식은 최초 반응물과 최종 생성물만 나타낼 뿐 중간에 일어나는 일에 대해서는 아

F^+에 의한 수직 식각

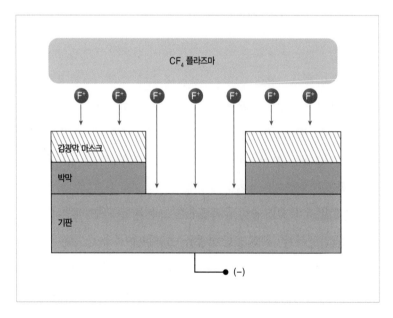

무런 이야기를 해주지 않습니다. 사실 이 반응에는 플라즈마가 개입하기 때문에 그리 단순하지 않습니다. 반응 과정에 플라즈마에 의해 생성된 이온들이 관여하는데, 특히 F^+의 거동을 잘 따져봐야 합니다. 이로 인해 수직 식각이 이루어지기 때문입니다.

CF_4 가스를 식각 반응실에 주입하고 전기 에너지를 인가하여 플라즈마로 만들면 분자의 해리와 이온화에 의해 CF_4의 일부가 몇 가지 형태로 쪼개지고 이온이 됩니다. 그중 식각 작용의 주역은 F^+입니다. 앞의 그림과 같이 웨이퍼에 (−) 전압을 걸어주면 양의 전하를 띤 F^+가 기판 표면에 돌진하여 SiO_2 박막에 충돌함과 동시에 화학 반응을 일으켜 수직 식각이 이루어집니다.

플라즈마를 발생시켜 F^+을 활용하는 식각법은 수직 식각이 가능한 장점 이외에도 다른 이점이 있습니다. 우선 F가 중성 상태에 있는 것보다 이온인 F^+로 있을 때 SiF_4를 생성하기 위한 반응성이 커서 식각 속도가 높아집니다. 또한 F^+는 질량을 가지고 있는데, 이 질량이 SiO_2에 가속되어 부딪힘으로써 충돌 에너지가 더해져 반응이 촉진됩니다. 한편 가속력이 임계치 이상으로 커지면 충돌에 의해 박막 원소가 뜯겨져 나오는 물리적 식각도 화학적 식각과 병행해서 일어납니다. 화학적 식각 대비 물리적 식각의 크기는 웨이퍼에 인가하는 전력이 커질수록 증가하는 경향이 있는데, 이는 단점으로 작용하기도 하지만 수직 방향 식각을 강화되는 데 도움을 주기도 합니다.

위에 기술된 내용과 같이 플라즈마에 의해 생성된 식각 이온을 활용하는 식각법을 특별히 '반응성 이온 식각(RIE, Reactive Ion Etching)'이라고 합니다. 집적 회로를 구성하는 다양한 박막의 식각 공정 역시 반응성 이온 식각이라는 측면에서는 SiO_2 식각과 유사하다고 볼 수 있습니다.

식각 가스는 주로 F가 함유된 불소 화합물이거나 Cl이 포함된 염소 화합물이며, 식각 대상 물질에 따라 이들 중에 적합한 것이 사용됩니다.

식각이 일어나는 방식을 알았으니 식각 공정 평가에 중요한 몇 가지 지표를 살펴보겠습니다. 기본적으로 따지는 성능 지표는 '식각 속도(etch rate)'와 '식각 균일도(etch uniformity)'입니다. 식각 속도는 '단위 시간당 깎여 나가는 막박의 두께'로 정의되는데, 보통 이 값이 클수록 좋습니다. 주어진 시간에 되도록 많은 웨이퍼를 가공할 수 있어야 공정의 생산성이 향상되기 때문입니다. 다만, 식각 속도가 너무 높아서 공정 제어가 어려운 상황은 피해야 합니다.

식각 균일도는 300mm 웨이퍼 같은 대면적 식각의 경우에 특히 중요합니다. 식각 속도와 식각 이온의 수직성이 웨이퍼 어느 곳에서나 비슷해야 불량 다이(die)가 발생하지 않고, 양품 수율이 올라갑니다. 식각 균일도는 플라즈마 균일도와 깊이 연관되어 있습니다. 웨이퍼 전체 면적에 걸쳐 대면하고 있는 플라즈마가 어디에서나 고른 특성을 유지해야 식각 균일도를 확보할 수 있습니다. 식각 균일도는 식각 공정실의 디자인에 크게 영향받기 때문에 공정실 내부의 형상과 재질, 그리고 각종 부품의 선택과 배치 등을 주의 깊게 설정해야 합니다.

공정 수행 중 식각이 원활히 일어나더라도 언제 식각을 끝낼지 장비가 민감하게 판단해서 멈출 줄 알아야 합니다. 그렇지 않으면 식각 대상 박막뿐만 아니라 그 밑에 있는 층을 깊이 파고 들어가거나 관통하여 집적 회로를 망가뜨립니다. 그럼 어떻게 식각 종료 시점을 장비가 알 수 있을까요?

식각 공정실 내부에는 식각 중 발생하는 각종 가스의 원소를 실시간으로 분석하는 장치가 장착되어 있습니다. 식각 대상 박막이 모두 제거되면 하지층이 드러나게 되고, 이 층을 구성하는 물질도 깎이기 시작합니다. 식각된 원소는 가스로 날아가는데, 이 장치가 그 원소를 포착하면 해당 시그널을 장비의 제어 시스템에 보내어 식각을 중지시킵니다. 이러한 작업을 'EPD(End-Point Detection)'라고 합니다.

그런데 이 과정에서 고려해야 할 한 가지 중요한 개념이 있습니다. 제아무리 웨이퍼 전체 면적에 걸친 식각 균일도가 우수하더라도 웨이퍼 각 지점 간 약간의 식각 속도 차이는 있게 마련입니다. 또는 식각 균일도가 완벽하더라도 식각 대상 박막의 두께 편차가 있기 때문에 하지층이 드러나는 시점이 웨이퍼 모든 곳에서 완벽하게 일치하지 않습니다. 처음 노출된 하지층으로부터 나온 원소의 시그널로 식각을 중단하면 아직 식각이 완료되지 않은 곳이 생깁니다. 이를 방지하기 위해 그 원소를 처음 감지한 시점부터 다소의 시간이 경과한 후 식각을 멈출 필요가 있습니다. 그래야 웨이퍼의 모든 곳에서 식각이 완료될 수 있습니다. 이렇게 하면 하지층을 살짝 파고 들어가게 되는데, 이 현상을 '오버 에치(over etch)'라고 합니다. 온전한 식각을 보장하기 위해 소정의 오버 에치를 의도적으로 유발시킵니다.

식각 공정의 능력을 따지는 또 다른 필수 지표는 '식각 선택도(etch selectivity)'입니다. 이는 '하지층의 식각 속도 대비 대상 박막의 식각 속도'로 정의되는데, 이 값이 클수록 식각하고자 하는 층만 선택적으로 깎아내기 좋습니다. 식각 선택도는 식각 가스에 좌우되기 때문에 이는 식각 가스가 지녀야 할 중요한 특성 중 하나로 간주됩니다. 식각 선택도가 높으면 오버 에치 시간을 충분히 설정해도 하지층이 파이는 정도가 낮아 식각 공정의 안정성이 향상됩니다.

감광막 제거

식각 과정에서 감광막 마스크도 같이 깎여나가는데, 식각이 완료되는 시점까지 감광막이 모두 소진되지 않은 채 일부는 버텨줘야 정확한 식각 패턴을 완성할 수 있습니다. 하지만 공정이 끝나면 남은 감광막은 불필요한 잔류물로 전락하게 되므로 이를 제거해야 합니다. 감광막 제거 공정을 'PR 스트립(PhotoResist Strip)'이라고 부릅니다.

PR 스트립은 산소 플라즈마(O_2 plasma)를 사용하여 수행합니다. 산소 플라즈마란 O_2 가스에 전기 에너지를 인가하여 이온화시킨 기체를 말하며, O_2의 일부가 반응성이 좋은 O^+로 변환되어 그 안에 존재합니다. 감광막은 고무나 플라스틱처럼 고분자 물질의 일종으로 C(탄소)와 H(수소)가 주성분입니다. 다음의 그림과 같이 산소 플라즈마를 감광막에 가하면 C와 H가 활성 있는 O^+와 결합하여 CO(일산화탄소), CO_2(이산화탄소),

산소 플라즈마 애싱에 의한 감광막 제거

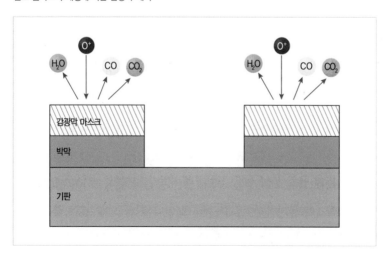

H_2O(수증기)가 되어 날아감으로써 감광막이 제거됩니다.

재미있는 점은 PR 스트립 공정이 연소 과정과 같다는 것입니다. 연소는 물질이 산소와 반응하면서 다량의 열과 빛을 발하는 현상을 말합니다. 우리가 나무를 태울 때 목격하는 바로 그 현상입니다. 나무는 유기물이므로 주로 탄소와 수소로 구성됩니다. 고열을 가하면 나무의 탄소와 수소가 대기 중 산소와 결합하여 열과 빛을 내며 연소됩니다. 이러한 점에 착안하여 PR 스트립 공정을 '감광막을 연소시켜 재로 만든다'는 의미로 '산소 플라즈마 애싱(O_2 plasma ashing)'이라고도 부릅니다.

O^+는 식각막에 거의 영향을 주지 않습니다. 즉, 식각막은 태우지 못합니다. 따라서 감광막만 선택적으로 제거할 수 있습니다. 이런 장점 덕분에 산소 플라즈마 애싱 방식을 감광막 제거에 사용합니다.

식각 장비, 부품, 소재와 관련 기업

식각 장비와 부품

식각 공정 장비의 형태는 매엽식(single wafer type)만 가능합니다. 웨이퍼 전면에 걸쳐 정밀하고 균일한 식각이 이루어지려면 원활한 플라즈마 형성과 균일도가 확보되어야 하는데, 배치형(batch type) 장비의 경우에는 층층이 쌓여 있는 기판 사이 좁은 공간에 플라즈마를 만드는 것이 현실적으로 불가능하기 때문에 그렇습니다. 다음의 그림처럼 매엽식 식각 장비도 여러 공정실을 구비한 클러스터 시스템으로 구성되기에

식각 장비 클러스터 시스템

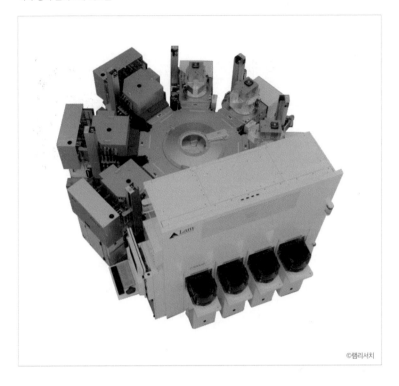

©램리서치

겉모습은 매엽식 박막 증착 장치와 유사합니다. 반응실의 모양새도 얼핏 보면 비슷해 보이지만, 자세히 들여다보면 차이가 있습니다. 식각 공정실의 내부 모습은 다음 쪽의 그림과 같습니다.

우선 식각 공정실의 가장 큰 특징은 플라즈마 관련 부품입니다. 플라즈마는 기체에 전기 에너지를 가하여 형성시키기 때문에 고출력의 플라즈마 발생 장치가 공정실 상부 또는 측면에 설치됩니다. 이로 인해 샤워 헤드에서 웨이퍼 쪽으로 분사된 식각 가스는 플라즈마로 변환됩니다. 발생 장치에도 몇 가지 형식이 있는데, 그 방식에 따라 플라즈마의

식각 공정실의 개념도(좌)와 실제 장비 내부(우) 사진

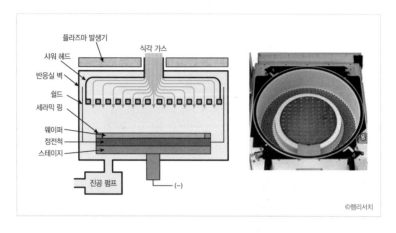

©램리서치

성질이 달라지며 식각 능력에도 차이가 생깁니다. 주로 플라즈마에 들어 있는 이온의 밀도를 높이는 것을 선호합니다. 식각에 참여하는 이온의 수가 많아지면 식각 효율이 높아지기 때문입니다.

또한 플라즈마 안에 있는 양이온들을 웨이퍼 표면에 수직 방향으로 가속시키려면 별도의 음전압 인가 장치가 스테이지 쪽에 연결되어야 합니다. 이처럼 식각 장비에는 플라즈마를 발생시키는 장치와 식각 이온을 웨이퍼 방향으로 끌어당기는 부품, 두 종류가 장착되어 있습니다. 우수한 식각 특성이 발휘되려면 이들 부품의 작동이 전기적으로 조화를 잘 이루어야 합니다.

식각 공정실의 스테이지 위에는 다음의 사진처럼 생긴 정전척(ESC, ElectroStatic Chuck)이라는 것이 얹혀 있어 그 위에 웨이퍼가 올라갑니다. 정전척 안에는 특별히 디자인된 전극이 배치되어 있으며 이를 세라믹 막이 덮고 있습니다. 웨이퍼가 올려진 후 정전척 전극에 전압을 인가하

친절한 반도체

정전척

©보부하이테크

면 웨이퍼의 뒷면에 정전기가 유도되고, 정전기적 인력에 의해 둘이 딱 달라붙습니다. 공정이 완료된 후 전정척에 전압을 끊어주면 붙잡는 힘이 사라져서 웨이퍼를 반응실 밖으로 이송할 수 있는 상태가 됩니다.

정전척에는 냉각 기능이 있습니다. 증착 장비의 테이블형 히터는 가열하지만, 식각 공정에서는 오히려 냉각이 필요합니다. 식각 중에 이온들이 기판 표면에 충돌하면서 상당한 열이 발생하기 때문입니다. 웨이퍼가 너무 뜨거워지면 식각 제어가 틀어지는 문제가 발생하기에 웨이퍼를 식히며 공정을 수행해야 합니다. 정전척 표면에는 구멍과 홈이 파여 있는데, 이곳을 통해 He(헬륨) 기체를 웨이퍼 뒷면에 흘려주어 열을 빼앗아 가는 방식으로 웨이퍼를 식힙니다.

식각 공정실의 특별한 점은 세라믹 부품들이 공정실 내부를 감싸고 있다는 것입니다. 식각 중 조성되는 부식성 가스 환경을 공정실의 몸체인 금속 소재가 견디기 어려워 내식성이 좋은 세라믹 부품으로 안쪽을 두릅니다. 샤워 헤드부터 세라믹 재질로 되어 있으며, 앞서 언급한 바와 같이 웨이퍼를 잡아주는 전정척의 외부도 세라믹으로 덮여 있습니다. 또한 웨이퍼 주변에는 세라믹 링(ring)이 설치됩니다.

이들 세라믹 부품들은 Si(실리콘), Al_2O_3(알루미늄 산화물), 또는 석영으로 만드는데, 식각 환경이 가혹한 경우에는 SiC(실리콘 탄화물)를 사용하기도 합니다. Si 부품은 커다란 실리콘 단결정 덩어리를 깎아 만들며 Al_2O_3와 SiC는 전통적인 세라믹 공법으로 제조합니다. 도자기를 제작하는 방법이 첨단 반도체 장비의 부품 제법으로 사용됩니다. 한편 특별한 용도의 SiC는 CVD(Chemical Vapor Deposition)법으로 장시간 막을 두껍게 성장시켜 만들기도 합니다.

공정실 측벽에도 식각 가스에 견딜 수 있는 세라믹 부품을 장착할 필요가 있습니다. 즉, 세라믹 재질의 쉴드(shield)가 요구된다는 말입니다. 그런데 세라믹으로 쉴드를 만들려면 부품의 크기가 클 뿐 아니라 형상도 복잡해서 제작이 어렵고 비용도 많이 들어갑니다. 이 때문에 금속으로 쉴드 형태를 갖추고 그 표면에 세라믹 분말을 분사하여 막을 입힘으

식각 공정실과 반도체 장비에 사용되는 각종 세라믹 부품

©윈익큐엔씨

친절한 반도체

로써 세라믹으로 코팅된 쉴드를 만들어 사용합니다.

그 밖에 진공 펌프가 설치되어 있는데, 이는 공정실을 감압 상태로 만들기 위함이며, 독한 식각 가스를 원활히 배출하려는 목적도 있습니다. 그리고 그림에는 표기되어 있지 않지만 각종 가스 라인과 배기 라인이 연결되어 식각 공정실이 구성됩니다.

식각 장비, 부품, 소재 기업

식각 공정 장비 시장에서는 유명 외국계 3사인 어플라이드 머티어리얼즈(Applied Materials), 램리서치(Lam Research), TEL(Tokyo Electron)이 시장을 지배하고 있습니다. 세 기업은 식각 대상 물질별 세부 분야에서 각자의 강점을 가지고 있으며 경쟁 관계에 있습니다. 국내 기업으로는 세메스가 좋은 활약을 보이고 있습니다.

PR 스트립 장비도 식각 장비의 일종으로 볼 수 있는데, 우리나라에 세계 1위 기업이 있습니다. 상장 회사인 피에스케이로서 이 분야에 특화된 기술력을 지니고 있습니다.

식각 장비에서 플라즈마 발생 장치는 필수적인 부품입니다. 이 장치는 식각뿐만 아니라 PECVD와 스퍼터 장비에도 들어가는데, 우리나라 업체로 코스닥 상장사인 뉴파워플라즈마가 이 분야에서 선전하고 있습니다.

식각 장비에 장착되는 세라믹 부품은 소모성 성격을 지니고 있습니다. 내식성이 좋더라도 일정 시간 이상 사용하면 부품의 깎여나간 정도가 심해져서 신품으로 교체해야 합니다. 이 시장에는 여러 기업들이 참여하고 있습니다. 우선 상장사로는 원익큐엔씨, 월텍스, 티씨케이, 케이

엔제이를 꼽을 수 있으며, 비상장사로 미코세라믹스 등이 있습니다. 이 중에 티씨케이는 CVD법으로 제조한 SiC 부품 공급의 원조격으로 유명합니다. 석영 부품의 경우에는 원익큐엔씨처럼 석영관을 제조하는 기업이 함께 취급합니다. 정전척도 중요한 부품인데, 미코세라믹스, 보부하이텍, 원익큐엔씨가 주요 공급사입니다.

세라믹 코팅된 쉴드는 재생해서 사용합니다. 손상된 막을 제거하고 세정을 거친 후 다시 세라믹 분말로 코팅해야 하기에 부품 세정 전문 업체들이 세라믹 코팅 사업도 겸하는 경우가 많습니다. 박막 장비를 소개한 장에서 등장했던 코미코, 한솔아이원스, 디에프텍 등이 모두 이 사업을 영위합니다.

식각 공정에 쓰이는 소재는 식각 가스가 대표적입니다. 식각 가스 공급업체는 이미 소개한 반도체용 특수 가스 회사와 동일합니다. 이들 기업들을 다시 나열하면 SK스페셜티, 후성, 원익머트리얼즈 등입니다.

갈아내고 닦아내기

식각 공정은 패턴이 새겨진 감광막을 마스크 삼아 그 형상대로 하지막을 제거하는 작업이라고 할 수 있습니다. 그런데 마스크 없이 웨이퍼 전면을 소정 두께만큼 갈아내어 제거하는 작업도 중요하게 쓰입니다. 이러한 공정을 'CMP(Chemical Mechanical Polishing)'라고 합니다. 앞선 장 여러 곳에서 'CMP' 용어를 사용하지 않았을 뿐 '갈아내다' 또는 '연마하다'의 표현으로 이미 CMP를 언급한 적이 있습니다. CMP는 박막 공정과 연계되어 집적 회로의 적층을 가능케 하는 필수 공정이기에 이번 장에서 구체적으로 다루겠습니다.

또한 기판 표면에 생긴 잔류물이나 오염물을 용액이나 가스로 제거하는 '세정(cleaning)'도 뒤에서 소개하려 합니다. 화학 물질을 사용하여 웨이퍼 표면의 일부를 살짝 녹여내는 과정을 거치기 때문에 식각의 일종이라 볼 수도 있지만 마스크를 사용하지 않고 식각의 정도가 낮아 세정으로 따로 분류합니다. 깎아낸다기보다는 '닦아낸다'는 표현이 더 어울리는 공정입니다. 앞장에서 소개한 식각과 이번 장에 나올 CMP와 세정은 '대상 물질을 없애는 작업'이라는 관점에서 서로 통하는 점이 있습니다.

화학적 기계적 연마

CMP는 Chemical Mechanical Polishing 또는 Chemical Mechanical Planarization의 약자입니다. 우리말로 각각 '화학적 기계적 연마 또는 화학적 기계적 평탄화'라고 번역할 수 있습니다. 이를 조금 더 풀어 표현하면 '기판 표면을 화학적이면서 기계적인 혼합 방식으로 연마하여 평탄화하는 것'을 의미합니다.

CMP는 집적 회로 제조 과정에 많이 쓰이는 필수 공정으로서 적용 목적에 따라 크게 두 가지로 나눌 수 있습니다. 우선 한 가지는 도랑이나 홀에 물질을 채워 넣고 필요 없는 부분을 제거하는 작업입니다. 이 책의 전반부에 등장했던 MOS 트랜지스터 사이 절연을 위해 SiO_2를 채워 넣는 STI 공정, 수직 배선용으로 W 플러그를 형성하는 과정, 그리고 수평 배선 형성에 적용되는 Cu 다마신 공정을 예로 들 수 있습니다.

다른 하나는 각 층의 마무리 단계에서 시행하는 층간 절연막의 평탄화입니다. 금속 배선 패턴이 완료되면 층간 절연을 위해서, 그리고 다음 층의 기반이 되도록 SiO_2 막을 두껍게 입힌 후 CMP로 일정 두께를 갈아내어 평평하게 만들어줍니다. 이 작업을 거치지 않으면 아래층 굴곡이 위층으로 전달되면서 증폭되어 집적 회로를 쌓아 올릴 수 없게 됩니다.

한편 집적 회로의 초미세화가 진전되면서 포토리소그래피 공정의 민감성이 커진 점도 평탄화의 필요성을 높였습니다. 웨이퍼 표면에 빛을 쪼이는 노광 공정에서 빛의 촛점 맞추기는 선명한 패턴을 새기기 위한 필수 조건 중 하나입니다. 표면에 굴곡이나 단차가 남아 있는 경우 한쪽에 촛점을 맞추면 다른 쪽은 그렇지 못한 문제가 생깁니다. 이러한 이유들로 집적 회로의 세대가 넘어갈수록 CMP의 중요성은 커지고 있습니다.

그럼 CMP가 어떻게 수행되는지 다음의 그림으로 알아봅니다. CMP 장비는 그림처럼 웨이퍼 캐리어(wafer carrier), 플레이튼(platen), 슬러리 디스펜서(slurry dispenser), 패드 컨디셔너(pad conditioner)로 구성됩니다. 캐리어는 웨이퍼를 뒤집어 붙잡고 일정한 압력을 가하면서 회전합니다. 플레이튼 위에는 연마를 위해 부드러운 패드(pad)가 부착되어 있으며 이 역시 회전합니다. 슬러리 디스펜서는 슬러리 상태의 연마제를 배출하는 역할을 합니다.

캐리어에 의해 압력이 가해진 채 돌아가는 웨이퍼의 표면이 회전하는 패드와 그 사이로 공급되는 연마제에 의해 마모가 일어나는 방식으

CMP 장비 모식도(좌)와 장비 내부 모습(우)

©어플라이드 머티어리얼즈

로 공정이 수행됩니다. CMP의 피상적인 모습은 단순하지만 미시적 과정을 들여다보면 엄청난 섬세함이 자리잡고 있음을 알 수 있는데, 그 정교함은 슬러리(slurry)와 패드(pad)에서 비롯됩니다.

슬러리는 수십에서 백수십 나노미터 크기의 미세 입자들이 고르게 분산되어 있는 흐름성 액체를 말하며, 그 안에 액체 용매를 근간으로 특정 연마 입자와 각종 화학 첨가제가 들어 있습니다. 연마 입자로는 다음의 사진과 같은 실리카(silica)라 불리는 SiO_2 또는 세리아(ceria)라고 하는 CeO_2가 주로 사용됩니다. 화학 첨가제들은 입자들을 분산시키고 연마 대상 막의 물성을 변화시켜 잘 갈려 나가게 하는 역할을 합니다. 기타 다른 용도의 첨가제들도 섞여 중요한 작용을 합니다.

패드는 부드러운 플라스틱 재질로 되어 있습니다. 패드 내부에는 무수히 많은 기공(pore)이 존재하며 표면에는 수많은 돌기가 나 있습니다. 그리고 동심원 형태로 홈(grove)들이 파여 있습니다. 홈은 슬러리 공급

실리카 나노 입자(좌)와 세리아 나노 입자(우)의 전자 현미경 사진

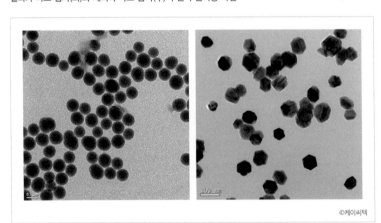

©케이씨텍

친절한 반도체

의 통로이자 갈려 나온 입자들의 배출로 역할을 하며 기공은 슬러리를 담아 돌기쪽으로 올려 보내 연마에 참여하게 합니다.

슬러리와 패드가 CMP에서 중심 역할을 하지만 꼭 필요한 보조 장치가 있는데, 이는 패드 컨디셔너(pad conditioner)입니다. 연마를 수행하다 보면 패드의 기공이 막히고 돌기가 누워 납작해져서 마모의 효율이 떨어집니다. 컨디셔너에는 원형 금속판에 날카로운 인조 다이아몬드가 촘촘하게 박혀 있는 디스크가 장착되어 있습니다. 회전하는 디스크가 패드 표면을 긁어 돌기를 세우고 슬러리와 갈려 나간 이물질을 쓸어냄으로써 패드의 연마력을 회복시켜줍니다.

CMP에서 중요한 기술 중 하나는 연마를 멈추는 시점을 민감하게 찾아내는 것입니다. 연마가 길어지면 원치 않는 부분까지 갈려 나가 소자가 망가집니다. 종료 시점을 포착하는 데는 두 가지 방법이 쓰입니다. 하나는 마모되어 가는 박막에 빛을 쪼여 반사되는 빛의 변화를 감지하는 것이고 다른 하나는 연마 중에 하지막이 드러나면 갈리는 정도, 즉 마찰력의 변화가 생기는데, 이를 측정하는 방법입니다.

CMP 장비에 연마 장치만 있는 것은 아닙니다. 공정 중에 다량의 이물질이 발생하기 때문에 연마 완료 후 이물질을 제거하는 세정 장치도 포함되어 있습니다. 워낙 사용된 슬러리와 갈려 나간 이물질이 많아서 웨이퍼 양면에 세정액을 뿌리면서 브러시로 닦는 방식으로 세정을 실시합니다. 그리고 세정된 웨이퍼는 건조를 거쳐 장비 밖으로 배출됩니다.

CMP는 경이로운 공정이라고 할 수 있습니다. 웨이퍼 표면의 박막을 필요한 두께만큼만 정확하게 갈아내야 하는데, 고체 연마 입자를 사용함에도 불구하고 긁힘이 발생하지 않아야 합니다. 사실 이게 상식적으로 가능하지 않을 것 같은데, 기계적 연마에 화학적 마술을 섞어 거의 완벽한 공정을 수행해냅니다. CMP는 피상적 형식만 보면 예전부터 사용되어온 재료 연마법과 다를 바 없지만 반도체 제조에 높은 정밀도로 적용되면서 첨단 기술이 되었습니다.

CMP 장비 공급사 중 어플라이드 머티어리얼즈(Applied Materials)의 시장을 점유율이 가장 크며, 에바라(EBARA)도 상당한 점유율을 차지합니다. 국내 장비사는 상장 업체인 케이씨텍이 좋은 활약을 보이고 있습니다.

CMP는 소재의 중요성이 큰 공정입니다. 슬러리와 패드는 완전한 소모성 재료이며 연마 대상 막의 재질에 따라 차별화된 슬러리와 패드가 사용되기 때문에 시장 규모가 상당히 큽니다. 그리고 슬러리의 경우 첨가제의 종류와 배합 비율이 중요한 노하우로 보호되고 있어서 기술적 진입 장벽이 만만치 않습니다.

슬러리 공급사는 외국계 업체인 인테그리스(Entegris)가 중심에 있으며 그 외에 후지미(Fujimi), 듀폰(DuPont) 등이 주요 시장 참가자입니다. 우리나라 업체로는 상장사인 케이씨텍과 솔브레인이 선전하고 있습니다. 패드 분야에서도 외국계 업체는 위의 3사가 시장을 선도하고 있으며, 우리나라 기업은 SKC로부터 패드 사업을 이전 받은 SK엔펄스가 시장 점유율을 확대 중에 있습니다.

세정

반도체 팹 내에서 웨이퍼를 보관하고 다루는 과정에서, 또는 박막 증착과 식각 등 공정 수행 중에 여러 종류의 오염물이 웨이퍼 표면에 생

친절한 반도체

길 수 있습니다. 이물질의 종류에는 파티클(particle)이라 불리는 미세 입자, 공정 후 잔류물, 흡착된 유무기 분자, 양이온, 음이온, 자연 산화막 등이 있습니다. 이들은 각각의 방식으로 웨이퍼 표면에 결함을 유발시켜 패턴을 망가뜨리거나 소자의 기능을 저하시켜 반도체의 양품 수율을 악화시킵니다.

집적 회로를 완성하기까지는 수많은 공정 단계를 거치는데, 오염물이 발생할 수 있는 공정 직후와 이물질에 민감한 공정 직전마다 세정 작업을 실시해 주어야 합니다. 가장 기본적인 방식은 잔류물이나 오염물을 녹여내는 것으로 이를 위해 황산(H_2SO_4), 불산(HF), 염산(HCl)과 같은 산이 주성분인 용액 또는 기체가 사용됩니다. 용액으로 실시하는 세정법을 '습식 세정(wet cleaning)'이라 하고, 기체로 오염물을 제거하는 것을 '건식 세정(dry cleaning)'이라고 합니다. 이물질의 종류에 따라 적용되는 화학 물질과 세정 방식이 달라집니다.

다양한 세정법이 있지만 한 가지만 예를 들어 세정 공정을 살펴보겠습니다. 실리콘 산화막층에 도랑 또는 콘택홀을 형성하는 식각을 실시하고 나면 다음 쪽의 그림처럼 잔류물이 생깁니다. 앞 장에서 예를 든 CF_4에 의한 SiO_2 식각을 생각해봅시다. 식각 화학식에서는 잔류물 없이 반응물이 기체가 되어 깨끗이 날아가는 것으로 묘사되어 있지만 실제로는 일부만 그렇고 상당량의 탄소가 남습니다.

탄소(C)는 서로 연결되어 긴 사슬을 형성할 수 있는 능력을 가지고 있으며, 이어진 탄소 뼈대에 다양한 원소들이 들러붙을 수 있습니다. 이런 식으로 많은 원소가 길게 연결되면 이를 '폴리머(polymer)'라고 부릅니다.

탄소를 왕창 공급하고 적당한 에너지를 가하면 폴리머가 생길 수 있습니다. CF_4와 같은 식각 가스는 탄소가 구성 성분 중 하나이며, 고무

食각 잔류물을 표현한 모식도

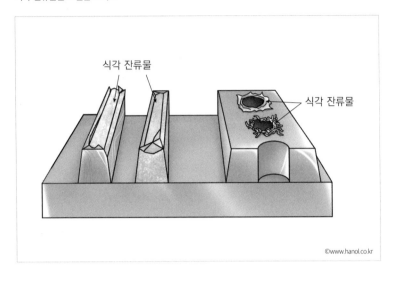

식각 잔류물

식각 잔류물

©www.hanol.co.kr

나 플라스틱 성분을 지닌 감광막에도 탄소가 많이 들어 있기 때문에 식각 과정에서 탄소가 대량으로 방출됩니다. 이 탄소들이 서로 연결되며 식각 막에서 이탈한 원소들과 합쳐져 다양한 폴리머가 만들어집니다. 더군다나 식각에 플라즈마가 개입되기 때문에 구성 원자나 분자의 활성이 좋아져 폴리머의 생성이 촉진됩니다. 이러한 폴리머는 식각 완료 이후에 패턴의 내벽과 상부에 잔류물로 남습니다. 콘택홀 식각 시 측벽에 달라붙은 폴리머는 측면 침식을 방지하여 정밀한 수직 식각이 이루어지도록 도움을 주기에 의도적으로 이용하기도 합니다. 하지만 식각이 완료되고 나면 이 또한 이물질 신세를 면할 수 없습니다.

폴리머 세정에는 H_2SO_4(황산)와 H_2O_2(과산화수소)가 소정의 비율로 섞인 용액을 사용합니다. 이 세정법을 SPM(Sulfuric acid Peroxide Mixture) 세정이라 하는데, 황산(sulfuric acid)과 과산화수소(hydrogen peroxide) 혼합액

친절한 반도체

에 의한 세정이라는 의미를 지닙니다. 재미있게도 이 세정법의 별명은 피라냐(piranha) 세정입니다. 알려져 있듯이 피라냐는 사람도 잡아먹는 육식 민물고기입니다. 생물의 몸은 다량의 유기물로 구성되어 있습니다. 유기물과 고분자의 구성 성분은 비슷한데, 세정 과정에서 SPM 용액이 폴리머와 격렬하게 반응하는 현상을 피라냐가 유기물을 잡아먹는 행동에 비유하여 그런 별칭이 생겼습니다.

습식 세정을 위해서 예전에는 다음 그림의 왼편과 같이 욕조(wet bath)형 장비를 사용했습니다. 이 방법에서는 세정 용액이 담긴 욕조에 다수의 웨이퍼를 한꺼번에 담갔다 빼는 식으로 세정을 실시합니다. 욕조형은 여러 웨이퍼를 동시에 처리할 수 있어 생산성이 높은 장점이 있으나 세정 중 욕조 안에 떠도는 오염물의 재흡착이 일어날 수 있는 등 단점이 있습니다.

이러한 문제를 피하고자 현재는 오른편 그림에 묘사되어 있는 '매엽식(single wafer) 스핀 세정법'을 주로 사용합니다. 이 방식은 감광막 도포를 위한 스핀 코팅과 비슷합니다. 다만 세정 공정이기에 코팅액이 아니

욕조형 세정(좌)과 매엽식 스핀 세정(우)

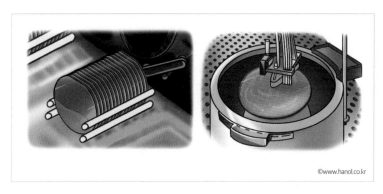

©www.hanol.co.kr

라 세정액을 뿌려주면서 기판을 회전시켜 공정을 실시합니다. 웨이퍼 표면에서 세정을 마친 용액은 이탈하여 배출되기 때문에 오염물 재흡착의 염려도 없고 이물질 제거 능력도 우수합니다. 우리가 손을 씻을 때 세면대에 물을 받아 놓고 하는 것보다 수도꼭지를 틀어 놓은 채 흐르는 물에 씻는 것이 더 깨끗한 세척이 되는 이치와 동일합니다.

한 장씩 공정이 진행되므로 공정 속도가 느린 단점이 있지만 공정실을 여러 개 부착한 클러스터형으로 장비를 구성하여 결점을 보완하고 있습니다. 매엽식 습식 세정 장비 분야에서는 일본 기업인 TEL(Tokyo Electron)과 스크린(Screen)이 전통적 강자이며, 우리나라 업체 중 코스피 상장사인 케이씨텍이 어깨를 나란히 하고 있습니다.

한편 매엽식 스핀 세정법도 일부 초미세 패턴에서 한계를 드러냅니다. 세정이 일어나려면 패턴 내부에 세정액이 원활히 들어가야 하는데, 아주 깊은 홀의 바닥까지는 세정액이 도달하지 못하는 상황이 발생합니다. 들어갔다고 해도 이를 증발시켜 건조하기도 어렵습니다. 또한 패턴 사이로 침투한 세정액의 표면 장력으로 인해 초미세 구조물이 휘어지는 문제가 발생하기도 합니다.

이렇게 난이도가 높은 패턴에는 건식 세정이 적용됩니다. 건식 세정도 불산(HF) 같은 산 기체를 사용하는데, 높은 종횡비의 홀 바닥까지 가스 분자들을 들여보내 세정을 수행할 수 있습니다. 건식 세정 장비는 매엽식 식각 장비와 유사하게 생겼습니다. 기본적으로 열에너지로 세정을 일으키지만 세정 가스를 플라즈마로 만들어 세정 작용을 촉진시키기도 합니다. 건식 세정 장비 분야에서는 국내 업체들이 상당한 실력을 갖추고 있는데, 세메스와 코스닥 상장사인 테스가 높은 시장 점유율을 보이고 있습니다.

친절한 반도체

에필로그

　서론에서 밝혔듯이 반도체는 여러 과학과 기술의 융합체입니다. 책을 읽는 과정에서 이 점을 느끼셨을 것으로 생각합니다. 글을 맺으면서 실무와 투자 관점에서 반도체의 다양한 모습이 내포된 몇 가지 예를 소개한 후 학생들을 위한 작은 조언을 드려볼까 합니다. 반도체 업계에서 경력이 있거나 반도체 기술에 대한 이해도가 높은 분들에게는 상식적이 이야기이지만, 그렇지 않은 분들을 위해 잠시 언급하겠습니다.

　반도체 장비는 기계의 일종이기에 기본적으로 기계공학 분야에 속하며 장치를 가동하고 제어하는 데 필요한 전기, 전자공학이 결합되어 있다고 볼 수 있습니다. 그런데 새로 개발된 장비가 기계적으로 잘 작동된다고 해서 장비가 완성되었다고 말할 수는 없습니다. 장비의 최종 성공 여부는 그 장비로 수행된 공정의 품질로 판가름 나기 때문입니다.

　박막 증착 장비를 예로 들면 그 장비로 제조된 박막이 요구되는 특성을 달성해야 합니다. 이를 위해서는 공정에 사용되는 전구체나 특수 가스에 대한 화학적 이해가 있어야 하며 박막의 물성을 평가할 수 있는 재료공학적 지식도 필요합니다. 더욱이 삼성전자나 SK하이닉스 같은 고객사의 반도체 제품에 그 장비의 공정을 적용한 후 전체 소자의 기능에 아무런 문제가 없으며 특성이 개선됨을 보여야 합니다. 집적 회로 테스트 결과는 전기적 데이터로 도출되는데, 이를 해석하려면 소자의 작동 원리에 관한 물리학적 지식도 어느 정도 갖추고 있어야 합니다. 그래야 고객과 소통하며 장비의 능력을 검증받아 판매에 성공할 수 있습니다.

반도체 부품의 경우에는 식각 장비 내부에 장착되는 세라믹이 좋은 예입니다. 첨단 부품이라 할 수 있지만 전통적인 세라믹 제조 기법으로 만듭니다. 따라서 부품 자체는 세라믹공학 또는 재료공학에 속합니다. 그런데 식각 장비 내부에 쓰이기 때문에 신제품을 개발하거나 기존 제품의 특성을 개선하려면 세라믹 지식만 가지고는 부족합니다. 필히 식각 공정을 고려해야 하는데, 식각은 플라즈마 환경에서 수행되므로 플라즈마 특성을 알아야 합니다. 또한 플라즈마에 담겨 있는 식각 종과 세라믹 부품 간 반응에 개입되는 화학적 내용을 파악할 수 있어야 합니다.

반도체 관련 기업 투자에 관심이 있는 분들은 투자 대상 기업의 생산품이 무엇이며 연관된 밸류 체인(value chain)이 어떻게 엮여 있는 지 이해하는 것이 중요합니다. 투자는 미래 유망 기술에 민감한데, 이에 부합하는 세부 분야 중 하나가 EUV 리소그래피입니다. EUV 노광이 성숙되려면 EUV 빛에 충분히 대응할 수 있는 새로운 감광막이 확립되어야 하며 블랭크 마스크와 펠리클의 성능도 개선되어야 합니다. EUV 노광 자체는 광학 기술의 결정체이지만 이 소재들은 유기물 또는 무기물입니다. 따라서 기본적인 광학 지식과 더불어 물질 특성에 대한 이해도 일정 수준 보유할 필요가 있습니다. 그래야 앞으로 어느 회사가 각 소재 분야에서 주도권을 쥐게 될지 감을 잡을 수 있습니다. EUV 예 이외에도 반도체 세계에는 많은 이슈들이 다양한 방식으로 얽혀 있습니다. 이 실타래를 잘 풀어내면 좋은 투자 기회를 얻을 수 있을 것입니다.

마지막으로 학생들에게 조언을 드리고자 합니다. 위에서 기술한 내용들은 대학에서 공부하는 학생들에게도 시사하는 바가 큽니다. 소속된 학과의 교과 과정을 충실히 따라가는 것이 우선이지만 반도체와 연관된 여러 학문 분야의 기본 지식 습득에 관심을 가질 필요가 있습니다. 물론 대학 4년의 제한된 시간 안에 모든 것을 충분히 배우고 익히기는 어렵습니다. 그렇더라도 반도체에는 다양한 모습이 있다는 것을 인지하고 취업 이후에도 필요한 지식을 끊임없이 학습하겠다는 마음을 미리 가지기 바랍니다.

반도체 산업에는 여러 종류의 업체들이 활약하고 있습니다. 취업 준비생의 경우에는 본인이 입사하고자 하는 기업의 내용을 파악하는 것이 취업 준비에 도움이 됩니다. 그 회사의 성격은 생산 제품에 담겨있습니다. 따라서 그 생산품이 무엇이며 반도체 전체 공정 중 어느 위치에 있는지를 대략적이라도 파악하면 좋습니다. 그래야 자신의 적성과 맞추어 보며 입사 지원 여부를 결정할 수 있고 면접에 임해서는 합격의 확률을 높일 수 있습니다.

이제 책 집필의 긴 여정을 마무리하려 합니다. 책의 내용이 독자분 각자의 관심사에 도움이 되었기를 소망합니다. 그렇게 되었다면 책의 목적이 달성된 셈이고 이는 필자에게 큰 보람이 될 것입니다. 부족한 책을 읽어주신 독자분들께 진심으로 감사드립니다.

친절한 반도체

친절한 반도체

친절한 반도체

초판 1쇄 발행 2024년 2월 26일
재판 1쇄 발행 2025년 2월 10일

저 자	선 호 정
펴낸이	임 순 재
펴낸곳	(주)한올출판사
등 록	제11-403호
주 소	서울시 마포구 모래내로 83(성산동 한올빌딩 3층)
전 화	(02) 376-4298(대표)
팩 스	(02) 302-8073
홈페이지	www.hanol.co.kr
e-메일	hanol@hanol.co.kr
ISBN	979-11-6647-415-6

친절한 반도체